GB 50034－2013

建筑照明设计标准实施指南

标准编制组　编写

中国建筑工业出版社

图书在版编目（CIP）数据

建筑照明设计标准实施指南/标准编制组编写. —北京：
中国建筑工业出版社，2014.4

ISBN 978-7-112-16539-1

Ⅰ.①建… Ⅱ.①标… Ⅲ.①建筑-照明设计-设计标准-
中国-指南 Ⅳ.①TU113.6-62

中国版本图书馆 CIP 数据核字（2014）第 045232 号

GB 50034－2013

建筑照明设计标准实施指南

标准编制组 编写

＊

中国建筑工业出版社出版、发行（北京西郊百万庄）

各地新华书店、建筑书店经销

北京红光制版公司制版

北京市密东印刷有限公司印刷

＊

开本：787×960 毫米 1/16 印张：17¾ 字数：345 千字

2014 年 5 月第一版 2015 年 3 月第三次印刷

定价：**45.00** 元

ISBN 978-7-112-16539-1

（25415）

《建筑照明设计标准》GB 50034-2013经住房和城乡建设部以第243号公告批准发布，将于2014年6月1日起实施，标准编制组为配合标准的宣贯和实施，组织编写了本指南。

主要内容分三篇：第一篇为标准修订概述，重点介绍编制过程及所做的工作，标准修订的主要内容，标准审查意见和结论，标准的技术水平、作用和效益，今后需解决的问题；第二篇为标准内容释义，共7章，对标准内容逐条展开细化，尤其对修订和新增内容重点解读；第三篇为8个专题报告，包括2004版标准的实施情况分析，研究报告和国外标准摘编。

本指南与《标准》结合紧密，内容丰富、新颖，具有高度的权威性、创新性、科学性、针对性和可操作性，可供建筑照明设计、管理人员及相关专业技术人员学习参考。

责任编辑：孙玉珍

责任校对：姜小莲　赵　颖

编 委 会 名 单

主编：赵建平

编委：
汪　猛　　袁　颖　　陈　琪　　王金元　　杨德才
邵明杰　　周名嘉　　徐建兵　　孙世芬　　罗　涛
王书晓　　吕　芳　　姚梦明　　张　滨　　朱　红
刘经纬　　洪晓松　　段金涛　　何其辉　　解　辉
姚　萌　　吕　军　　梁国芹　　魏　彬　　关旭东

审核：李　铮　　林岚岚　　李大伟

前　　言

　　《建筑照明设计标准》由住房和城乡建设部组织编制、审查、批准，并与国家质量监督检验检疫总局于 2013 年 11 月 29 日联合发布，将于 2014 年 6 月 1 日起正式实施。这是我国批准发布的针对室内功能照明设计的基础性通用标准，对提高照明水平和照明质量，推动照明技术领域的科技进步，实施绿色照明具有重要作用。

　　光环境是由光与颜色建立起来的，用生理和心理效果来评价的视觉环境。光环境对人的精神状态和心理感受会产生影响：对于生产、工作和学习场所，良好的光环境能振奋人的精神，提高工作和学习效率以及产品质量；对于休息、娱乐等公共场所，适宜的光环境能创造舒适、优雅、活泼生动的气氛。照明是光环境非常重要的一部分，其质量和水平已成为衡量社会现代化程度的一个重要标志。

　　我国照明用电已占全国电力消费总量的 13％以上，并且每年在快速的递增。我国自 1996 年实施《"中国绿色照明工程"实施方案》以来，已取得初步成效。绿色照明是一项系统工程，应以规划为龙头，设计是关键，积极推广应用高光效的照明节电产品，合理选择照明标准、照明方式、照明控制系统，提高照明的利用系数和照明维护管理系数，综合考虑影响照明用电的相关因素，并加强照明设施的维护管理，方能挖掘低碳照明节电的潜力，有效地节约照明用电，从而达到最大限度地节约照明用电之目的。最终实现高效、舒适、安全、经济、有益于环境和提高人们工作、生活、学习的质量以及使人们身心健康并体现现代文明的照明系统。本标准 2004 版对我国实施绿色照明具有巨大的推动作用，为我国节约能源和保护生态环境作出了重要贡献。

　　随着照明技术的不断进步，照明新产品的不断涌现，对照明标准提出了新的要求。为适应市场的需要根据住房和城乡建设部建标［2011］17 号文《关于印发 2011 年工程建设标准规范制订、修订计划的通知》，由中国建筑科学研究院会同有关单位在原标准《建筑照明设计标准》GB 50034 - 2004 的基础上进行了全面的修订。

　　为配合《建筑照明设计标准》GB 50034 - 2013 宣传、培训、实施以及监督工作的开展，全面系统地介绍标准的编制情况和技术要点，帮助工程建设管理和技术人员理解和深入把握标准的有关内容，由编制组的有关专家编制完成了本指南。

本指南是《建筑照明设计标准》GB 50034－2013 培训的辅助教材，也可作为工程建设管理和技术人员理解、掌握该标准的参考资料。

《建筑照明设计标准》编制组

2014 年 2 月

目　录

第一篇　修订概述 ……………………………………………………… 1
第二篇　内容释义 ……………………………………………………… 5
  1　总则 …………………………………………………………… 6
  2　术语 …………………………………………………………… 8
  3　基本规定 ……………………………………………………… 23
    3.1　照明方式和种类 ………………………………………… 23
    3.2　照明光源选择 …………………………………………… 27
    3.3　照明灯具及其附属装置选择 …………………………… 30
  4　照明数量和质量 ……………………………………………… 35
    4.1　照度 ……………………………………………………… 35
    4.2　照度均匀度 ……………………………………………… 38
    4.3　眩光限制 ………………………………………………… 39
    4.4　光源颜色 ………………………………………………… 42
    4.5　反射比 …………………………………………………… 46
  5　照明标准值 …………………………………………………… 47
    5.1　一般规定 ………………………………………………… 47
    5.2　居住建筑 ………………………………………………… 49
    5.3　公共建筑 ………………………………………………… 52
    5.4　工业建筑 ………………………………………………… 74
    5.5　通用房间或场所 ………………………………………… 86
  6　照明节能 ……………………………………………………… 93
    6.1　一般规定 ………………………………………………… 93
    6.2　照明节能措施 …………………………………………… 94
    6.3　照明功率密度限值 ……………………………………… 104
    6.4　天然光利用 ……………………………………………… 124
  7　照明配电及控制 ……………………………………………… 126
    7.1　照明电压 ………………………………………………… 126
    7.2　照明配电系统 …………………………………………… 127
    7.3　照明控制 ………………………………………………… 131

附录 A 统一眩光值（UGR） ·················· 136

附录 B 眩光值（GR） ·················· 140

第三篇 专题报告 ·················· 141

1 《建筑照明设计标准》GB 50034‐2004 实施情况分析 ·········· 142

  1.1 市民节能意识增强 ·················· 142

  1.2 标准的基本情况 ·················· 146

  1.3 目前标准实施过程中存在的问题 ·········· 147

  1.4 下一步工作措施 ·················· 147

  1.5 相关建议 ·················· 149

2 LED 成为标准修订"最纠结"一环 ·········· 149

  2.1 前言 ·················· 149

  2.2 节能指标将更严格 ·················· 149

  2.3 LED 写入标准面临的问题 ·········· 151

  2.4 LED 发展需重视设计的应用需求 ·········· 153

3 LED 现状及发展报告 ·················· 154

  3.1 前言 ·················· 154

  3.2 LED 与传统照明技术节能潜力分析 ·········· 156

  3.3 重点关注问题 ·················· 162

  3.4 发展趋势 ·················· 179

4 照明产品性能发展报告（2004～2012） ·········· 182

  4.1 前言 ·················· 182

  4.2 光源性能的发展 ·················· 182

  4.3 镇流器性能的发展 ·················· 186

  4.4 灯具性能的发展 ·················· 187

5 室内不舒适眩光评价方法研究 ·········· 189

  5.1 前言 ·················· 189

  5.2 不舒适眩光主要评价方法 ·········· 189

  5.3 统一眩光值（UGR）的提出与发展 ·········· 194

  5.4 眩光指数（GR）在室内体育馆应用的研究 ·········· 201

  5.5 2013 版标准中关于不舒适眩光的规定 ·········· 203

6 照明功率密度（LPD）专题研究 ·········· 205

  6.1 前言 ·················· 205

  6.2 国内外现状 ·················· 205

  6.3 制定的原则和依据 ·················· 218

  6.4 降低 LPD 限值的可行性分析 ·········· 218

6.5　LPD 修正方法的研究 ································· 220

6.6　LPD 校核及论证 ····································· 223

6.7　2013 版标准的节能预期 ······························ 224

6.8　结论 ·· 226

　　附件 1　LPD 详细论证分析结果 ······················· 227

　　附件 2　新旧标准的节能指标对比 ····················· 251

7　关于应急照明的研究 ···································· 254

7.1　应急照明的定义 ····································· 254

7.2　应急照明的分类 ····································· 254

7.3　应急疏散照明 ······································· 255

7.4　应急安全照明 ······································· 258

7.5　应急备用照明 ······································· 258

7.6　应急照明灯具 ······································· 260

7.7　应急照明供电 ······································· 260

8　关于照明控制系统的研究 ································ 262

8.1　照明控制的定义 ····································· 262

8.2　照明控制的目的 ····································· 263

8.3　照明控制的应用方式 ································· 263

8.4　照明控制的节能效果 ································· 265

8.5　智能照明控制 ······································· 267

　　附表　照明设计常用产品标准汇总 ····················· 269

第一篇

修 订 概 述

一、任务来源

本标准系根据住房和城乡建设部建标〔2011〕17 号文《关于印发 2011 年工程建设标准规范制订、修订计划的通知》，由中国建筑科学研究院会同有关单位在原标准《建筑照明设计标准》GB 50034-2004 的基础上进行修订完成的。其中照明节能部分是由国家发展和改革委员会资源节约和环境保护司组织主编单位完成的。

二、编制工作过程及所做的工作

1. 准备阶段（2011.4～2011.9）

（1）组成编制组：按照参加编制标准的条件，通过和有关单位协商，落实标准的参编单位及参编人员。

（2）制定工作大纲：学习编制标准的规定和工程建设标准化文件，在 2004 版《建筑照明设计标准》的基础上，结合当前照明技术的现状及发展趋势，收集和分析国外相关标准，确定标准的主要内容及章、节组成。

（3）开展了对现行标准实施情况的调查。完成标准修订征求意见，共收集全国各地设计单位意见近 300 条；召开专题讨论会议 8 场；完成标准修订前期的普查工作，共计 540 个；研究提出标准修订的重点技术问题。

（4）召开编制组成立会：于 2011 年 9 月 2 日召开了编制组成立会暨第一次工作会议。会议宣布编制组正式成立。会议确定了主编单位和主编人以及参编单位和参编人。会议上原则规定了新修订标准中需要修改和新增加的主要技术内容。编制组成员对标准的章、节构成及标准中需要重点解决的技术问题进行了认真讨论，并明确了工作任务及分工。

2. 征求意见稿阶段（2011.10～2012.7）

该阶段主要完成了以下几项工作：

（1）调研工作：对当前照明产品的性能进行了调查、比较和分析，为制订产品性能要求提供了基础数据；组织各大设计院对 13 类建筑共 398 个案例的 LPD 进行了测算分析，为制订标准提供了基础数据。

（2）专题论证工作：通过大量的文献调研，结合实测调查工作，对国外标准、照明产品性能、半导体在室内应用、LPD 以及眩光评价方法等问题进行了专题研究，并形成了《照明产品性能发展报告》、《半导体在室内应用现状及发展趋势》、《国外技术标准规范汇总》、《照明功率密度论证报告》、《室内眩光评价方法》等 8 本专题研究报告。

（3）编写征求意见稿：在以上工作基础上，编制组召开了三次工作会议。其中，2011 年 11 月 15～16 日编制组召开了第二次工作会议，重点讨论照明配电及控制以及应急照明的问题。2011 年 12 月 5~6 日召开了标准修订的专题会议，重点讨论发光二极管的技术内容。通过多次会议讨论，标准中大部分内容已在会议上取得了一致性意见，对内容不够确定的章、节也定下了编写的框架和条文内容，为即将完成的征求意见稿奠定了基础。2012 年 04 月 1~2 日在广东深圳市召开第三次工作会议，会议主要讨论了《建筑照明设计标准》（征求意见稿初稿），本次会议后形成了本标准的征求意见稿。

（4）征求意见：2012 年 8 月完成了征求意见稿和条文说明的编写工作，并于 2012 年 8 月 27 日发至上级主管部门、各设计院、学校和科研院所、企业等单位征求意见，截止到 2012 年 10 月底共收到 50 家单位的回函，对标准提出了 687 条意见。

3. 送审阶段（2012.8~11）

根据对征求意见的回函，逐条归纳整理，在分析研究所提出意见的基础上，编写了意见汇总表，并提出处理意见。同时结合所提出的意见召开多次小型编制组会议，并邀请相关专家，对照明供配电、半导体照明产品技术要求、照明标准值和 LPD 等内容进行了专项讨论。于 2012 年 10 月 31 日召开了编制组第四次工作会议，分章、节逐一进行讨论，形成了一致意见。通过反复推敲、修改，补充和完善，于 2012 年 11 月 15 日形成送审稿。送审稿审查会议于 2012 年 12 月 7~8 日在北京召开，与会专家和代表听取了编制组对标准修订工作的介绍，就标准送审稿逐章、逐条进行了认真细致地讨论，并顺利通过了审查。

4. 报批阶段（2012.11~12）

审查会后于 2012 年 12 月 9 日召开编制组主要编写人员会议，根据审查会对标准所提的修改意见逐一进行了深入细致地讨论，对送审稿及其条文说明进行了认真修改，并将修改后的技术内容提交给审查专家组组长予以确认，最终于 2012 年 12 月完成标准报批稿和报批工作。

三、标准修订的主要内容

本标准共分 7 章和 2 个附录，主要技术内容是：总则、术语、基本规定、照明数量和质量、照明标准值、照明节能、照明配电及控制等，其中照明节能部分是由国家发展和改革委员会资源节约和环境保护司组织主编单位完成的。

本标准修订的主要技术内容是：

1. 降低了原标准规定的照明功率密度限值；

2. 补充了图书馆、博览、会展、交通、金融等公共建筑的照明功率密

度限值;

3. 更严格地限制了白炽灯的使用范围;

4. 增加了发光二极管灯应用于室内照明的技术要求;

5. 补充了科技馆、美术馆、金融建筑、宿舍、老年住宅、公寓等场所的照明标准值;

6. 补充和完善了照明节能的控制技术要求;

7. 补充和完善了眩光评价的方法和范围;

8. 对公共建筑的名称进行了规范统一。

本标准中以黑体字标志的条文为强制性条文,必须严格执行。

四、标准的技术水平、作用和效益

1. 审查会议认为,本标准整体上达到了国际先进水平。

2. 本标准是在认真总结实践经验、调查研究、设计验证及广泛征求意见的基础上,参考国际标准和国外先进标准,对原标准进行了修订。标准内容依据充分、结构合理、层次清晰、内容翔实,符合工程建设标准编写规定的要求。

3. 本标准降低了原标准规定的照明功率密度限值;补充了图书馆、博览、会展、交通、金融等公共建筑的照明功率密度限值,并进行了大量的设计验证,符合我国实际情况,将进一步提高照明节能设计水平。本标准注重新产品、新技术的应用,增加了 LED 灯应用于室内照明的技术要求,符合当前建筑照明发展的趋势。

4. 本标准技术先进,具有一定的创新性和前瞻性,符合建筑照明的实际需要,对创造良好光环境、节约能源、保护环境和构建绿色照明具有重要意义。与会专家一致认为本标准具有科学性、先进性、可操作性和协调性。

五、今后需解决的问题

本标准既适用于管理者,也适用于设计者和使用者。标准条文技术性强,在发布后需加大对标准的宣贯力度,并监督标准执行。

第二篇
内 容 释 义

1 总　则

1.0.1　为在建筑照明设计中贯彻国家的法律、法规和技术经济政策，满足建筑功能需要，有利于生产、工作、学习、生活和身心健康，做到技术先进、经济合理、使用安全、节能环保、维护方便，促进绿色照明应用，制定本标准。

【释义】

标准宗旨。

光环境是由光（照明数量和照明质量）与颜色（色调、色饱和度、颜色分布、颜色显现等）建立起来的，从生理和心理效果来评价的视觉环境。良好的光环境对人的精神状态和心理感受会产生积极的影响。例如对于生产、工作和学习的场所，良好的光环境能振奋精神，提高工作效率和产品质量；对于休息、娱乐的公共场所，合宜的光环境能创造舒适、优雅、活泼生动或庄重严肃的气氛，对人的情绪状态、心理感受产生积极的影响。因此，创造舒适的光环境，提高视觉工效，是建筑光学的主要研究课题。建筑照明工程是基本建设领域中一个不可缺少的重要组成部分，对节约能源、保护环境，提高照明品质，有着十分重要的作用。如何通过合理的优化设计降低照明能耗，减少光污染，对实现我国建筑节能目标，推动绿色照明的发展作用巨大。

1.0.2　本标准适用于新建、改建和扩建以及装饰的居住、公共和工业建筑的照明设计。

【释义】

标准适用范围。

本标准适用于各种类型的居住建筑、公共建筑及工业建筑的室内照明设计，其中公共建筑包括图书馆建筑、办公建筑、商店建筑、观演建筑、旅馆建筑、医疗建筑、教育建筑、博览建筑、会展建筑、交通建筑、金融建筑、体育建筑等。对于新建、改建和扩建以及二次装修的居住建筑、公共建筑及工业建筑，其照明设计均应符合本标准的各项规定。

1.0.3　建筑照明设计除应符合本标准的规定外，尚应符合国家现行有关标准的规定。

【释义】

同其他标准的衔接。

本标准为专业性的全国通用标准。根据国家标准主管部门有关编制和修订工程建设标准规范的统一规定，为了精简标准内容，凡是引用或参照其他全国通用的标准的内容，除必要的以外，本标准不再另设条文。本条强调建筑照明设计中除应符合本标准的规定外，还应执行与设计内容相关的安全、环保、节能、卫生等方面的国家现行有关标准等的规定。

2 术　语

2.0.1 绿色照明　greenlights

节约能源、保护环境，有益于提高人们生产、工作、学习效率和生活质量，保护身心健康的照明。

【释义】

绿色照明理念最早由美国环保局于1991年首次提出，中国自1996年实施绿色照明工程以来，取得了良好的社会、经济和环保效益。绿色照明的主要宗旨是节约能源、保护环境和提高照明环境质量。我国最初的定义是"绿色照明指通过科学的照明设计，采用效率高、寿命长、安全和性能稳定的照明电器产品（电光源、灯用电器附件、灯具、配线器材以及调光控制设备和控光器件），改善提高人们工作、学习、生活的条件和质量，从而创造一个高效、舒适、安全、经济、有益的环境并充分体现现代文明的照明"。标准编制组认为这个定义太长和太复杂，而是予以简化为"绿色照明是节约能源、保护环境，有益于提高人们生产、工作和学习效率和生活质量，保护身心健康的照明"，简单明了，突出绿色照明宗旨。

2.0.2 视觉作业　visual task

在工作和活动中，对呈现在背景前的细部和目标的观察过程。

2.0.3 光通量　luminous flux

根据辐射对标准光度观察者的作用导出的光度量。单位为流明（lm），1lm＝1cd·1sr。对于明视觉有：

$$\Phi = K_\mathrm{m} \int_0^\infty \frac{\mathrm{d}\Phi_\mathrm{e}(\lambda)}{\mathrm{d}\lambda} V(\lambda) \mathrm{d}\lambda \qquad (2.0.3)$$

式中：$\mathrm{d}\Phi_\mathrm{e}(\lambda)/\mathrm{d}\lambda$——辐射通量的光谱分布；

$V(\lambda)$——光谱光（视）效率；

K_m——辐射的光谱（视）效能的最大值，单位为流明每瓦特（lm/W）。在单色辐射时，明视觉条件下的 K_m 值为683lm/W（λ＝555nm 时）。

【释义】

按照国际规定的标准光度观察者（标准人眼）视觉特性评价辐射通量而导出的光度量。

在照明工程中，常用光通量来表示一个光源在单位时间内发出的光量，它成为光源的一个基本参数，例如 100W 普通白炽灯发出 1250lm 光通量，36W 稀土三基色 T8 荧光灯发出 3250lm 光通量。

$V(\lambda)$ 为国际照明委员会（CIE）标准光度观测者在明视觉条件下的光谱（视）效率函数，简称视见函数。由于人眼对于可见光范围内相同辐射通量不同波长的单色辐射感受灵敏度存在差异，λ_m 为光谱效能最大时对应的单色辐射的波长。光谱（视）效率函数是在特定光度条件下，视亮度感觉相等的波长为 λ_m 和 λ 的两个辐射通量之比。在明视觉条件下（适应亮度大于 5cd/m^2），$\lambda_m = 555nm$；在暗视觉条件下（适应亮度小于 0.005cd/m^2）的光谱光视效率函数以符号 $V'(\lambda)$ 表示，其最大值位置向短波方向移动，$\lambda'_m = 507nm$。

K_m 值为最辐射的光谱（视）效能的最大值，是根据各国国家计量实验室测量的平均结果。在明视觉条件下，1977 年国际计量委员会采用频率为 540×10^{12} Hz的单色辐射的最大光谱（视）效能 $K_m = 683lm/W$。在暗视觉条件下，单色辐射的最大光谱（视）效能 K'_m 为 1754lm/W，其波长位置在 507nm 处。

2.0.4 发光强度 luminous intensity

发光体在给定方向上的发光强度是该发光体在该方向的立体角元 $d\Omega$ 内传输的光通量 $d\Phi$ 除以该立体角元所得之商，即单位立体角的光通量。单位为坎德拉（cd），1cd=1lm/sr。

【释义】

发光强度是表示光通量是在某一方向的空间密度，国际单位为坎德拉，符号：cd，它也是国际单位制中七个基本单位之一。与通常测量辐射强度或测量能量强度的单位相比较，发光强度的定义考虑了人的视觉因素和光学特点，是在人的视觉基础上建立起来的，其计算公式为：

$$I = \frac{d\Phi}{d\Omega} \qquad (2.0.4)$$

发光强度的符号为 I，单位是坎德拉（cd），在数量上 1cd=1lm/sr。

国际计量大会通过的坎德拉定义：一个光源发出频率为 540×10^{12} Hz 的单色辐射（对应于空气中波长为 555nm 的单色辐射），若在一定方向上的辐射为 1/683W/sr，则光源在该方向上的发光强度为 1cd。

在照明工程中，光源或照明灯具的光强分布曲线（亦称配光曲线）或等光强图是进行照度计算和设计的重要资料。相同的光通量，但是光强分布却会有较大的差别，例如，一只 40W 裸白炽灯发出 350lm 的光通量，它的平均发光强度为 350lm/4π=28cd，如果在裸灯上加上搪瓷反射罩，则灯下方的发光强度可提高 2 倍左右。这说明灯泡发出光通量不变，而发光强度提高了许多。

2.0.5 亮度 luminance

由公式 $L = \mathrm{d}^2\Phi/(\mathrm{d}A \cdot \cos\theta \cdot \mathrm{d}\Omega)$ 定义的量。单位为坎德拉每平方米（cd/m²）。

式中：dΦ——由给定点的光束元传输的并包含给定方向的立体角 dΩ 内传播的光通量（lm）；

dA——包括给定点的射束截面积（m²）；

θ——射束截面法线与射束方向间的夹角。

【释义】

亮度是表示人对发光体或被照射物体表面的发光或反射光强度实际感受的物理量，它的符号为 L，单位为坎德拉每平方米（cd/m²），过去称为尼特（nt）。亮度的物理含义是包括该点面元 dA 在该方向的发光强度 $I = \mathrm{d}\Phi/\mathrm{d}\Omega$ 与面元在垂直于给定方向上的正投影面积 $\mathrm{d}A \cdot \cos\theta$ 所得之商，其公式为：

$$L = \mathrm{d}^2\Phi/(\mathrm{d}A \cdot \cos\theta \cdot \mathrm{d}\Omega) = \mathrm{d}I/(\mathrm{d}A \cdot \cos\theta) \qquad (2.0.5\text{-}1)$$

对于均匀漫反射表面，其表面亮度 L 与表面入射照度 E 的关系如下式所示：

$$L = \frac{E \cdot \rho}{\pi} \qquad (2.0.5\text{-}2)$$

对于均匀漫透射表面，其表面亮度 L 与表面入射照度 E 的关系如下式所示：

$$L = \frac{E \cdot \tau}{\pi} \qquad (2.0.5\text{-}3)$$

式中的 ρ 和 τ 分别为表面的反射比和透射比。

钨丝灯的亮度为 $(2.0 \sim 20) \times 10^6$ cd/m²，荧光灯为 $(0.5 \sim 15) \times 10^4$ cd/m²，蜡烛为 $(0.5 \sim 1.0) \times 10^4$ cd/m²，蓝天为 0.8×10^4 cd/m²。

2.0.6 照度 illuminance

入射在包含该点的面元上的光通量 dΦ 除以该面元面积 dA 所得之商。单位为勒克斯（lx），1lx＝1 lm/m²。

【释义】

照度是用以表示被照面上的光线强弱的光度指标，是被照面上的光通量密度，其定义为：表面上一点的照度 E 是入射在包含该点的面元上的光通量 dΦ 除以该面元面积 dA 所得之商，其公式为：

$$E = \frac{\mathrm{d}\Phi}{\mathrm{d}A} \qquad (2.0.6)$$

照度单位为勒克斯（lx），1lx 是 1lm 光通量均匀分布在 1m² 面积上所产生的照度，即 1lx＝1lm/m²。

晴朗天满月夜地面照度为 0.2lx，室外天空散射光照射下地面照度为 3000lx，中午太阳光直射下地面照度为 100000lx。

照度不是人眼直接感受到的光度量。除了与被照射表面上的照度外，表面的明亮程度还与其反射特性有关。

根据光线照射表面的不同照度可分为水平照度、垂直照度、柱面照度、半柱面照度等；根据照明系统维护需要可分为：初始照度、维持照度、使用照度。本标准给出的室内照明场所，除体育建筑外大多均给出的是平面维持照度。

2.0.7　平均照度　average illuminance

规定表面上各点的照度平均值。

2.0.8　维持平均照度　maintained average illuminance

在照明装置必须进行维护时，在规定表面上的平均照度。

【释义】

维持平均照度是指照明系统整个寿命周期内在规定表面上的平均照度的最低值，它是在必须换灯或清洗灯具和房间表面，或者同时进行上述维护工作时所得到的受照面的平均照度。任何照明装置在使用过程中由于光源的光通衰减和灯具及房间内表面上污染折减，导致规定表面上的照度值都将逐渐降低，也就是说，维持照度一定低于初始照度，两者相差的多少取决于照明维护制度和维护周期。国际上大多数国家的照明标准及本标准规定的都是平均照度的维持值，也叫维持平均照度。其目的是在照明设施或装置（光源、灯具及附件等）在规定时间内进行维修前，规定表面上的平均照度不得低于标准规定的维持平均照度。

在照明设计计算时，照明计算出的照度就是维持平均照度。

2.0.9　参考平面　reference surface

测量或规定照度的平面。

2.0.10　作业面　working plane

在其表面上进行工作的平面。

2.0.11　识别对象　recognized objective

需要识别的物体和细节。

2.0.12　维护系数　maintenance factor

照明装置在使用一定周期后，在规定表面上的平均照度或平均亮度与该装置在相同条件下新装时在同一表面上所得到的平均照度或平均亮度之比。

【释义】

照明装置在使用过程中，因光源的光衰、灯具和房间表面的污染，而使规定表面上的照度下降，导致设计房间的初始照度高于维持平均照度值。因此在照明设计时，需要考虑这些因素的影响。维护系数是小于 1 的数值，它是在规定表面上的维持平均照度与该照明装置在新装时在同一表面上所得到的平均照度之比。照明维护系数取值对于使用及维护成本具有重要影响。

2.0.13　一般照明　general lighting

为照亮整个场所而设置的均匀照明。

【释义】

一般照明的灯具为均匀分散设置，与室内机器或设备的配置无关。特点是作业面照度均匀，能保证整个工作面都有足够的照度，也能将墙壁和顶棚照亮，使周围环境具有一定的亮度，为整个室内提供良好的视觉环境。一般照明的照度计算通常是采用利用系数法。

按照灯具的安装方法，一般照明可分为明装式照明和建筑化暗装式照明两种。

2.0.14　分区一般照明　localized general lighting

为照亮工作场所中某一特定区域，而设置的均匀照明。

2.0.15　局部照明　local lighting

特定视觉工作用的、为照亮某个局部而设置的照明。

【释义】

局部照明灯的形式很多，如机床灯，地面上可移动的支架灯，无棚墙壁上安装的直接型照明灯，独立安装的投光灯，嵌入顶内的筒形投射灯等。

2.0.16　混合照明　mixed lighting

由一般照明与局部照明组成的照明。

2.0.17　重点照明　accent lighting

为提高指定区域或目标的照度，使其比周围区域突出的照明。

2.0.18　正常照明　normal lighting

在正常情况下使用的照明。

【释义】

目前在我国正式颁布执行的照明设计标准中，照明分类、名词术语已与国际照明委员会（CIE）的相应标准取得一致。正常照明是在正常情况下使用的、固定安装的室内外人工照明。它是电气照明的基本种类，在照明场所，对产生照度标准指定的照度指标起主要的作用。标准要求工作场所均应设置正常照明。正常照明装设在如办公、会议、图书阅览、工厂车间和商业餐饮等的所有室内外场所，以及在夜间有人工作的露天场所、有运输和有人通行的露天场地和道路等。正常照明可以单独使用，也可以与应急照明、值班照明同时使用，但控制线路必须分开。

2.0.19 应急照明 emergency lighting

因正常照明的电源失效而启用的照明。应急照明包括疏散照明、安全照明、备用照明。

【释义】

应急照明是现代建筑中的一项重要的安全设施。在建筑发生火灾、电源故障断电或其他灾害时，应急照明对人员疏散、消防和救援工作，保障人身、设备安全，进行必要的操作和处置或继续维持生产、工作都有重要作用。应急照明按功能分为三类，即疏散照明、安全照明、备用照明。疏散照明必须保证在其持续时间内人员能够撤离至安全区域；安全照明要保证处于潜在危险之中的人的视觉连续性；而备用照明则注重于满足继续工作的照度水平。

2.0.20 疏散照明 evacuation lighting

用于确保疏散通道被有效地辨认和使用的应急照明。

【释义】

疏散照明的设置应根据建筑的规模和复杂程度，建筑物内停留和流动人员数量以及这些人对建筑物的熟悉程度，建筑物内的火灾危险程度等多种因素综合确定，一般情况疏散距离超过25m的建筑物均应设置疏散照明。疏散照明包括用于保障疏散通道照明的应急灯具和用于指示安全区域方向的标志灯具。

2.0.21 安全照明 safety lighting

用于确保处于潜在危险之中的人员安全的应急照明。

【释义】

人员处于非静止状态且周围存在潜在危险设施的场所如设有圆盘锯的木材加工间、体育运动项目中的跳水和体操场地等，当正常照明因故失效后人员由于无法有效观察周围环境而极易发生人身伤害，因此需要设置不中断或瞬时恢复的应急照明。

2.0.22 备用照明 stand-by lighting

用于确保正常活动继续或暂时继续进行的应急照明。

【释义】

设置备用照明可以保证人们暂时的继续工作和避免可能引发的事故或损失，因此应设置备用照明的场所包括：人员经常停留的无天然采光的重要地下建筑或正常照明电源失效可能造成重大政治经济损失，妨碍灾害救援工作进行，造成爆炸、火灾或中毒等事故以及可能诱发非法行为等的场所。

2.0.23　值班照明　on-duty lighting

非工作时间，为值班所设置的照明。

【释义】

需要在非工作时间安排值守的场所，如大型商场、超市的营业厅，博览馆、金融行业等为了方便巡视等设置的照明。值班照明可利用正常照明中能够单独控制的一部分或利用应急照明的一部分或全部，但在开关控制上应该有独立的控制开关。

2.0.24　警卫照明　security lighting

用于警戒而安装的照明。

【释义】

政府部门、法务部门、金融行业等需要设置安全保卫的建筑物设置的专用照明。警卫照明的设置，要按保安部门的要求，在警卫范围内装设。

2.0.25　障碍照明　obstacle lighting

在可能危及航行安全的建筑物或构筑物上安装的标识照明。

【释义】

障碍照明的装设，应严格执行所在地区航空或交通部门的有关规定。在飞机场周围对飞机的安全起飞和降落威胁较大的较高建筑物或构筑物，如烟囱、水塔等，应按各地民航部门的有关规定装设障碍照明。对于有船舶通行的航道两侧的建筑物，在低水位的河边和高水位的河中心，船舶在夜间通行易发生事故的环境和场所，都应按照交通部门的有关规定，装设航道障碍照明。

2.0.26　频闪效应　stroboscopic effect

在以一定频率变化的光照射下，观察到物体运动显现出不同于其实际运动的现象。

【释义】

当电光源光通量波动的频率，与运动（旋转）物体的速度（转速）成整倍数关系时，运动（旋转）物体的运动（旋转）状态，在人的视觉中就会产生静止、倒转、运动（旋转）速度缓慢，以及上述三种状态周期性重复的错误视觉，轻则导致视觉疲劳、偏头痛和工作效率的降低，重则引发工伤事故。光通量波动的深度越大，频闪深度越大，负效应越大，危害越严重。

2.0.27　发光二极管（LED）灯　light emitting diode lamp

由电致固体发光的一种半导体器件作为照明光源的灯。

【释义】

发光二极管（LED）灯是利用固体半导体芯片作为发光材料，在半导体中通过载流子发生复合放出过剩的能量而引起光子发射，直接把电转化为光的器件。LED 被称为第四代照明光源或绿色光源，具有节能、环保、寿命长、体积小等特点，可以广泛应用于各种指示、显示、装饰、背光源、普通照明和城市夜景等领域。

作为照明光源使用的 LED 照明光源的主流是高亮度的白光 LED，其产生方式有二种：一是以蓝光单晶片加上 YAG 黄色荧光粉混合产生白光，或以无机紫外光晶片加红、蓝、绿三颜色荧光粉混合产生白光，它将取代荧光灯、紧凑型节能荧光灯泡及 LED 背光源等，是未来较被看好的三波长白光 LED；二是利用红绿蓝三个单色的 LED 混合形成白光，其可随时调节成各种颜色光，多用于灯光秀、舞台照明、演播室照明等场合。

2.0.28　光强分布　distribution of luminous intensity

用曲线或表格表示光源或灯具在空间各方向的发光强度值，也称配光。

【释义】

通常用曲线或表格表示光源或灯具在空间各方向的发光强度值，也称配光。其所表示的曲线称为光强分布曲线，也称配光曲线。它是在通过光中心的平面上将光源或灯具在空间各方向的发光强度表示为角度（从某一给定方向算起）函数的曲线，以极坐标或角坐标表示。它主要用于提供灯具光分布的特性，计算灯具在某一点产生的照度，计算灯具的亮度分布。对于点光源的光强分布可用一条配光曲线即可全部表征光强分布；而对于如荧光灯的光强分布至少可用二条以上的曲线来表征。为便于比较，所有给出的配光曲线均以光源光通量折算为 1000lm 绘制的。在实际应用时，如光源光通量为 2000lm 时，其光强实际值，应乘以 2 的系数。从光强分布状况可以看出光的有效利用程度。

2.0.29　光源的发光效能　luminous efficacy of a light source

光源发出的光通量除以光源功率所得之商，简称光源的光效。单位为流明每瓦特（lm/W）。

【释义】

光源的发光效能是其发出的光通量除以光源功率所得之商，简称光源的光效。单位为流明每瓦特（lm/W）。就光源而言，光效是一个经典指标，光源的光效越高，说明单位功率发出的光能越多，在照明应用时越节约照明用电。在光源中尤以气体放电灯光效为高。在照明工程中，首先应选用光效高的电光源。

2.0.30　灯具效率　luminaire efficiency

在规定的使用条件下，灯具发出的总光通量与灯具内所有光源发出的总光通量之比，也称灯具光输出比。

【释义】

灯具效率是评价灯具光输出效率的重要指标。通常在规定使用条件下，灯具效率是测出的灯具光通量与灯具内所有光源在灯具外测出的总光通量之比，灯具效率也称灯具光输出比。灯具效率越高，说明灯具发出的光能越多。灯具效率用百分比表示，其数值总是小于 100%。灯具效率由实验室实际测量得出。

2.0.31　灯具效能　luminaire efficacy

在规定的使用条件下，灯具发出的总光通量与其所输入的功率之比。单位为流明每瓦特（lm/W）。

【释义】

灯具效能主要用于评价 LED 灯具。其表示电能转化为光能的效率，是描述 LED 灯具节能特性的指标，计算 LED 灯具效能公式中，其分子光通量是指光源装入灯具、同时使用所需的 LED 控制装置或 LED 控制装置的电源后，灯具发出的光通量。其中 LED 控制装置或 LED 控制装置的电源可以是整体式、内装式或独立式的。使用 LED 光源的灯具可能使用反射器、扩散板，装入灯具的光源可能是单个光源或多个光源的集合，但由于热能、电能的相互作用造成的效率损失，以及灯具光学系统的效率，LED 灯具的光通量并不等于 LED 光源光通量或其简单累加。LED 灯具效能中的消耗的电功率是指灯具的输入功率，不仅包括 LED 光源，还包括 LED 控制装置所消耗的功率。

2.0.32　照度均匀度　uniformity ratio of illuminance

规定表面上的最小照度与平均照度之比，符号是 U_0。

【释义】

一般情况下，照度均匀度是表征在规定表面上照度变化的量，常用规定表面上最小照度与平均照度之比来表示。有些情况下，也可用规定表面上的最小照度与最大照度之比来表示。它是照明质量的重要指标。照度均匀度不佳，易造成明暗适应困难和视觉疲劳。

2.0.33　眩光　glare

由于视野中的亮度分布或亮度范围的不适宜，或存在极端的对比，以致引起不舒适感觉或降低观察细部或目标的能力的视觉现象。

【释义】

眩光是一种视觉条件。这种条件的形成是由于亮度分布不适当，或亮度变化的幅度太大，或空间、时间上存在着极端的对比，一致引起不舒适或降低观察重要物体的能力，或同时产生这两种现象。眩光就是通常所说的"晃眼"，它会使人感到刺眼，引起眼睛酸痛、流泪和视力下降，甚至可因明暗不能适应而丧失明视能力。引起视觉不舒适的眩光称为不舒适眩光；降低视觉工效和可见度的眩光称为失能眩光；在一定时间内完全看不到视觉对象的强烈的眩光称为失明眩光。就眩光的成因而言，还可将眩光分为直接眩光和反射眩光。

2.0.34 直接眩光 direct glare

由视野中，特别是在靠近视线方向存在的发光体所产生的眩光。

【释义】

直接眩光是由灯、灯具或窗户等高亮度的光源直接引起的；

2.0.35 不舒适眩光 discomfort glare

产生不舒适感觉，但并不一定降低视觉对象的可见度的眩光。

【释义】

不舒适眩光亦称"心理眩光"，指引起视觉上不舒适感，但未造成可见度降低的眩光。不舒适眩光是评价室内照明质量的标准之一。这类眩光引起的不舒适感主要与下列因素有关：眩光源的亮度、眩光源的表观尺寸、眼睛适应水平、眩光源周围的亮度以及眩光源相对于视线的位置等。这种眩光产生不舒适感觉，但并不一定降低视觉对象的可见度。

2.0.36 统一眩光值 unified glare rating（UGR）

国际照明委员会（CIE）用于度量处于室内视觉环境中的照明装置发出的光对人眼引起不舒适感主观反应的心理参量。

【释义】

UGR 是评价室内照明不舒适眩光的量化指标，它是由 CIE117 号出版物《室内照明的不舒适眩光》（1995），在综合一些国家的眩光计算公式经过折中后提出的，作为 CIE 成员国参照使用。我国也参照采用此评价方法。它是度量处于视觉环境中的照明装置发出的光对人眼引起不舒适感主观反应的心理参量，其值可按 CIE 的 UGR 公式计算。UGR 值可分为 28、25、22、19、16、13、10 七档值。28 为刚刚不可忍受，25 为不舒适，22 为刚刚不舒适，19 为舒适与不舒适界限，16 为刚刚可接受，13 为刚刚感觉到，10 为无眩光感觉。在本标准中多数采用 25、22、19 的 UGR 值。

2.0.37 眩光值 glare rating（GR）

国际照明委员会（CIE）用于度量体育场馆和其他室外场地照明装置对人眼引起不舒适感主观反应的心理参量。

【释义】

GR 是评价室外照明眩光的量化指标，它是由 CIE112 号出版物《室外体育和区域照明的眩光评价系统》（1994）提出的，作为 CIE 成员国参照使用。在本标准也采用了此眩光评价方法，它是度量室外体育场和其他室外场地照明装置对人眼引起不舒适感觉主观反应的心理参量。其值可按CIE的GR公式计算。对GR值的评价可分为9档。GR值90为不可忍受的眩光，80介于不可忍受与干扰之间，70为干扰的，60为介于干扰的与刚刚可接受之间，50为刚刚可接受的，40为介于刚刚可接受与可见之间，30为可见的，20为介于可见的与不可察觉之间，10为不可察觉的。经过实践与主观评价，发现该评价系统也适用于室内体育场馆，但评价标尺与室外有所不同。

2.0.38 反射眩光 glare by reflection

由视野中的反射引起的眩光，特别是在靠近视线方向看见反射像所产生的眩光。

【释义】

反射眩光是从反射比高的表面，特别是像光亮的油漆、光泽的金属这类镜反射表面反射的高亮度造成的。

2.0.39 光幕反射 veiling reflection

视觉对象的镜面反射，它使视觉对象的对比降低，以致部分地或全部地难以看清细部。

【释义】

光幕反射是一种反射眩光，它是因视觉对象的镜面反射与漫反射重叠出现的现象，它使视觉对象的亮度对比降低，即可见度降低，造成部分或全部地难以看清视觉作业的细部。如在学校的光泽度高的黑板面上，从某一个角度观看黑板面或在办公桌前面设有台灯或桌正上方部分有灯，在阅读有光泽的纸面的字时，常出现光幕反射现象。

2.0.40 灯具遮光角 shielding angle of luminaire

灯具出光口平面与刚好看不见发光体的视线之间的夹角。

【释义】

为防止灯具所产生的直接眩光，通常对灯具的遮光角大小加以限制，它是光源发光体最边缘一点和灯具出光口的连线与灯具出光口水平面之间的夹角。灯具的遮光角越大，则限制眩光越好，但光的利用效率降低；反之，则有与之相反的效果。对灯具遮光角的要求取决于光源的平均亮度，光源的平均亮度越大，则要求遮光角越大；反之，则要求遮光角越小。

2.0.41 显色性 colour rendering

与参考标准光源相比较，光源显现物体颜色的特性。

【释义】

显色性是与参比的标准光源相比较时，光源显现物体颜色的特性，即光源对照射的物体色表的影响，该影响是由于观察者有意识或无意识地将它与参比的标准光源下的色表相比较而产生的相符合程度的度量。在数量上以显色指数来定量，与参比的标准光源的色表完全一致时，则其显色指数为 100。在小于 5000K 时用普朗克辐射体作为参比的标准光源；大于 5000K 时用组合昼光作为参比的标准光源。

2.0.42 显色指数 colour rendering index

光源显色性的度量。以被测光源下物体颜色和参考标准光源下物体颜色的相符合程度来表示。

【释义】

显色指数是评价识别物体显色性的数量指标。它是被测光源照明物体的心理物理色与参比标准光源照明同一物体的心理物理色符合程度的度量。显色指数分为特殊显色指数和一般显色指数。

2.0.43 一般显色指数 general colour rendering index

光源对国际照明委员会（CIE）规定的第 1～8 种标准颜色样品显色指数的平均值。通称显色指数，符号是 R_a。

【释义】

一般显色指数是光源对八个一组色样（CIE1974 色样）的特殊显色指数的平均值。符号用 R_a 表示，与参比标准光源相比较显色性完全一致时为 100，否则为小于 100 的数，即有显色失真的表现。在照明工程中，常应用一般显色指数 R_a。

2.0.44 特殊显色指数 special colour rendering index

光源对国际照明委员会（CIE）选定的第 9～15 种标准颜色样品的显色指数，符号是 R_i。

【释义】

国际照明委员会除规定计算一般显色指数用的 8 种色样外，还补充规定了 6 种计算特殊显色指数用的颜色样品，包括彩度较高的红、黄、绿、蓝、欧美青年妇女的肤色和叶绿色。我国光源显色评价方法另外又增加了中国青年妇女肤色的标准色样。特殊显色指数可根据需要采用上述任何一种颜色样品来计算。也允许采用自选的颜色样品计算需要的特殊显色指数，但必须准确地确定所选色样的光谱辐亮度因数。

2.0.45 色温 colour temperature

当光源的色品与某一温度下黑体的色品相同时，该黑体的绝对温度为此光源的色温。亦称"色度"。单位为开（K）。

【释义】

完全辐射体（黑体）的辐射光谱仅与其温度相关，因此可以利用黑体的温度来描述完全辐射体的色表。当某一种光源（热辐射光源）的色品与某一温度下的完全辐射体（黑体）的色品完全相同时，完全辐射体（黑体）

的温度就是该光源的色温。符号为 T_c，单位为开（K）。热辐射光源通常是指白炽灯或卤钨灯。根据光源的色温的不同，光源色表可分为暖色、中间色和冷色三种特征，见 4.4.1。

2.0.46　相关色温　correlated colour temperature

当光源的色品点不在黑体轨迹上，且光源的色品与某一温度下的黑体的色品最接近时，该黑体的绝对温度为此光源的相关色温，简称相关色温。符号为 T_{cp}，单位为开（K）。

【释义】

由于非热辐射光源其色品往往不能落在普朗克曲线上，此时光源色温已无法作为描述这类光源色表的指标了。当某一种光源（如气体放电光源、发光二极管灯光源）的在 uv 色品偏离普朗克曲线的距离小于 5.4×10^{-2} 时，该光源的色品与某一温度下的完全辐射体（黑体）的色品最接近时，则该完全辐射体（黑体）的温度即是该气体放电光源的相关色温。符号为 T_{cp}，单位为开（K）。气体放电光源包括各种荧光灯和高强度气体放电灯等。

2.0.47　色品　chromaticity

用国际照明委员会（CIE）标准色度系统所表示的颜色性质。由色品坐标定义的色刺激性质。

【释义】

色品是当不考虑亮度的影响的时候，人对于颜色的一种感受，它是客观描述颜色色调和饱和度的综合指标。基于该指标可以对光的纯度、主波长、补色、色温、色容差、颜色漂移等参数进行评价分析。

2.0.48　色品图　chromaticity diagram

表示颜色色品坐标的平面图。

【释义】

以不同位置的点表示各种色品的平面图，当不同光谱的色品在色品图上为同一点时，则说明其颜色饱和度和色调相同，当前常用的色品图包括 CIE1931 色品图和 CIE1976 均匀色度标尺图。

2.0.49　色品坐标　chromaticity coordinates

每个三刺激值与其总和之比。在 X、Y、Z 色度系统中，由三刺激值可算出色品坐标 x、y、z。

2.0.50　色容差　chromaticity tolerances

表征一批光源中各光源与光源额定色品的偏离，用颜色匹配标准偏差 SDCM 表示。

【释义】

色容差是用来表征光源的色品与光源额定色品之间的差异，他是基于

1942 年麦克亚当（MacAdam）开展的颜色比对实验提出的色度学评价指标。其计算公式为：

$$g_{11}\Delta x^2 + g_{12}\Delta x \Delta y + g_{22}\Delta y^2 = n^2$$

式中：Δx，Δy——光源色品坐标与额定坐标值的差，可根据额定色温查表确定；

g_{11}，g_{12}，g_{22}——MacAdam 椭圆计算系数，可根据额定色温查表确定。

2.0.51　光通量维持率　luminous flux maintenance

光源在给定点燃时间后的光通量与其初始光通量之比。

【释义】

光源在规定的条件下点燃，在寿命期间内一特定时间的光通量与其初始光通量之比，以百分数来表示。随着点燃时间的增加，光源的光通量会下降。有效寿命就是根据光通维持率定义的，当光通维持率低于 70% 可视为灯已达到使用寿命。

2.0.52　反射比　reflectance

在入射辐射的光谱组成、偏振状态和几何分布给定状态下，反射的辐射通量或光通量与入射的辐射通量或光通量之比。

2.0.53　照明功率密度　lighting power density（LPD）

单位面积上一般照明的安装功率（包括光源、镇流器或变压器等附属用电器件），单位为瓦特每平方米（W/m^2）。

【释义】

照明功率密度是评价建筑照明节能的指标，它是房间单位面积上的照明安装功率（包括光源、镇流器或变压器的功率），单位为瓦特每平方米（W/m^2）。房间的总安装功率不得大于规定的 LPD。LPD 是目前许多国家所采用的照明节能评价指标。可规定整栋建筑或该类建筑逐个房间的 LPD 值。本标准只规定该类建筑逐个房间的 LPD 值。

2.0.54　室形指数　room index

表示房间或场所几何形状的数值，其数值为 2 倍的房间或场所面积与该房间或场所水平面周长及灯具安装高度与工作面高度的差之商。

【释义】

表征房间几何形状的数值，其计算公式为：

$$RI = \frac{2S}{h \times l}$$

式中　RI——室形指数；

　　　S——房间面积；

　　　l——房间水平面周长；

　　h——灯具计算高度。

2.0.55　年曝光量　annual lighting exposure

　　度量物体年累积接受光照度的值，用物体接受的照度与年累积小时的乘积表示，单位为每年勒克斯小时（lx·h/a）。

【释义】

　　表示物体年累计接受光照度的值，在博物馆对于对光敏感的展品或藏品通过限制年曝光量，达到保护文物的目的。

3 基 本 规 定

3.1 照明方式和种类

3.1.1 照明方式的确定应符合下列规定：

1 工作场所应设置一般照明；

2 当同一场所内的不同区域有不同照度要求时，应采用分区一般照明；

3 对于作业面照度要求较高，只采用一般照明不合理的场所，宜采用混合照明；

4 在一个工作场所内不应只采用局部照明；

5 当需要提高特定区域或目标的照度时，宜采用重点照明。

【释义】

本条规定了确定照明方式的原则。

照明方式是照明设备按其安装部位或使用功能构成的基本制式。可分为：一般照明、局部照明、混合照明和重点照明。

1. 为照亮整个场所，均应采用一般照明。

为照亮整个场地而设置的均匀照明称为一般照明，对于工作位置密度很大而照明方向无特殊要求的场所，或生产技术条件不适合装设局部照明或采用混合照明不合理的场地，则可单独装设一般照明。采用一般照明在照度较高时，需要较高的安装功率，对节能不利。

一般照明方式的照明器在被照空间多采用均匀布置。在办公室、学校教室、商店、机场、车站、港口的旅客站及层高较低的工业车间等公共场所的房间内，常采用一般照明方式。

一般照明的灯具布置是按照灯具的配光特性给出最大允许的灯具安装间距 S 和高度 H 之比，简称距高比（S/H），小于这个比值布置灯具，能保证照度的均匀度要求。通常情况下，低矮房间用宽配光灯具，高大房间用窄配光灯具。直接型照明灯具的最大允许距高比和配光的关系如下：

宽配光　$S/H=1.5\sim2.5$；

中配光　$S/H=0.8\sim1.5$；

窄配光　$S/H=0.5\sim1.0$。

2. 同一场所的不同区域有不同照度要求时，为节约能源，贯彻照度该高则高、该低则低的原则，应采用分区一般照明。

同一场所内的不同区域有不同照度要求时，应采用分区一般照明。分区一般照明特别适合于大空间的照明，比如大型商业空间的照明，由于空间大，商品种类多、往往将大空间分割成若干售货区。各个售货区销售的商品特征不一，对照明的照度水平（包括：水平面照度与垂直面照度）、照明用光的方向性与扩散性（包括商品的立体感、光泽与商品表面的质感等）、照明光源的亮度、颜色（包括色温与显色性）的要求各不相同。如果统一使用一般照明，则难表现出商业空间照明特征，而且也不利于照明节能；又如大型办公室间的照明，对工作区、交通区和休息区，特别是工作区的类别繁多，应根据办公的类别，如一般办公区、高级办公区、VDT 办公区、制图设计区以及文献资料区等的照明也应按分区一般照明方式分别对照明的照度、均匀度、垂直面照度以及光色（色温与显色性）分别加以设计，改变以往使用单一的一般照明方式的做法，从而为办公人员创造一个工作效率高、环境舒适的光环境。具有重要的节能与经济意义。

3. 混合照明是由一般照明与局部照明组成的照明。对于部分作业面要求照度高，但作业面密度不大的场所，若只装设一般照明，会大大增加照明安装功率，增加照明用电，因而在技术经济方面是不合理的。若采用混合照明方式，即增加照射距离较近的局部照明来提高作业照度，即使用较小的功率，取得较高的照度，不但节约电能，而且也节约电费开支。

当工作地点附近因生产条件限制无法固定局部照明器时，不能采用混合照明；在室内工作位置密度很大采用混合照明不合理时，宜单独设置一般照明而不用混合照明。混合照明常用于工业车间中，如机加工车间，车间上方有一般照明，形成均匀的一般照明照度，而在工作的车床上安装局部照明灯，既可产生较高照度，又节约电能便属于此例。混合照明中局部照明与一般照明的照度数值应有一定的比例。一般照明照度不应低于混合照明照度的 10%，如果一般照明照度很低，房间内形成亮度分布不均、感觉昏暗会影响视觉工作。

4. 在一个工作场所内，如果只采用局部照明会形成亮度分布不均匀，从而影响视觉作业，故不应只采用局部照明。

对于特定的视觉工作用的，为照亮某个局部而设置的照明称为局部照明。局部照明只能照射有限的面积，对于局部地点需较高照度时，而且对照射方向有特殊要求时，应采用局部照明。还有在有些情况下，工作地点受遮挡以及工作区及其附件产生光幕反射时，也宜采用局部照明。对于为防止工频的气体放电灯产生的频闪效应，宜采用配电子镇流器的气体放电灯或采用低功率的白炽灯为宜。本标准规定在工作场所内不应只设局部照明，这是因为工作地点很亮，而周围环境很暗，易造成明暗不适应，而产生视觉疲劳或事故。

国际照明委员会（CIE）建议下列情况使用局部照明：

（1）与很费眼睛的作业有关的工作，特别是仅在有限范围需要增加照明的地方；

（2）需要很强的指向性灯光来辨认物体的形状和质地时；

（3）因为遮挡，一般照明照不到的地方；

（4）视力下降需要较高照度时；

（5）必须补偿由于一般照明造成的对比减弱时。

通常情况下，工厂内使用局部照明时，混合照明中的一般照明的照度值应按该等级混合照明照度的 5%～15% 选取，不宜低于 20lx，以保证照明质量。

局部照明灯的形式很多，如机床灯，地面上可移动的支架灯，无棚墙壁上安装的直接型照明灯，独立安装的投光灯，嵌入顶内的筒形投射灯，展示画面照明的移动导轨投光灯等。

检验用工作照明是一种典型而又特殊的局部照明，它主要用来检查制品的缺陷、颜色的均匀性、光泽的均匀性、弯度、污点、异物、裂纹等产品质量。

5. 在商场建筑、博物馆建筑、美术馆建筑等的一些场所，需要突出显示某些特定的目标，采用重点照明提高该目标的照度。它通常被用于强调空间的特定部件或陈设，例如需要突出或显示建筑要素、构架、衣橱、收藏品、装饰品及艺术品等。

3.1.2 照明种类的确定应符合下列规定：

1 室内工作及相关辅助场所，均应设置正常照明；

2 当下列场所正常照明电源失效时，应设置应急照明：

1）需确保正常工作或活动继续进行的场所，应设置备用照明；

2）需确保处于潜在危险之中的人员安全的场所，应设置安全照明；

3）需确保人员安全疏散的出口和通道，应设置疏散照明。

3 需在夜间非工作时间值守或巡视的场所应设置值班照明；

4 需警戒的场所，应根据警戒范围的要求设置警卫照明；

5 在危及航行安全的建筑物、构筑物上，应根据相关部门的规定设置障碍照明。

【释义】

1. 在正常情况下使用的、固定安装的室内外的人工照明。它是电气照明的基本种类，在照明场所，对产生照度标准指定的照度指标起主要的作用。标准要求工作场所均应设置正常照明。正常照明装设在如办公、会议、图书阅览、电厂主厂房、辅助生产用建筑物和生活福利建筑物的所有室内外场所，以及在夜间有人工作的露天场所、有运输和有人通行的露天场地等。

正常照明可以单独使用，也可以与应急照明、值班照明同时使用，但控制线路必须分开。

2. 本条规定了应急照明的种类和设计要求。

应急照明是正常照明的电源失效而启用的照明。应急照明可分为三类：备用照明、安全照明和疏散照明。

1) 备用照明是在当正常照明因电源失效后，可能会造成爆炸、火灾和人身伤亡等严重事故的场所，或停止工作将造成很大影响或经济损失的场所而设的继续工作用的照明，或在发生火灾时为了保证消防作用能正常进行而设置的照明；

2) 安全照明是在正常照明因电源失效后，为确保处于潜在危险状态下的人员安全而设置的照明，如使用圆盘锯等作业场所；

3) 疏散照明是在正常照明因电源失效后，为了避免发生意外事故，而需要对人员进行安全疏散时，在出口和通道设置的指示出口位置及方向的疏散标志灯和为照亮疏散通道而设置的照明，目的是用以确保安全出口、通道能有效辨认和提供人员行进时能看清道路。一般在大型建筑和工业建筑中设置。

3. 值班照明是在非工作时间里，为需要夜间值守或巡视值班的车间、商店营业厅、展厅等场所提供的照明，如在非三班制生产的重要车间、非营业时间的大型商店的营业厅、仓库等通常设置值班照明。它对照度要求不高，可以利用工作照明中能单独控制的一部分，也可利用应急照明，对其电源没有特殊要求。

4. 在夜间为改善对人员、财产、建筑物、材料和设备的保卫，在重要的厂区、库区等有警戒任务的场所，为了防范的需要，应根据警戒范围的要求设置警卫照明。警卫照明的设置，要按保安部门的要求，在警卫范围内装设。

5. 在飞行区域建设的高楼、烟囱、水塔以及在飞机起飞和降落的航道上等，对飞机的安全起降可能构成威胁，应按民航部门的规定，装设障碍标志灯；船舶在夜间航行时航道两侧或中间的建筑物、构筑物等，可能危及航行安全，应按交通部门有关规定，在有关建筑物、构筑物或障碍物上装设障碍标志灯。

在可能危及航行安全的建筑物或构筑物上安装的标识照明。障碍照明的装设，应严格执行所在地区航空或交通部门的有关规定。对于飞机场周围的较高建筑物或构筑物，如烟囱、水塔等对飞机的安全起飞和降落威胁较大，应按各地民航部门的有关规定装设障碍照明。对于有船舶通行的航道两侧的建筑物，在低水位的河边和高水位的河中心，船舶在夜间通行易发生事故的环境和场所，应按照交通部门的有关规定，装设航道障碍照明。

3.2 照 明 光 源 选 择

3.2.1 当选择光源时，应满足显色性、启动时间等要求，并应根据光源、灯具及镇流器等的效率或效能、寿命等在进行综合技术经济分析比较后确定。

【释义】

在选择光源时，不单是比较光源价格，而是先要根据使用场所对照明的使用要求，如所要求的照度、显色性、色温、启动、再启动时间等；然后要考虑使用环境的要求，如使用场所的温度、是否采用空调、供电电压波动情况等；最后根据所选用光源一次性投资费用以及运行费用，经综合技术经济分析比较后，确定选用何种光源为最佳。因为一些高效、长寿命光源，虽价格较高，但使用数量减少，运行维护费用降低，经济上和技术上是合理的。

3.2.2 照明设计应按下列条件选择光源：

1 灯具安装高度较低的房间宜采用细管直管形三基色荧光灯；

2 商店营业厅的一般照明宜采用细管直管形三基色荧光灯、小功率陶瓷金属卤化物灯；重点照明宜采用小功率陶瓷金属卤化物灯、发光二极管灯；

3 灯具安装高度较高的场所，应按使用要求，采用金属卤化物灯、高压钠灯或高频大功率细管直管荧光灯；

4 旅馆建筑的客房宜采用发光二极管灯或紧凑型荧光灯；

5 照明设计不应采用普通照明白炽灯，对电磁干扰有严格要求，且其他光源无法满足的特殊场所除外。

【释义】

本条是选择光源的一般原则。

各种光源的光效、显色指数、色温和寿命等技术指标见表3.2-1。

表 3.2-1 各种电光源的技术指标

光源种类	额定功率范围（W）	光效（lm/W）	显色指数（Ra）	色温（K）	寿命（h）
普通照明用白炽灯	10～1500	7.3～25	95～100	2400～2900	1000～2000
卤钨灯	60～5000	14～30	95～100	2800～3300	1500～2000
普通直管形荧光灯	4～200	60～70	60～72	全系列	6000～8000
三基色荧光灯	28～32	93～104	80～98	全系列	12000～15000
紧凑型荧光灯	5～55	44～87	80～85	全系列	5000～8000
荧光高压汞灯	50～1000	32～55	35～40	3300～4300	5000～10000
金属卤化物灯	35～3500	52～130	65～90	3000/4500/5600	5000～10000
高压钠灯	35～1000	64～140	23/60/85	1950/2200/2500	12000～24000
高频无极灯	55～85	55～70	85	3000～4000	40000～80000
发光二极管（LED）灯	任意	55～100	65～90	2700/3000/4000	25000～35000

由表 3.2-1 可知，高压钠灯光效最高，主要用于道路照明；其次金属卤化物灯，室内、外均可应用，一般低功率用于室内层高不太高的房间；而大功率应用于体育场馆以及建筑夜景照明等；荧光灯光效和金卤灯光效大体水平相同，在荧光灯中尤以稀土三基色荧光灯光效最高；高压汞灯光效较低；而卤钨灯和白炽灯光效为最低。发光二极管在不断提升，未来还将有提升的空间。

1. 细管（≤26mm）直管形三基色荧光灯光效高、寿命长、显色性较好，适用于灯具安装高度较低（通常情况灯具安装高度低于 8m）的房间如办公室、教室、会议室、诊室等房间，以及轻工、纺织、电子、仪表等生产场所。

细管径荧光灯取代粗管径荧光灯的效果如表 3.2-2 所示。

表 3.2-2 细管径荧光灯取代粗管径荧光灯的效果

灯管径	镇流器种类	功率（W）	光通量（lm）	系统光效（lm/W）	替换方式	节电率或电费节省（%）
T12（38mm）	电感式	40（10）	2850	57	—	—
T8（26mm）三基色	电感式	36（9）	3350	74.4	T12→T8	25.4
T8（26mm）三基色	电子式	32（4）	3200	88.9	T12→T8	35.9
T5（16mm）	电子式	28（4）	2660	83.1	T12→T5	31.4

注：括弧内为镇流器功耗。

2. 商店营业厅宜用细管（≤26mm）直管形三基色荧光灯代替粗管（＞26mm）荧光灯，以节约能源；小功率的金属卤化物灯因其光效高、寿命长和显色性好，可用于商店照明。发光二极管灯具有光线集中，光束角小的特点，更适合用于重点照明。

自镇流紧凑型荧光灯取代白炽灯的效果如表 3.2-3 所示。

表 3.2-3　自镇流紧凑型荧光灯取代白炽灯的效果

普通照明白炽灯 （W）	由自镇流紧凑型荧光 灯取代（W）	节电效果（W） （节电率%）	电费节省 （%）
100	25	75（75）	75
60	16	44（73）	73
40	10	30（75）	75

近年来半导体照明技术快速发展，然而产品尚未成熟，在诸如颜色一致性、色漂移以及光生物安全等诸多领域还存在争议；且根据美国能源部《半导体照明在通用照明领域的节能潜力（Energy Savings Potential of Solid-State Lighting in General Illumination Applications）》报告预计，发光二极管灯需到 2020 年才能逐步成为室内照明应用中的主流照明产品之一（见表 3.2-4）。

表 3.2-4　美国能源部半导体照明市场发展预测分析表

半导体照明市场份额*	2010 年	2015 年	2020 年	2025 年	2030 年
居住建筑	—	8.1%	37.6%	60.7%	72.3%
公共建筑	—	5.0%	27.8%	52.5%	70.4%
工业建筑	—	8.8%	36.0%	59.2%	72.3%

注：＊市场份额按照流明乘以小时来进行计算。

3. 灯具安装高度较高的场所（通常情况灯具安装高度高于 8m）应采用金属卤化物灯或高压钠灯或高频大功率细管直管荧光灯。金属卤化物灯具有显色性好、光效高、寿命长等优点，因而得到普遍应用，而高压钠灯光效更高，寿命更长，价格较低，但其显色性差，可用于辨色要求不高的场所，如锻工车间、炼铁车间、材料库、成品库等。高频大功率细管直管荧光灯具有高光通、寿命长、高显色性等优点，特别是其可瞬时启动的特点，克服了金属卤化物灯或高压钠灯再启动时间过长的缺点。

4. 发光二极管灯和紧凑型荧光灯比白炽灯和卤钨灯光效高、寿命长，用于旅馆的客房节能效果非常显著。

国家发展和改革委员会等五部门 2011 年发布了"中国逐步淘汰白炽灯

路线图"，要求：2011年11月1日至2012年9月30日为过渡期，2012年10月1日起禁止进口和销售100W及以上普通照明白炽灯，2014年10月1日起禁止进口和销售60W及以上普通照明白炽灯，2015年10月1日至2016年9月30日为中期评估期，2016年10月1日起禁止进口和销售15W及以上普通照明白炽灯，或视中期评估结果进行调整。通过实施路线图，将有力促进中国照明电器行业健康发展，取得良好的节能减排效果。故建筑室内照明一般场所不应采用普通照明白炽灯，但在特殊情况下，其他光源无法满足要求需采用时，应采用60W以下的白炽灯。

3.2.3 应急照明应选用能快速点亮的光源。

【释义】

应急照明用电光源要求瞬时点燃且很快达到标准流明值，常采用白炽灯、卤钨灯、荧光灯作为应急照明用光源。它们在正常照明因故断电后迅速启动点燃，且可在几秒内达到标准流明值；对于疏散标志灯可采用发光二极管（LED），而采用高强气体放电灯达不到上述要求。

3.2.4 照明设计应根据识别颜色要求和场所特点，选用相应显色指数的光源。

【释义】

应根据照明房间或场所对识别颜色要求和场所特点选用相应显色指数的光源。显色要求高的场所，如在博物馆识别彩画、彩色印刷车间、R_a不应低于90；在长期有人工作的房间或场所，其R_a不应小于80；对于8m以上工业厂房的显色要求低或无要求的场所，可采用R_a小于80的光源。

3.3　照明灯具及其附属装置选择

3.3.1 选择的照明灯具、镇流器应通过国家强制性产品认证。

【释义】

强制性产品认证制度，是国家为保护广大消费者人身和动植物生命安全，保护环境、保护国家安全，依照法律法规实施的一种产品合格评定制度，它要求产品必须符合国家标准、规范和技术法规。强制性产品认证，是通过制定强制性产品认证的产品目录和实施强制性产品认证程序，对列入《目录》中的产品实施强制性的检测和审核。凡列入强制性产品认证目录内的产品，没有获得指定认证机构的认证证书，没有按规定标明认证标志，一律不得进口、不得出厂销售和在经营服务场所使用。我国把室内普通照明灯具、镇流器都列入强制性产品认证目录内。

3.3.2 在满足眩光限制和配光要求条件下，应选用效率或效能高的灯具，并应符合下列规定：

1 直管形荧光灯灯具的效率不应低于表 3.3.2-1 的规定。

表 3.3.2-1 直管形荧光灯灯具的效率（%）

灯具出光口形式	开敞式	保护罩（玻璃或塑料）		格 栅
		透 明	棱 镜	
灯具效率	75	70	55	65

2 紧凑型荧光灯筒灯灯具的效率不应低于表 3.3.2-2 的规定。

表 3.3.2-2 紧凑型荧光灯筒灯灯具的效率（%）

灯具出光口形式	开敞式	保护罩	格 栅
灯具效率	55	50	45

3 小功率金属卤化物灯筒灯灯具的效率不应低于表 3.3.2-3 的规定。

表 3.3.2-3 小功率金属卤化物灯筒灯灯具的效率（%）

灯具出光口形式	开敞式	保护罩	格 栅
灯具效率	60	55	50

4 高强度气体放电灯灯具的效率不应低于表 3.3.2-4 的规定。

表 3.3.2-4 高强度气体放电灯灯具的效率（%）

灯具出光口形式	开 敞 式	格栅或透光罩
灯具效率	75	60

5 发光二极管筒灯灯具的效能不应低于表 3.3.2-5 的规定。

表 3.3.2-5 发光二极管筒灯灯具的效能（lm/W）

色 温	2700K		3000K		4000K	
灯具出光口形式	格栅	保护罩	格栅	保护罩	格栅	保护罩
灯具效能	55	60	60	65	65	70

6 发光二极管平面灯灯具的效能不应低于表 3.3.2-6 的规定。

表 3.3.2-6 发光二极管平面灯灯具的效能（lm/W）

色 温	2700K		3000K		4000K	
灯盘出光口形式	反射式	直射式	反射式	直射式	反射式	直射式
灯盘效能	60	65	65	70	70	75

【释义】

本条规定了荧光灯灯具、高强度气体放电灯和发光二极管灯灯具的最低效率或效能值，以利于节能，这些规定仅是最低允许值。传统的荧光灯灯具、高强度气体放电灯能够单独检测出光源和整个灯具所发出的总光通量，这样可以计算出灯具的效率；但发光二极管灯不能单独检测出发光体发出的光通量，只能计算出整个灯具所发出的总光通量，因此总光通量除以系统消耗的功率就得到了效能。这些值是根据我国现有灯具效率或效能水平制订的（详见专题报告）。

3.3.3 各种场所严禁采用触电防护的类别为 0 类的灯具。

【释义】

从 2009 年 1 月 1 日起，现行国家标准《灯具 第 1 部分：一般要求与试验》GB 7000.1-2007 强制性国标开始正式实施，0 类灯具已停止使用。按该标准给出灯具防电击分类为 0 类、I 类、II 类和 III 类。0 类灯具已停止生产、销售和使用，因为这种灯具仅依靠基本绝缘来防护直接接触的电击，而不能防止绝缘失效使灯具外露可导电部分带电导致间接接触的电击。0 类灯具停止使用，就只能选用 I、II 和 III 类灯具。实际应用最多的是 I 类灯具，I 类灯具除基本绝缘外，还有一种附加措施，即外露可导电部分应连接 PE 线以接地。而具有双层绝缘或加强绝缘的 II 类灯具，和采用安全特低电压（SELV）供电的 III 类灯具则使用较少，多用于局部照明（如台灯、工作灯、手提灯等）。

3.3.4 灯具选择应符合下列规定：

1 特别潮湿场所，应采用相应防护措施的灯具；

2 有腐蚀性气体或蒸汽场所，应采用相应防腐蚀要求的灯具；

3 高温场所，宜采用散热性能好、耐高温的灯具；

4 多尘埃的场所，应采用防护等级不低于 IP5X 的灯具；

5 在室外的场所，应采用防护等级不低于 IP54 的灯具；

6 装有锻锤、大型桥式吊车等震动、摆动较大场所应有防震和防脱落措施；

7 易受机械损伤、光源自行脱落可能造成人员伤害或财物损失场所应有防护措施；

8 有爆炸或火灾危险场所应符合国家现行有关标准的规定；

9 有洁净度要求的场所，应采用不易积尘、易于擦拭的洁净灯具，并应满足洁净场所的相关要求；

10 需防止紫外线照射的场所，应采用隔紫外线灯具或无紫外线光源。

【释义】

本条为几种特殊照明场所，分别规定了对采用光源、灯具的要求，其依据是：

1. 在有特别潮湿的场所当光源点燃时由于温度升高，在灯具内产生正压，而光源熄灭后，由于灯具冷却，内部产生负压，将潮气吸入，容易使灯具内积水。因此，规定在特别潮湿场所应采用相应要求的灯具；

2. 不同腐蚀性物质的环境，灯具选择可参照行业标准《化工企业腐蚀环境电力设计规程》HG/T 20666-1999 的规定，该规程规定了不同腐蚀环境的灯具类型；

3. 在高温场所，宜采用带散热构造和措施的灯具，或带散热孔的开敞式灯具；

4. 在多尘埃的场所，应选择防尘型灯具（IP5X）或尘密型灯具（IP6X）；

5. 在震动和摆动较大的场所，由于震动对光源寿命影响较大，甚至可能使光源或附件自动松脱掉下，既不安全，又增加了维修工作量和费用，因此，在此种场所应采用防震型软性连接的灯具或防震的安装措施，并在灯具上加保护网或灯罩防护膜等措施，以防止光源或附件掉下；

6. 光源可能受到机械损伤或自行脱落，而导致人员伤害和财物损失的，应采用有保护网的灯具。如高大工业厂房等场所；

7. 在有爆炸危险的场所使用的灯具，应符合现行国家标准《爆炸危险环境电力装置设计规范》GB 50058 的规定；在有火灾危险场所使用的灯具，应符合现行国家标准《建筑设计防火规范》GB 50016 的规定。

8. 在有洁净要求的场所，应安装不易积尘和易于擦拭的洁净灯具，以有利于保持场所的洁净度，并减少维护工作量和费用；

9. 在博物馆展室或陈列柜等场所，对于需防止紫外线作用的彩绘、织品等展品，需采用能隔紫外线的灯具或无紫外线光源。

3.3.5 直接安装在普通可燃材料表面的灯具，应符合现行国家标准《灯具　第1部分：一般要求与试验》GB 7000.1 的有关规定。

【释义】

直接安装在可燃材料表面的灯具，应采用标有▽标志的灯具。其中根据国家标准《灯具　第 1 部分：一般要求与试验》GB7000.1 的有关规定，普通可燃材料的引燃温度至少为 200℃，且在该温度下时该材料不致变形或强度降低，如木材或以厚度大于 2mm 的木材为基质的材料。对于引燃温度低于 200℃，或在 200℃时材料会产生变形或强度降低的材料则不应安装灯具。

3.3.6 镇流器的选择应符合下列规定：

1 荧光灯应配用电子镇流器或节能电感镇流器；

2　对频闪效应有限制的场合，应采用高频电子镇流器；

3　镇流器的谐波、电磁兼容应符合现行国家标准《电磁兼容　限值　谐波电流发射限值（设备每相输入电流≤16 A)》GB 17625.1 和《电气照明和类似设备的无线电骚扰特性的限值和测量方法》GB 17743 的有关规定；

4　高压钠灯、金属卤化物灯应配用节能电感镇流器；在电压偏差较大的场所，宜配用恒功率镇流器；功率较小者可配用电子镇流器。

【释义】

本条说明选择镇流器的原则：

1. 荧光灯应配用电子镇流器或节能电感镇流器，不应配用功耗大的传统电感镇流器，以提高能效。应满足现行国家标准《管形荧光灯镇流器能效限定值及能效等级》GB 17896 节能评价值的要求；

2. 采用高频电子镇流器可减少频闪的影响，高频电子镇流器，通常用几十千赫兹频率的电流供给灯管，其频闪影响大大降低；

3. 电子镇流器采用半导体器件，容易带来电磁干扰和高次谐波，而当前这类产品使用量很大，生产企业众多，产品质量良莠不齐，导致对无线电、通信系统和测量仪表的骚扰以及其他不良后果，因此强调选用的电子镇流器应符合电磁兼容性、谐波限值的国家标准的相关规定；

4. 高压钠灯和金属卤化物灯配用节能型电感镇流器的功耗比普通电感镇流器低很多，其节能效果明显。这类光源的电子镇流器尚不够稳定，暂不宜普遍推广应用，对于功率较小的高压钠灯和金属卤化物灯，可配用电子镇流器，目前这种产品的质量多数能满足要求。在电压偏差大的场所，采用高压钠灯和金属卤化物灯时，为了节能和保持光输出稳定，延长光源寿命，宜配用恒功率镇流器。

3.3.7　高强度气体放电灯的触发器与光源的安装距离应满足现场使用的要求。

【释义】

高强度气体放电灯的触发器，一般是与灯具装在一起的，但有时由于安装、维修上的需要或其他原因，也有分开设置的。此时，触发器与灯具的间距越小越好。当两者间距大时，触发器不能保证气体放电灯正常启动，这主要是由于线路加长后，导线间分布电容增大，从而触发脉冲电压衰减而造成的，故触发器与光源的安装距离应符合制造厂家对产品的要求。

4 照明数量和质量

4.1 照　　度

4.1.1 照度标准值应按 0.5 lx、1 lx、2 lx、3 lx、5 lx、10 lx、15 lx、20 lx、30 lx、50 lx、75 lx、100 lx、150 lx、200 lx、300 lx、500 lx、750 lx、1000 lx、1500 lx、2000 lx、3000 lx、5000 lx 分级。

【释义】

　　照度是照明的数量指标。照度标准值是在照明设计时所选用的照度值，不能随意选用照度标准值，必须按照本标准规定的照度标准值分级选用，如不能选在本标准照度标准值分级中未规定的照度值如 250lx、400lx 等。本标准中的照度分级与 CIE 标准《室内工作场所照明》S 008/E-2001 的分级大体一致。相邻照度分级差值大约为 1.5 倍，即在主观效果上明显感觉到的最小变化。为了适应我国情况，照度分级向低照度水平延伸到 0.5lx，与原照明设计标准的分级基本一致。

4.1.2 符合下列一项或多项条件，作业面或参考平面的照度标准值可按本标准第 4.1.1 条的分级提高一级：

　　1 视觉要求高的精细作业场所，眼睛至识别对象的距离大于 500mm；

　　2 连续长时间紧张的视觉作业，对视觉器官有不良影响；

　　3 识别移动对象，要求识别时间短促而辨认困难；

　　4 视觉作业对操作安全有重要影响；

　　5 识别对象与背景辨认困难；

　　6 作业精度要求高，且产生差错会造成很大损失；

　　7 视觉能力显著低于正常能力；

　　8 建筑等级和功能要求高。

【释义】

　　本标准虽然规定了一个固定的照度标准值，但也有相当的灵活性，当符合本标准中某些特殊条件之一及以上时，作业面或参考平面的照度，可按照度标准值分级提高或降低一级。但无论符合几个条件，为了节约电能和视觉安全和工效，只能提高或降低一级，不能无限制的提高或降低。提高一级照度标准值条件如下：

1. 识别对象的最小尺寸为≤0.6mm 的视觉要求高的精细作业场所，当眼睛至识别对象距离大于 500mm 时；

2. 连续长时间紧张的视觉作业是指视觉注视工作面的时间占全班工作时间大于 70％时，因为时间过长而且紧张，提高照度有利于缓解视疲劳及提高工作安全及工作效率；

3. 识别移动对象、要求识别时间短促（一刹那），而且辨认又困难时，如在验布机上识别移动布上的极小疵点等；

4. 识别作业时，操作安全有重要影响时，如切割作业等；

5. 识别对象与背景辨认困难时；

6. 作业精度要求较高，且产生差错会造成重大财产经济损失时，如宝石以及贵重金属加工等；

7. 视觉能力低于正常视觉能力的，如近视眼、老年人因视力降低而视力低下等；

8. 建筑等级和功能要求高的，如国家级及其他重要的大型公共建筑照明等。

4.1.3 符合下列一项或多项条件，作业面或参考平面的照度标准值可按本标准第 4.1.1 条的分级降低一级：

1 进行很短时间的作业；

2 作用精度或速度无关紧要；

3 建筑等级和功能要求较低。

【释义】

本条根据视觉条件等要求列出了需要降低照度的条件，但不论符合几个条件，只能降低一级。

1. 进行很短时间的作业的，如作业时间小于全班工作时间的 30％时；

2. 作业精度或速度无关紧要的，如只是一般作业，巡视和观察作业等；

3. 建筑等级和功能要求较低的，如在一般县级城市以下的建筑照明等；

4.1.4 作业面邻近周围照度可低于作业面照度，但不宜低于表 4.1.4 的数值。

表 4.1.4 作业面邻近周围照度

作业面照度（lx）	作业面邻近周围照度（lx）
≥750	500
500	300
300	200
≤200	与作业面照度相同

注：作业面邻近周围指作业面外宽度不小于 0.5m 的区域。

【释义】

邻近周围系指作业面外0.5m范围之内，这是因为邻近周围照度与作业面的照度有关，若作业面周围照度分布迅速下降，照度变化太大，会引起视觉困难和明暗不适应的不舒适感。为了提供视野内的照度（或亮度）的良好明适应水平，邻近周围的照度不得低于本标准表4.1.4的数值。此表与CIE标准《室内工作场所照明》S 008/E-2001的规定完全一致。在作业面照度300lx、500lx和750lx时，在数量上分别只低于该作业面照度一级。在作业面照度不大于200lx时，作业面邻近周围照度值与作业面照度相同。

4.1.5 作业面背景区域一般照明的照度不宜低于作业面邻近周围照度的1/3。

【释义】

房间内的通道和其他非作业区域的一般照明的照度不宜低于作业面邻近周围照度值的1/3的规定是参照《室内工作场所照明》EN 12464-1（2011）制订的。作业面区域、作业面邻近周围区域、作业面的背景区域见图4.1-1。

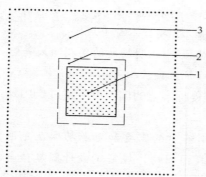

图 4.1-1 作业面区域、作业面邻近周围区域、作业面的背景区域关系

1—作业面区域；2—作业面邻近周围区域（作业面外宽度不小于0.5m的区域）；

3—作业面的背景区域（作业面邻近周围区域外宽度不小于3m的区域）

4.1.6 照明设计的维护系数应按表4.1.6选用。

表 4.1.6 维护系数

环境污染特征		房间或场所举例	灯具最少擦拭次数（次/年）	维护系数值
室内	清洁	卧室、办公室、影院、剧场、餐厅、阅览室、教室、病房、客房、仪器仪表装配间、电子元器件装配间、检验室、商店营业厅、体育馆、体育场等	2	0.80

续表 4.1.6

环境污染特征		房间或场所举例	灯具最少擦拭次数（次/年）	维护系数值
室内	一般	机场候机厅、候车室、机械加工车间、机械装配车间、农贸市场等	2	0.70
	污染严重	公用厨房、锻工车间、铸工车间、水泥车间等	3	0.60
开敞空间		雨篷、站台	2	0.65

【释义】

为使照明场所的实际照度水平不低于规定的维持平均照度值，照明设计计算时，应考虑因光源光通量的衰减、灯具和房间表面污染引起的照度降低，为此应计入本标准表 4.1.6 的维护系数。

因光源光通量衰减的维护系数，按照光源实际使用寿命达到其平均寿命 70% 时来确定。

灯具污染的维护系数的取值与灯具擦拭周期有关。美国、俄罗斯等国家规定擦拭周期为 1～4 次/年，本标准规定了 2～3 次/年。

维护系数是根据对 50 个照明场所的实测结果并综合以上因素而确定的，同时与原标准规定的维护系数值相同。

4.1.7 设计照度与照度标准值的偏差不应超过 ±10%。

【释义】

考虑到照明设计时布灯的需要和光源功率及光通量的变化不是连续的这一实际情况，根据我国国情，规定了设计照度值与照度标值比较，可有 −10%～+10% 的偏差。此偏差适用于装 10 个灯具以上的照明场所；当小于或等于 10 个灯具时，允许适当超过此偏差。

4.2 照 度 均 匀 度

4.2.1 在有电视转播要求的体育场馆，其比赛时场地照明应符合下列规定：

1 比赛场地水平照度最小值与最大值之比不应小于 0.5；

2 比赛场地水平照度最小值与平均值之比不应小于 0.7；

3 比赛场地主摄像机方向的垂直照度最小值与最大值之比不应小于 0.4；

4 比赛场地主摄像机方向的垂直照度最小值与平均值之比不应小于 0.6；

5 比赛场地平均水平照度宜为平均垂直照度的 0.75～2.0；

6 观众席前排的垂直照度值不宜小于场地垂直照度的 0.25。

【释义】

有电视转播要求的体育场馆的照度均匀度是参照 CIE 出版物《体育赛事中用于彩电和摄影照明的实用设计指南》No.169（2005）制订的。

一般计算场地各计算点中的水平照度最小值与最大值之比不应小于 0.5；场地上面向主摄像方向各点的垂直照度最小值与最大值之比不应小于 0.4；观众席前排（指主席台前各排）的平均垂直照度不宜小于场地平均垂直照度的 0.25，观众席前排的垂直照度一般是指主席台前各排座席的照度。

4.2.2 在无电视转播要求的体育场馆，其比赛时场地的照度均匀度应符合下列规定：

1 业余比赛时，场地水平照度最小值与最大值之比不应小于 0.4，最小值与平均值之比不应小于 0.6；

2 专业比赛时，场地水平照度最小值与最大值之比不应小于 0.5，最小值与平均值之比不应小于 0.7。

【释义】

无电视转播要求的体育场馆可进行业余训练、专业训练及业余比赛、专业比赛等。本条是参照 CIE 出版物《体育赛事中用于彩电和摄影照明的实用设计指南》No.169（2005）制订的。

4.3 眩 光 限 制

4.3.1 长期工作或停留的房间或场所，选用的直接型灯具的遮光角不应小于表 4.3.1 的规定。

表 4.3.1 直接型灯具的遮光角

光源平均亮度（kcd/m²）	遮光角（°）
1～20	10
20～50	15
50～500	20
≥500	30

【释义】

为限制视野内过高亮度或亮度对比引起的直接眩光，规定了直接型灯具的遮光角，其角度值参照 CIE 标准《室内工作场所照明》S 008/E-2001 的规定制定的。遮光角示意见图 4.3-1，其中 γ 角为遮光角。

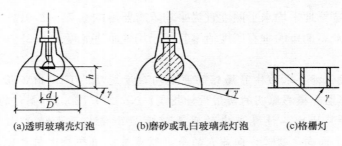

(a)透明玻璃壳灯泡　　　(b)磨砂或乳白玻璃壳灯泡　　　(c)格栅灯

图 4.3-1　遮光角示意

　　眩光限制首先应从直接型灯具的遮光角来加以限制，新标准的灯具遮光角对原标准的遮光角作了修订。原标准是按灯具的出光口的平均亮度和直接眩光的限制等级（工业标准分为五等，民用标准分为三等）来规定直接型灯具的遮光角；而新标准只按四种光源平均亮度范围来规定遮光角大小。一般灯的平均亮度在 $1\sim20\mathrm{kcd/m^2}$ 范围，需 $10°$ 的遮光角；$20\sim50\mathrm{kcd/m^2}$ 范围，需 $15°$ 的遮光角；在 $50\sim500\mathrm{kcd/m^2}$ 范围，需 $20°$ 的遮光角；在 $\geqslant500\mathrm{kcd/m^2}$ 时，遮光角为 $30°$。本标准所规定的灯具遮光角是等同采用 CIE 标准《室内工作场所照明》S 008/E-2001 的规定。适用于长时间有人工作的房间或场所内。各种灯的平均亮度值是见表 4.3-1。

表 4.3-1　灯的亮度值

灯种类	亮度值（cd/m²）	灯种类	亮度值（cd/m²）
普通照明白炽灯	$10^7\sim10^8$	紧凑型荧光灯	$(5\sim10)\times10^4$
管形卤钨灯	$10^7\sim10^8$	荧光高压汞灯	$\approx10^5$
低压卤钨灯	$10^7\sim10^8$	高压钠灯	$(6\sim8)\times10^6$
直管形荧光灯	$\approx10^4$	金属卤化物灯	$(5\sim7)\times10^6$

4.3.2　防止或减少光幕反射和反射眩光应采用下列措施：

　　1　应将灯具安装在不易形成眩光的区域内；

　　2　可采用低光泽度的表面装饰材料；

　　3　应限制灯具出光口表面发光亮度；

　　4　墙面的平均照度不宜低于 50lx，顶棚的平均照度不宜低于 30lx。

【释义】

　　由特定表面产生的反射光，如从光泽的表面产生的反射光，会引起眩光，通常称为光幕反射或反射眩光。它将会改变作业面的可见度，使可见度降低，往往不易识别物体，甚至是有害的。通常可采取以下措施来减少光幕反射和反射眩光。

　　从灯具和作业面的布置方面考虑，避免将灯具安装在易形成眩光的区内，这主要从灯具和作业位置布置来考虑的。如灯布置在工作位置的正前上方40°角以外区域（图4.3-2），可避免光幕反射。又例如灯具布置在阅读者的两侧；或在单侧布灯，灯宜布置在左侧。从两侧或单侧（左侧）来光，可避免光幕反射（见图4.3-3）。

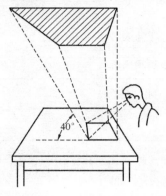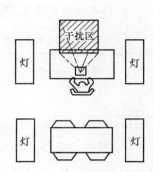

图4.3-2　为避免光幕反射　　　图4.3-3　灯具避开干扰区
不应装灯的区域　　　　　　布置在阅读者两侧

1. 从房间表面装饰方面考虑，采用低光泽度的表面装饰材料；
2. 从限制眩光的方面考虑，应限制灯具表面亮度不宜过高；
3. 为了得到合适的室内亮度分布，同时避免因为过分考虑节能或使用LED照明系统而造成的室内亮度分布的过于集中，对墙面和天花的平均照度有所要求。本条是参照《室内工作场所照明》EN 12464-1（2011）制订的。

4.3.3 有视觉显示终端的工作场所，在与灯具中垂线成65°～90°范围内的灯具平均亮度限值应符合表4.3.3的规定。

表4.3.3　灯具平均亮度限值（cd/m²）

屏幕分类	灯具平均亮度限值	
	屏幕亮度大于200cd/m²	屏幕亮度小于等于200cd/m²
亮背景暗字体或图像	3000	1500
暗背景亮字体或图像	1500	1000

【释义】
　　由于计算机显示器质量的不断提高，在显示器上的反射眩光限制要求有所降低，因此本标准中参照欧洲标准《室内工作场所照明》EN 12464-1

(2011) 中的要求，对灯具的平均亮度限值根据显示器屏幕的亮度重新规定。

4.4 光 源 颜 色

4.4.1 室内照明光源色表特征及适用场所宜符合表 4.4.1 的规定。

表 4.4.1　光源色表特征及适用场所

相关色温（K）	色表特征	适 用 场 所
<3300	暖	客房、卧室、病房、酒吧
3300～5300	中间	办公室、教室、阅览室、商场、诊室、检验室、实验室、控制室、机加工车间、仪表装配
>5300	冷	热加工车间、高照度场所

【释义】

本条是根据 CIE 标准《室内工作场所照明》S 008/E-2001 的规定制订的。光源的颜色外貌是指灯发射的光的表观颜色（灯的色品），即光源的色表，它用光源的相关色温来表示。色表的选择与心理学、美学问题相关，它取决于照度、室内各表面和家具的颜色、气候环境和应用场所条件等因素。通常在低照度场所宜用暖色表，中等照度用中间色表，高照度用冷色表；另外在温暖气候条件下喜欢冷色表；而在寒冷条件下喜欢暖色表；一般情况下，采用中间色表。适用场所仅列举了部分房间及工作场所，其他可参照执行。

室内照明光源的色表用其色温或相关色来表征。室内照明用的光源色表可分为Ⅰ、Ⅱ和Ⅲ三组。Ⅰ组为暖色表的光源，其色温或相关色温为小于 3300K，一般常用于家庭的起居室、卧室、病房或天气寒冷的地方等；Ⅱ组属中间色表的光源，其相关色温在 3300～5300K 之间，常用于办公室、教室、诊室、仪表装配、制药车间等；Ⅲ组属于冷色表的光源，一般常用于热加工车间、高照度场所以及天气炎热地区等。色温用于表征热辐射光源（白炽灯、卤钨灯等）的色表，色温度正好在完全辐射体轨迹（黑体）的色温轨迹上；而相关色温用于表征气体放电光源的色表，气体放电光源的相关色温在完全辐射体（黑体）附近。具体的光源色温和光源色见（表4.4-1 和图 4.4-1）。色温度可在现场或在实验室测得。

表 4.4-1 各种光源的色温

光源种类	色温（K）	光源种类	色温（K）
蜡烛	1925	暖白色荧光灯	2700～2900
煤油灯	1920	钠铊铟灯	4200～5000
钨丝白炽灯（10W）	2400	镝钬灯	6000
钨丝白炽灯（100W）	2740	铊钠灯	3800～4200
钨丝白炽灯（1000W）	2920	高压钠灯	2100
日光色荧光灯	6200～6500	高频无极灯	3000～4000
冷白色荧光灯	4000～4300	发光二极管	全系列

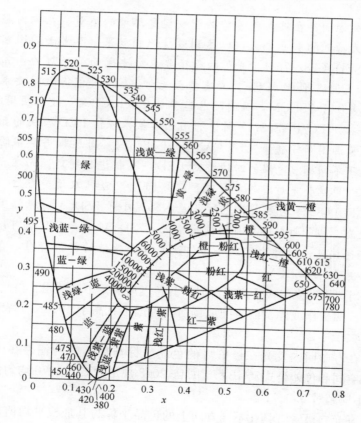

图 4.4-1 CIE（1931 年）色度图与 Kelly 的光源色的色名

4.4.2 长期工作或停留的房间或场所，照明光源的显色指数（R_a）不应小于 80。在灯具安装高度大于 8m 的工业建筑场所，R_a 可低于 80，但必须能够辨别安全色。

【释义】

本条是根据 CIE 标准《室内工作场所照明》S 008/E-2001 的规定制订的。该标准的 R_a 取值为 90、80、60、40 和 20。

随着人们对颜色显现质量要求的提高，根据 CIE 标准的规定，在长期工作或停留的室内照明光源显色指数不宜低于 80。但对于工业建筑部分生产场所的照明（安装高度大于 8m 的直接型灯具，上一版标准规定是 6m）可以例外，R_a 可低于 80，但最低限度必须能够辨认安全色。常用房间或场所的显色指数的最小允许值在第 5 章中规定。

4.4.3 选用同类光源的色容差不应大于 5 SDCM。

【释义】

相同光源间存在较大色差势必影响视觉环境的质量。在室内照明应用中应控制光源间的颜色偏差，以达到最佳照明效果。参考美国国家标准研究院（ANSI）C78.376《荧光灯的色度要求》要求的荧光灯的色容差小于 4SDCM，美国能源部（DOE）紧凑型荧光灯（CFL）能源之星要求的荧光灯的色容差小于 7SDCM，而国际电工委员会（IEC）《一般照明用 LED 模块性能要求》IEC/PAS62717 同样利用色容差来评价 LED 模块的颜色一致性，仅有美国国家标准研究院（ANSI）C38.377《固态照明产品的色度要求》定义了不同标准色温的四边形对 LED 一致性进行规定。而在我国现行国家标准《单端荧光灯　性能要求》GB/T17262 及《双端荧光灯　性能要求》GB/T 10682 等均要求荧光灯光源色容差小于 5SDCM。根据国内已经完成的发光二极管灯照明项目的使用情况，7SDCM 的产品仍然可以被轻易觉察出颜色偏差，同时为了统一与传统光源一致性的评价标准，在本标准中规定不应大于 5SDCM。

4.4.4 当选用发光二极管灯光源时，其色度应满足下列要求：

1 长期工作或停留的房间或场所，色温不宜高于 4000K，特殊显色指数 R_9 应大于零；

2 在寿命期内发光二极管灯的色品坐标与初始值的偏差在国家标准《均匀色空间和色差公式》GB/T 7921-2008 规定的 CIE 1976 均匀色度标尺图中，不应超过 0.007；

3 发光二极管灯具在不同方向上的色品坐标与其加权平均值偏差在国家标准《均匀色空间和色差公式》GB/T 7921-2008 规定的 CIE 1976 均匀色度标尺图中，不应超过 0.004。

【释义】

发光二极管灯（LED）用于室内照明具有很多特点和优势，在未来将有更大的发展。但目前发光二极管灯在性能的稳定性、一致性方面还存在一定的缺陷，相信随着照明技术的不断发展，产品将更加成熟。为了确保室内照明环境的质量，对应用于室内照明的发光二极管灯规定了技术要求。

1. 根据 IEC 62788《IEC62471 方法应用于评价光源和灯具的蓝光危害》文件中指出单位光通的蓝光危害效应与光源色温具有较强的相关性，而与光源种类无关。然而 LED 照明产品具有体积小，发光亮度高等特点，因此 LED 照明产品蓝光危害仍然是一个需要考虑的重要因素。照明应用的安全原则是当某种光源对人体的不构成潜在损伤的研究数据得到广泛接受之前，都应该假设该光源为有害的。在本标准编制过程中，广泛征求意见普遍认为 4000K 以下色温光源的蓝光危害在可以接受范围内，而对于色温大于 4000K 的半导体光源仍存在一定争议，因此本标准推荐使用色温不宜高于 4000K 的发光二极管灯。同时由于目前产生白光半导体的主流方案是在蓝光 GaN 基半导体芯片上涂敷传统的黄色荧光粉，发射光谱主要为黄绿光，红光成分较少，造成发光二极管灯光源的 R_9 多为负数。而如果光谱中红色部分较为缺乏，会导致光源复现的色域大大减小，也会导致照明场景呆板、枯燥，从而影响照明环境质量，如果不加限制势必会影响室内光环境质量。美国对于用于室内照明的发光二极管灯也限定其一般显色指数 R_a 不低于 80，特殊显色指数 R_9 应为正数。

2. 由于随着输入电流的增大，半导体芯片将散发一定热量，进而导致半导体芯片及涂覆其上的荧光粉温度上升，造成 YAG 荧光粉容易发黄和衰减。该问题成为制约半导体照明产品在建筑照明应用的推广的重要技术问题。为了更好规范 LED 照明产品在建筑照明领域的应用和推广，创造良好室内光环境，本标准对 LED 光源的色漂移做出了规定。根据国家标准《均匀色空间和色差公式》GB/T 7921-2008 规定，在视觉上 CIE 1976 均匀色度标尺图比 CIE 1931 色品图颜色空间更均匀，为控制和衡量发光二极管灯在寿命期内的颜色漂移和变化，参考美国能源部（DOE）《LED 灯具能源之星认证的技术要求》的规定，要求 LED 光源寿命期内的色偏差应在 CIE 1976 均匀色度标尺图的 0.007 以内。目前寿命周期暂按照点燃 6000 小时考核，随着半导体照明产品性能的不断发展或有所不同。

3. 目前产生白光半导体的主流方案是在蓝光 GaN 基半导体芯片上涂敷传统的黄色荧光粉，由于涂覆层在各个方向上的厚度很难有效控制，因此合成的白光在各个方向的颜色会有所差异（光谱不同），这也对室内视觉环境质量具有重要影响，因此需要加以限制。为控制和衡量发光二极管灯在空间的颜色一致性，参考美国能源部（DOE）《LED 灯具能源之星认证的技术要求》的规定。

4.5　反　射　比

4.5.1　长时间工作的房间，作业面的反射比宜限制在0.2～0.6。

4.5.2　长时间工作，工作房间内表面的反射比宜按表4.5.2选取。

表 4.5.2　工作房间内表面反射比

表面名称	反　射　比
顶棚	0.6～0.9
墙面	0.3～0.8
地面	0.1～0.5

【释义】

　　4.5.1～4.5.2条规定的房间各个表面反射比是等同采用 CIE 标准《室内工作场所照明》S 008/E-2001 的规定制订的，与上一版标准相同。

　　制订本规定的目的在于使视野内亮度分布控制在眼睛能适应的水平上，良好平衡的适应亮度可以提高视觉敏锐度、对比灵敏度和眼睛的视功能效率。视野内不同亮度分布也影响视觉舒适度，应当避免由于眼睛不断地适应调节引起视疲劳的过高或过低的亮度对比。

5 照明标准值

5.1 一般规定

5.1.1 本标准规定的照度除标明外均应为作业面或参考平面上的维持平均照度，各类房间或场所的维持平均照度不应低于本章规定的照度标准值。

【释义】

　　本条规定照度标准值是指维持平均照度值。它是在照明装置必须进行维护的时刻，在规定表面上的平均照度，这是为确保工作时视觉安全和视觉功效所需要的照度。

5.1.2 公共建筑和工业建筑常用房间或场所的不舒适眩光应采用统一眩光值（UGR）评价，并应按本标准附录 A 计算，其最大允许值不宜超过本章的规定。

【释义】

　　各类照明场所的统一眩光值（UGR）是参照 CIE 标准《室内工作场所照明》S 008/E-2001 的规定制订的。此计算方法根据 CIE 117 号出版物《室内照明的不舒适眩光》（1995）的公式制订。但由于上述计算方法对于小光源的计算不准确，从而导致无法对此类光源所产生的不舒适眩光进行判定。但随着筒灯、发光二极管灯在室内的大量应用，对于小光源眩光评价方法也越来越引起重视。因此，本次修订依据 CIE147 号出版物《小光源、特大光源及复杂光源的眩光》（2002）的规定进一步补充了小光源眩光计算方法，填补了这一空白，从而保证了眩光评价的完整性。

5.1.3 公共建筑和工业建筑常用房间或场所的一般照明照度均匀度（U_0）不应低于本章的规定。

【释义】

　　照度均匀度在某种程度上关系到照明的节能，在不影响视觉需求的前提下，对照度均匀度比原标准的规定有所降低，强调工作区域和作业区域内的均匀度，而不要求整个房间的均匀度。本标准一般照明照度均匀度是参照欧洲《室内工作场所照明》EN 12464-1（2011）制订的。

5.1.4 体育场馆的不舒适眩光应采用眩光值（GR）评价，并应按本标准附录 B 计算，其最大允许值不宜超过本标准表 5.3.12-1 和 5.3.12-2 的规定。

【释义】

此计算方法依据 CIE112 号出版物《室外体育和区域照明的眩光评价系统》(1994) 的公式确定。对于室内体育馆眩光计算，主编单位在编制行业标准《体育场馆照明设计及检测标准》JGJ 153－2007 时，对体育场馆照明室内眩光评价系统进行了充分的研究和论证，并提出了《室内体育馆照明系统眩光评价研究报告》，研究得出用于体育场的眩光值（GR）计算公式也可用于室内体育馆的眩光值（GR）计算，但通过实验研究证实，当室外体育场眩光评价系统用于室内体育馆眩光评价系统时，需采用适用于室内体育馆的眩光评价分级及眩光指数限制值，而且在室内体育馆眩光指数计算时其反射比宜取 0.35～0.40。

5.1.5 常用房间或场所的显色指数（R_a）不应低于本章的规定。

【释义】

本条是根据 CIE 标准《室内工作场所照明》S 008/E-2001 的规定制订的。该标准的 R_a 分为 90、80、60、40 和 20 五个等级。

照明光源的显色指数分为一般显色指数（R_a）和特殊显色指数（R_i）。R_a 是由规定的八个有代表性的色样（CIE 1974 色样）在被测光源和标准的参照光源照射下逐一进行对比，确定每种色样在两种光源照射下的色差 ΔEi，然后按（5.1-1）式计算特殊显色指数：

$$R_i = 100 - 4.6\Delta Ei \tag{5.1-1}$$

而一般显色指数 R_a 是八个色样的特殊显色指数的平均值按（5.1-2）式确定：

$$R_a = \frac{1}{8}\sum_{i=1}^{8} R_i \tag{5.1-2}$$

人工照明一般用 R_a 作为评价光源的显色性指标。光源显色性指数越高，其显色性越好，颜色失真小，最高值为 100，即被测光源的显色性与标准的参照光源的显色性完全相同，一般认为 R_a 为 80～100 显色性优良，R_a 为 50～79 显色性一般，R_a 小于 50 显色性较差。

为改善和提高照明环境的质量，本标准按 CIE 规定，长期有人工作或停留的房间或场所，照明光源的显色指数（R_a）不宜小于 80。在灯具安装高度大于 8m 的工业建筑场所的照明，R_a 可低于 80，但必须能够识别安全色。常用房间或场所的显色指数的最小允许值应符合本标准第 5 章的规定。各种光源的显色指数见表 5.1-1。

表 5.1-1　各种光源的显色指数（R_a）

光源种类	显色指数（R_a）	光源种类	显色指数（R_a）
普通照明用白炽灯	95～100	高压汞灯	35～40
普通荧光灯	60～70	金属卤化物灯	65～92
稀土三基色荧光灯	80～98	普通高压钠灯	23～25

　　本标准规定表明，在经常有人的工作或停留房间或场所，不应采用卤粉制成的荧光灯，而应采用稀土三基色荧光灯才能满足标准的规定，也就是本标准是对照明质量的本质上的提高，同时大大提高了光效，有利节约能源，降低成本和维护费用。

5.2 居 住 建 筑

5.2.1 住宅建筑照明标准值宜符合表5.2.1规定。

表 5.2.1　住宅建筑照明标准值

房间或场所		参考平面及其高度	照度标准值（lx）	R_a
起居室	一般活动	0.75m 水平面	100	80
	书写、阅读		300*	
卧室	一般活动	0.75m 水平面	75	80
	床头、阅读		150*	
餐　厅		0.75m 餐桌面	150	80
厨　房	一般活动	0.75m 水平面	100	80
	操作台	台　面	150*	
卫生间		0.75m 水平面	100	80
电梯前厅		地　面	75	60
走道、楼梯间		地　面	50	60
车　库		地　面	30	60

　　注：* 指混合照明照度。

【释义】

　　本条与国家标准《建筑照明设计标准》GB 50034-2004基本相同，只是增加了电梯前厅、走道、楼梯间、公共车库，是参照CIE标准《室内工作场所照明》S 008/E-2001和国外相关标准制订的。

表 5.2-1 居住建筑国内外照度标准值对比　　　　单位：lx

房间或场所		美国 IESNA-2011	日本 JIS Z 9110-2010	俄罗斯 СНиП 23-05-95	欧盟 EN12464-1-2011	本标准
起居室	一般活动	30	50（一般） 500（书写、阅读） 1000（手工）	100	—	100
	书写、阅读	200（一般） 400（桌面）				300*
卧室	一般活动	50	20（一般） 500（读书、化妆）	100		75
	书写、阅读	200（一般） 400（桌面）				150*
餐厅		50～100	50（一般） 300（餐桌）	—		150
厨房	一般活动	50（一般） 300（操作台、水槽）	100（一般） 300（烹调、水槽）	100		100
	操作台					150*
卫生间		50（洗浴） 100（厕所） 300（化妆）	100（一般） 300（洗脸、化妆）	50		100
电梯前厅		50	300	—	200	75
走道、楼梯间		50～100	50～150	—	100	50
车库		50	30～150	—	75 300（坡道）	30

1. 目前我国绝大多数起居室，照度在 100～200lx 之间，平均照度可达 152lx。美国、日本较低；俄罗斯为 100lx。根据我国实际情况，本标准定为 100lx。而起居室的书写、阅读，参照原标准，本标准定为 300lx，这可用混合照明来达到。

2. 目前我国绝大多数卧室的照度在 100lx 以下，平均照度为 71lx，美国标准一般较低，阅读为 200lx；日本标准一般活动太低，阅读太高；俄罗斯为 100lx。根据我国实际情况，卧室的一般活动照度略低于起居室，取 75lx 为宜。床头阅读比起居室的书写阅读降低，取 150lx。一般活动照明由一般照明来达到，床头阅读照明可由混合照明来达到。

3. 餐厅照度根据我国的实测调查结果，多数在 100lx 左右，美国较低，而日本在 50～300lx 之间，本标准定为 150lx。

4. 目前我国的厨房大多数只设一般照明，操作台未设局部照明。根据实际调研结果，一般活动多数在100lx以下，平均照度为93lx，而国外多在50～100lx之间，根据我国实际情况，本标准定为100lx。而国外在操作台上的照度均较高，为300lx，这是为了操作安全和便于识别之故。本标准根据我国实际情况，定为150lx，可由混合照明来达到。

5. 卫生间一般照明的照度，国外标准均在50～100lx之间。我国根据调查结果，多数为100lx左右，平均照度为121lx，故本标准定为100lx。至于洗脸、化妆、刮脸，可用镜前灯照明，照度可在300lx左右。

6. 电梯前厅一般照明的照度，美国标准为50lx，欧洲和日本标准均较高，根据我国实际情况，定为75lx。

7. 走道和楼梯间的照度，国外标准为50～100lx之间。根据我国的实际情况，定为50lx。

8. 车库一般照明的照度，国外标准为30～150lx，考虑到居住建筑车库的照度应略低于公共建筑，本标准定为30lx。

9. 显色指数（R_a）值是参照 CIE 标准《室内工作场所照明》(S 008/E-2001) 制订的，符合我国经济发展和生活水平提高的需要，同时，当前光源产品也具备这种条件。

5.2.2 其他居住建筑照明标准值宜符合表5.2.2规定。

表5.2.2　其他居住建筑照明标准值

房间或场所		参考平面及其高度	照度标准值(lx)	R_a
职工宿舍		地　面	100	80
老年人卧室	一般活动	0.75m 水平面	150	80
	床头、阅读		300 *	80
老年人起居室	一般活动	0.75m 水平面	200	80
	书写、阅读		500 *	80
酒店式公寓		地　面	150	80

注：＊指混合照明照度。

【释义】

本条是参照住宅建筑的照明标准制订的。

1. 职工宿舍的一般照明要求，与住宅中的起居室相当。当需要书写或阅读时，可另加局部照明。

2. 考虑到老年人的视觉特点，需要更高的照度水平。参考美国标准，老年人场所的照度水平是普通人的2倍。因此参照本标准中普通住宅的卧室和起居室的照度标准，相应提高为2倍。

3. 考虑到酒店式公寓要求较高，参照住宅中的起居室的照度水平，提高一级。

5.3 公 共 建 筑

5.3.1 图书馆建筑照明标准值应符合表5.3.1的规定。

表5.3.1 图书馆建筑照明标准值

房间或场所	参考平面 及其高度	照度标准值 (lx)	UGR	U_0	R_a
一般阅览室、开放式阅览室	0.75m 水平面	300	19	0.60	80
多媒体阅览室	0.75m 水平面	300	19	0.60	80
老年阅览室	0.75m 水平面	500	19	0.70	80
珍善本、舆图阅览室	0.75m 水平面	500	19	0.60	80
陈列室、目录厅(室)、出纳厅	0.75m 水平面	300	19	0.60	80
档案库	0.75m 水平面	200	19	0.60	80
书库、书架	0.25m 垂直面	50	—	0.40	80
工作间	0.75m 水平面	300	19	0.60	80
采编、修复工作间	0.75m 水平面	500	19	0.60	80

【释义】

本条与原标准基本相同，只是增加了多媒体阅览室、档案库和采编、修复工作间，是参照CIE标准《室内工作场所照明》S 008/E-2001和国外相关标准制订的。

表5.3-1 图书馆建筑国内外照度标准值对比　　　　单位：lx

房间或场所	CIE S 008/E-2001	美国 IESNA-2011	日本 JISZ 9110-2010	俄罗斯 CHиII 23-05-95	欧盟 EN12464-1-2011	本标准
一般阅览室、开放式阅览室	500	500	500	300(一般)	500	300
多媒体阅览室	—	150～300	—	—	—	300
老年阅览室	—	1000	—	—	—	500
珍善本、舆图阅览室	—	—	—	—	—	500

续表 5.3-1

房间或场所	CIE S 008/E-2001	美国 IESNA-2011	日本 JISZ 9110-2010	俄罗斯 СНиП 23-05-95	欧盟 EN12464-1-2011	本标准
陈列室、目录厅（室）、出纳厅	500（柜台）	500（柜台）	200（一般陈列）	200	500（柜台）	300
档案库	—	300	—	—	—	200
书库、书架	200（书架）	100～200（垂直）	200	75	200	50
工作间	—	200	—	200	—	300
采编、修复工作间	—	1000	—	—	—	500

1. 我国目前阅览室大部分为省市图书馆和部分大学图书馆，半数以上阅览室照度在200～300lx之间，平均照度在339lx，CIE和美国、日本标准均为500lx，俄罗斯为300lx。根据视觉满意度实验，对荧光灯在300lx时，其满意度基本可以。又据现场评价，150～250lx基本满足视觉要求。根据我国现有情况，本标准一般阅览室定为300lx，老年阅览室、珍善本、舆图阅览室的照度提高一级，定为500lx。

2. 我国目前陈列室、目录厅（室）、出纳厅的照度多数平均在200lx以上，国外标准在200～500lx之间，本标准定为300lx。

3. CIE、美国和日本的照度较高，是指整个书架垂直面的照度为100～200lx；俄罗斯规定为50～100lx之间。本标准定为距离地面0.25m的垂直照度为50lx。

4. 工作间的照度，我国目前多数平均在200～300lx之间，考虑图书的修复工作需要，本标准定为300lx为宜。采编、修复工作间由于精细工作的需要，照度提高一级，定为500lx。

5. 图书馆建筑各房间的统一眩光值（UGR）和显色指数（R_a）是参照CIE标准《室内工作场所照明》（S 008/E-2001）制订的。

6. 图书馆建筑均匀度（U_o）是参照欧洲《室内工作场所照明》EN 12464-1（2011）制订的。

5.3.2 办公建筑照明标准值应符合表5.3.2的规定。

表 5.3.2　办公建筑照明标准值

房间或场所	参考平面及其高度	照度标准值(lx)	UGR	U_0	R_a
普通办公室	0.75m 水平面	300	19	0.60	80
高档办公室	0.75m 水平面	500	19	0.60	80
会议室	0.75m 水平面	300	19	0.60	80
视频会议室	0.75m 水平面	750	19	0.60	80
接待室、前台	0.75m 水平面	200	—	0.40	80
服务大厅、营业厅	0.75m 水平面	300	22	0.40	80
设计室	实际工作面	500	19	0.60	80
文件整理、复印、发行室	0.75m 水平面	300	—	0.40	80
资料、档案存放室	0.75m 水平面	200	—	0.40	80

注：此表适用于所有类型建筑的办公室和类似用途场所的照明。

【释义】

本条与国家标准《建筑照明设计标准》GB 50034-2004 基本相同，只是增加了视频会议室、服务大厅。另外在其他类建筑中同样会有办公室、会议室等场所，如科研办公室、财务室、会计室、工艺室、经营室等对这些场所的照明设计也同样适用。

表 5.3-2　办公建筑国内外照度标准值对比　　　　单位：lx

房间或场所	CIE S 008/E-2001	美国 IESNA-2011	日本 JISZ9110-2010	德国 DIN 5035-1990	俄罗斯 CHиП 23-05-95	欧盟 EN 12464-1-2011	本标准
普通办公室	500	500	750	300	300	500	300
高档办公室				500			500
会议室	500	300	500	300	300	500	300
视频会议室	—	300					750
接待室、前台	300	200 400(桌面)	500	300	200 300(前台)	300	200
服务大厅、营业厅	—	300 500(书写)	—	—	—	—	300
设计室	750	750	750	750	500	750	500
文件整理、复印、发行室	300	100 300(操作)	500		400	300	300
资料、档案存放室	200		200		75	200	200

1. 办公室分普通和高档两类，分别制订照度标准，这样做比较适应我国不同建筑等级以及不同地区差别的需要。我国目前办公室的平均照度多数在200～400lx之间。CIE、美国、德国、欧盟办公室照度均为500lx，日本为750lx，只有俄罗斯为300lx，根据我国情况，本标准将普通办公室定为300lx，高档办公室定为500lx。

2. 根据我国目前会议室、接待室、前台的照度现状，多数平均在200～400lx之间，平均照度为358lx，而CIE及一些国家标准多在200～500lx之间，本标准定为300lx。

3. 根据我国目前营业厅的照度现状，多数为200～300lx之间，而美国为300～500lx，本标准定为300lx。

4. 设计室的照度与高档办公室的照度一致，本标准定为500lx。

5. 根据我国目前文件整理、复印、发行室的照度现状，多数在照度在250～350lx之间，平均为324lx。CIE标准为300lx，美国标准为100～300lx，日本为500lx，本标准定为300lx。

6. 资料室和档案室的CIE、日本和欧盟标准均为200lx，本标准定为200lx。

7. 办公建筑各房间的统一眩光值（UGR）和显色指数（R_a）是参照CIE标准《室内工作场所照明》S 008/E-2001制订的。

8. 办公建筑均匀度（U_0）是参照欧洲《室内工作场所照明》EN 12464-1(2011)制订的。

5.3.3 商店建筑照明标准值应符合表5.3.3的规定。

表5.3.3　商店建筑照明标准值

房间或场所	参考平面及其高度	照度标准值（lx）	UGR	U_0	R_a
一般商店营业厅	0.75m水平面	300	22	0.60	80
一般室内商业街	地　面	200	22	0.60	80
高档商店营业厅	0.75m水平面	500	22	0.60	80
高档室内商业街	地　面	300	22	0.60	80
一般超市营业厅	0.75m水平面	300	22	0.60	80
高档超市营业厅	0.75m水平面	500	22	0.60	80
仓储式超市	0.75m水平面	300	22	0.60	80
专卖店营业厅	0.75m水平面	300	22	0.60	80
农贸市场	0.75m水平面	200	25	0.40	80
收款台	台　面	500*	—	0.60	80

注：*指混合照明照度。

【释义】

商店建筑在国家标准《建筑照明设计标准》GB 50034-2004 中为商业建筑，本条与原标准基本相同，只是增加了仓储式超市、专卖店营业厅、农贸市场、室内商业街，是参照其他同类场所制定的。

表 5.3-3　商业建筑国内外照度标准值对比　　　　单位：lx

房间或场所	CIE S 008/E-2001	美国 IESNA-2011	日本 JISZ9110-2010	德国 DIN5035-1990	俄罗斯 CHuII 23-05-95	欧盟 EN12464-1-2011	本标准
一般商店营业厅	300(小型) 500(大型)	400	500(一般) 750～2000(重要)	300	300	300	300
一般室内商业街	—						200
高档商店营业厅	300(小型) 500(大型)	400	500(一般) 750～2000(重要)	300	300		500
高档室内商业街	—					300	300
一般超市营业厅	—	500	300(一般) 500～750(重要)		400		300
高档超市营业厅							500
仓储式超市	—	500	—				300
专卖店营业厅	500	400	300(一般) 500～2000(重要)			300	300
农贸市场							200
收款台	500		750	500	—	500	500

1. 由于商业建筑等级和地区差异，本标准将商店分为一般和高档两类，比较符合中国的实际情况。我国目前多数商店照度均大于500lx，CIE标准将营业厅按大小分类，大营业厅照度为500lx，小营业厅为300lx，而美、德、俄等国均为300～400lx，日本稍高，重要区域和重点陈列部位达750～2000lx。据此，本标准节能及视觉需求的角度考虑将一般商店营业厅定为300lx，高档商店营业厅定为500lx。

2. 根据中国实际情况，将超市分为二类，一类是一般超市营业厅，另一类是高档超市营业厅。根据我国目前现状，照度大多数在300～500lx，平均照度达 567lx。而美国不分何种超市均定为 500lx，日本为 300lx，俄罗斯为 400lx。本标准将一般超市营业厅定为 300lx，而高档超市营业厅定为 500lx。

3. 仓储式超市参照一般超市，本标准定为 300lx；专卖店参照一般商店，本标准定为 300lx；农贸市场相对超市而言，照度要求偏低，本标准定为 200lx。

4. 收款台要进行大量现金及票据工作，精神集中，避免差错，照度要求较高，本标准定为 500lx。

5. 商店建筑各营业厅的统一眩光值（UGR）和显色指数（R_a）是参照 CIE 标准《室内工作场所照明》（S 008/E-2001）制订的。

6. 商店建筑均匀度（U_0）是参照欧洲《室内工作场所照明》EN 12464-1（2011）制订的。

5.3.4 观演建筑照明标准值应符合表 5.3.4 的规定。

表 5.3.4 观演建筑照明标准值

房间或场所		参考平面及其高度	照度标准值（lx）	UGR	U_0	R_a
门 厅		地 面	200	22	0.40	80
观众厅	影 院	0.75m 水平面	100	22	0.40	80
	剧场、音乐厅	0.75m 水平面	150	22	0.40	80
观众休息厅	影 院	地 面	150	22	0.40	80
	剧场、音乐厅	地 面	200	22	0.40	80
排演厅		地 面	300	22	0.60	80
化妆室	一般活动区	0.75m 水平面	150	22	0.60	80
	化妆台	1.1m 高处垂直面	500 *	—	—	90

注：＊指混合照明照度。

【释义】

观演建筑在国家标准《建筑照明设计标准》GB 50034－2004 中为影剧院建筑，本条与原标准基本相同。

表 5.3-4 观演建筑国内外照度标准值对比　　　单位：lx

房间或场所		CIE S 008/E-2001	美国 IESNA-2011	日本 JIS Z 9110-2010	俄罗斯 CHиⅡ23-05-95	欧盟 EN12464-1-2011	本标准
门 厅		100	100～150	500	500	100	200
观众厅	影院	—	100	200	75	200	100
	剧场、音乐厅	200	—	200	300～500	200	200

续表 5.3-4

房间或场所		CIE S 008/E-2001	美国 IESNA-2011	日本 JIS Z 9110-2010	俄罗斯 CHиП23-05-95	欧盟 EN12464-1-2011	本标准
观众休息厅	影院	—	100	100	150	—	150
	剧场、音乐厅	—	100		—	—	200
排演厅		300	—	300		300	300
化妆室	一般活动区	—	200（一般）500（化妆台）	500		300	150
	化妆台						500

1. 我国目前影剧院各类场所照度标准值除排演厅外，其他都相对比较低，考虑到与国际接轨，因此参考 CIE 及其他国家的标准确定。

2. 影剧院建筑门厅反映一个影剧院风格和档次，且是观众的主要入口，其照度要求较高。CIE 标准为 100lx，美国为 150lx，日本和俄罗斯为 500lx，照度差异较大，根据我国实际情况，本标准定为 200lx。

3. 影院和剧场观众厅照度稍有不同，剧场需看剧目单及说明书等，故需照度高些，影院比剧场稍低。CIE 标准剧场为 200lx，本标准对观众厅，剧场定为 200lx，影院定为 100lx。

4. 影院和剧场的观众休息厅，我国目前照度在 100～200lx 之间。美国和日本为 100lx，俄罗斯为 150lx。本标准将影院定为 150lx，剧场定为 200lx，以满足观众休息的需要。

5. 我国目前排演厅的照度多数在 300lx 以上，CIE 标准为 300lx，参照 CIE 标准的规定，本标准定为 300lx。

6. 化妆室美国定为 200～500lx（一般照明为 200lx，重点区域 500lx），日本规定为 500lx，欧盟标准为 300lx。本标准考虑我国实际将一般活动区照度定为 150lx，而将化妆台照度提高到 500lx，考虑采用局部照明。

7. 影剧院的统一眩光值（UGR）和显色指数（R_a）是参照 CIE 标准《室内工作场所照明》（S 008/E-2001）制订的。

8. 影剧院的均匀度（U_0）是参照欧洲《室内工作场所照明》EN 12464-1（2011）制订的。

5.3.5 旅馆建筑照明标准值应符合表 5.3.5 的规定。

表 5.3.5　旅馆建筑照明标准值

房间或场所		参考平面及其高度	照度标准值（lx）	UGR	U_0	R_a
客房	一般活动区	0.75m 水平面	75	—	—	80
	床 头	0.75m 水平面	150	—	—	80
	写字台	台 面	300 *	—	—	80
	卫生间	0.75m 水平面	150	—	—	80
中餐厅		0.75m 水平面	200	22	0.60	80
西餐厅		0.75m 水平面	150	—	0.60	80
酒吧间、咖啡厅		0.75m 水平面	75	—	0.40	80
多功能厅、宴会厅		0.75m 水平面	300	22	0.60	80
会议室		0.75m 水平面	300	19	0.60	80
大 堂		地 面	200	—	0.40	80
总服务台		台 面	300 *	—	—	80
休息厅		地 面	200	22	0.40	80
客房层走廊		地 面	50	—	0.40	80
厨 房		台 面	500 *	—	0.70	80
游泳池		水 面	200	22	0.60	80
健身房		0.75m 水平面	200	22	0.60	80
洗衣房		0.75m 水平面	200	—	0.40	80

注：＊指混合照明照度。

【释义】

　　本条与《建筑照明设计标准》GB 50034－2004 基本相同，只是增加了大堂、会议室、游泳池、健身房，是参照 CIE 标准《室内工作场所照明》S 008/E-2001和国外相关标准制订的。

表 5.3-5　旅馆建筑国内外照度标准值对比　　　　单位：lx

房间或场所		CIE S008/E- 2001	美国 IESNA- 2011	日本 JIS Z 9110- 2010	德国 DIN5035- 1990	俄罗斯 СНиП23- 05-95	欧盟 EN12464- 1-2011	本标准
客房	一般活动区	—	100	100	—	100	—	75
	床头		200	—				150
	写字台		200	750				300
	卫生间		50～200	100(浴室) 200(厕所) 500(化妆)				150

续表 5.3-5

房间或场所	CIE S008/E-2001	美国 IESNA-2011	日本 JIS Z 9110-2010	德国 DIN5035-1990	俄罗斯 CHиП23-05-95	欧盟 EN12464-1-2011	本标准
中餐厅	200	200	300	200	—	200~300	200
西餐厅							150
酒吧间、咖啡厅	—	50~100					75
多功能厅、宴会厅	200	500	200~500	200	200		300
会议室	500	300	500	—		500	300
大堂			200				200
总服务台	300	300				300	300
休息厅		100 300 (阅读处)	100			200	200
客房层走廊	100	50	100~150	—		100	50
厨 房	500	500	500	500	200	500	500
游泳池	—	100					200
健身房		150~400				300	200
洗衣房	—	300			200		200

1. 目前绝大多数宾馆客房无一般照明,按一般活动区、床头、写字台、卫生间四项制订标准。美国等一些国家一般活动区为 100lx,根据我国情况本标准定为 75lx;床头的照度本标准定为 150lx。写字台的照度美国为 200lx,日本为 750lx;本标准定为 300lx。卫生间的照度我国目前多数在 100~200lx 之间,而美国为 50~200lx,日本为 100~500lx,本标准定为 150lx。

2. 中餐厅照度多数在 100~200lx 之间,CIE 和国外标准为 200~300lx,本标准定为 200lx。西餐厅照度应略低些,本标准定为 150lx。

3. 酒吧间、咖啡厅照度,不宜太高,以创造宁静、优雅的气氛,本标准定为 75lx。

4. 多功能厅我国多数照度均在 300~400lx 之间,CIE 标准、德国、俄罗斯均为 200lx,而美国和日本为 500lx,本标准取各国标准的中间值,定为 300lx。

5. 大堂、总服务台、休息厅是旅馆的重要枢纽,是人流集中分散的场所，目前我国多数在 200～300lx 之间，国外标准在 100～300lx 之间，结合我国实际情况，本标准将门厅、总服务台定为 300lx，将休息厅定为 200lx。

6. 客房层走道我国多数在 50lx 左右，国外多为 50～150lx 之间，本标准定为 50lx。

7. 厨房的操作对照度要求较高，除俄罗斯外，其余国家标准均为 500lx，本标准定为 500lx。

8. 游泳池、健身房的标准参考了国外相关标准，结合我国实际情况，本标准定为 200lx。

9. 洗衣房美国标准为 300lx，俄罗斯为 200lx，本标准定为 200lx。

10. 旅馆建筑各房间的统一眩光值（UGR）和显色指数（R_a）是参照 CIE 标准《室内工作场所照明》（S 008/E-2001）制订的。

11. 旅馆建筑的均匀度（U_0）是参照欧洲《室内工作场所照明》EN 12464-1（2011）制订的。

5.3.6 医疗建筑照明标准值应符合表 5.3.6 的规定。

表 5.3.6 医疗建筑照明标准值

房间或场所	参考平面及其高度	照度标准值（lx）	UGR	U_0	R_a
治疗室、检查室	0.75m 水平面	300	19	0.70	80
化验室	0.75m 水平面	500	19	0.70	80
手术室	0.75m 水平面	750	19	0.70	90
诊 室	0.75m 水平面	300	19	0.60	80
候诊室、挂号厅	0.75m 水平面	200	22	0.40	80
病 房	地面	100	19	0.60	80
走 道	地面	100	19	0.60	80
护士站	0.75m 水平面	300	—	0.60	80
药 房	0.75m 水平面	500	19	0.60	80
重症监护室	0.75m 水平面	300	19	0.60	90

【释义】

医疗建筑在《建筑照明设计标准》GB 50034－2004 中为医院建筑，本条与原标准基本相同。

表 5.3-6　医疗建筑国内外照度标准值对比　　　　单位：lx

房间或场所	CIE S 008/E-2001	美国 IESNA-2011	日本 JIS Z 9110-2010	德国 DIN5035-1990	欧盟 EN12464-1-2011	本标准
治疗室、检查室	500(一般) 1000(工作台)	300(一般) 500(工作台)	500	300	500(一般) 1000(工作台)	300
化验室	500	300(一般) 1000(工作台)	500	500	500(一般) 1000(工作台)	500
手术室	1000	2000(一般) 25000(工作台)	1000	1000	1000(一般) 10000~100000 (工作台)	750
诊室	500	300(一般) 500(工作台)	500	500 1000	500(一般) 1000(工作台)	300
候诊室、挂号厅	200	100(一般) 200(阅读)	200	—	200	200
病房	100(一般) 300(检查、阅读)	50(一般) 200(阅读) 500(诊断)	100	100(一般) 200(阅读) 300(检查)	100(一般) 300(检查、阅读)	100
走道	50~200	50~200	150~200	—	50~200	100
护士站		500	500	300	500	300
药房	—	300(存储) 500~1000 (工作台)	500	500	500(一般) 1000(工作台)	500
重症监护室	100(一般) 300(观察) 1000(检查和治疗)	500(一般) 1000(检查)	—	300	100(一般) 300(观察) 1000(检查和治疗)	300

1. 治疗室的照度我国目前大多数在 200~300lx 之间，而美国、日本和德国的照度标准均在 300~500lx 之间，CIE 和欧盟的标准高达 1000lx。考虑我国实际情况，提高到 300lx，还是现实可行的，故本标准定为 300lx。

2. 化验室的照度大多数在 300lx 以上，而国外标准多在 500lx，考虑到化验的视觉工作精细，参照国外标准，本标准也定为 500lx。

3. 手术室一般照明的照度多在 300lx 以上，而国外平均在 1000lx 左右，美国高达 2000lx 以上，而本标准是采用国外的最低标准，定为 750lx。

4. 诊室的照度在 100~200lx 之间，而国外在 300~1000lx 之间。对现有诊室照度水平，医生反映均偏低，故本标准提高到 300lx。

5. 候诊室的照度多数在 100~200lx 之间，而国外标准基本为 200lx 考虑候诊室可比诊室照度低一级，本标准定为200lx。挂号厅的照度与候诊室的照度相同。

6. 走道的照度国外多在50～200lx之间，结合我国实际情况，本标准定为100lx。

7. 病房的照度多数在100～200lx之间，而国外一般照明多数为100lx，只有在检查和阅读时要求照度为200～500lx，此时多可用局部照明来实现，本标准定为100lx。

8. 护士站的照度多在100～200lx之间，护士人员反映偏低，医护人员多在此处书写记录，而国外多在300～500lx之间，本标准将照度提高到300lx。

9. 药房的照度多在200～300lx之间，而国外一般照明为500lx，工作台高达1000lx，考虑到药房视觉工作要求较高，需较高的照度，才能识别药品名，本标准定为500lx。

10. 重症监护室是医疗抢救重地，参照CIE标准，本标准定为300lx。

11. 医院各房间的统一眩光值（UGR）和显色指数（R_a）是参照CIE标准《室内工作场所照明》（S 008/E-2001）制订的。

12. 医院建筑各房间的均匀度（U_0）是参照欧洲《室内工作场所照明》EN 12464-1（2011）制订的。

5.3.7 教育建筑照明标准值应符合表5.3.7的规定。

表5.3.7　教育建筑照明标准值

房间或场所	参考平面及其高度	照度标准值（lx）	UGR	U_0	R_a
教室、阅览室	课桌面	300	19	0.60	80
实验室	实验桌面	300	19	0.60	80
美术教室	桌面	500	19	0.60	90
多媒体教室	0.75m水平面	300	19	0.60	80
电子信息机房	0.75m水平面	500	19	0.60	80
计算机教室、电子阅览室	0.75m水平面	500	19	0.60	80
楼梯间	地面	100	22	0.40	80
教室黑板	黑板面	500*	—	0.70	80
学生宿舍	地面	150	22	0.40	80

注：*指混合照明照度。

【释义】

教育建筑在《建筑照明设计标准》GB 50034 - 2004 中为学校建筑，本条与原标准基本相同，只是增加了电子信息机房、计算机教室、电子阅览室、学生宿舍是参照 CIE 标准《室内工作场所照明》S 008/E-2001 制订的。

表 5.3-7 教育建筑国内外照度标准值对比 　　　　　　单位：lx

房间或场所	CIE S 008/E-2001	美国 IESNA-2011	日本 JIS Z 9110-2010	德国 DIN5035-1990	俄罗斯 СНиП23-05-95	欧盟 EN12464-1-2011	本标准
教室、阅览室	300 500(夜校、成人教育)	400	300(教室) 500(阅览室)	300(教室) 500(阅览室)	300	300 500(夜校、成人教育)	300
实验室	500	500 1000(演示)	500(一般) 1000(工作台)	500	300	500	300
美术教室	500 750	500	750	500		500 750	500
多媒体教室	500	150 300			400	300	300
电子信息机房	—						500
计算机教室、电子阅览室	500	150 300	500			300	500
楼梯间	—	100	150			150	100
教室黑板	500	400	500		500	500	500
学生宿舍	—	200(阅读) 400(桌面)	—	—	—	—	150

1. 我国目前多数新建教室平均照度值超过 300lx，CIE 标准规定普通教室为 300lx，夜间使用的教室，如成人教育教室等，照度为 500lx。美国为 400lx，德国与 CIE 标准相同，日本教室为 300lx。本标准参照 CIE 标准的规定，教室定为 300lx，包括夜间使用的教室，比较符合或接近符合国际标准。

2. 我国实验室的照度目前多数在 200～300lx 之间，多数国家为 300～500lx，本标准定为 300lx。

3. 美术教室的照度目前多数在 200～300lx 之间，而国外标准多为 500～750lx，因美术教室视觉工作精细，本标准定为 500lx。

4. 多媒体教室的照度多数在 200～300lx 之间，而国外照度标准为 150～

500lx 之间，考虑因有视屏视觉作业，照度不宜太高，本标准定为 300lx。

5. 电子信息机房和计算机教室照度要求较高，本标准定为 300lx。

6. 楼梯间国外标准为 100～150lx，本标准定为 100lx。

7. 目前还有部分教室无专用的黑板照明灯，必须专门设置。黑板垂直面的照度至少应与桌面照度相同，为保护学生视力，本标准将教师黑板照度提高到 500lx。同时需要注意防止眩光。

8. 学生宿舍主要为休息场所，照度不宜过高，本标准定为 150lx。如有阅读需要可增加局部照明。

9. 教育建筑各种教室的统一眩光值（UGR）和显色指数（R_a）是根据 CIE 标准《室内工作场所照明》S 008/E-2001 制订的。

10. 教育建筑各房间的均匀度（U_0）是参照欧洲《室内工作场所照明》EN 12464-1(2011)制订的。

5.3.8 博览建筑照明标准值应符合下列规定：

1 美术馆建筑照明标准值应符合表 5.3.8-1 的规定；

2 科技馆建筑照明标准值应符合表 5.3.8-2 的规定；

3 博物馆建筑陈列室展品照度标准值及年曝光量限值应符合表 5.3.8-3 的规定，博物馆建筑其他场所照明标准值应符合表 5.3.8-4 的规定。

表 5.3.8-1 美术馆建筑照明标准值

房间或场所	参考平面及其高度	照度标准值(lx)	UGR	U_0	R_a
会议报告厅	0.75m 水平面	300	22	0.60	80
休息厅	0.75m 水平面	150	22	0.40	80
美术品售卖	0.75m 水平面	300	19	0.60	80
公共大厅	地 面	200	22	0.40	80
绘画展厅	地 面	100	19	0.60	80
雕塑展厅	地 面	150	19	0.60	80
藏画库	地 面	150	22	0.60	80
藏画修理	0.75m 水平面	500	19	0.70	90

注：1. 绘画、雕塑展厅的照明标准值中不含展品陈列照明；

2. 当展览对光敏感要求的展品时应满足表 5.3.8-3 的要求。

表 5.3.8-2 科技馆建筑照明标准值

房间或场所	参考平面及其高度	照度标准值(lx)	UGR	U_0	R_a
科普教室、实验区	0.75m 水平面	300	19	0.60	80
会议报告厅	0.75m 水平面	300	22	0.60	80
纪念品售卖区	0.75m 水平面	300	22	0.60	80

续表 5.3.8-2

房间或场所	参考平面及其高度	照度标准值 (lx)	UGR	U_0	R_a
儿童乐园	地 面	300	22	0.60	80
公共大厅	地 面	200	22	0.40	80
球幕、巨幕、3D、4D影院	地 面	100	19	0.40	80
常设展厅	地 面	200	22	0.60	80
临时展厅	地 面	200	22	0.60	80

注：常设展厅和临时展厅的照明标准值中不含展品陈列照明。

表 5.3.8-3 博物馆建筑陈列室展品照度标准值及年曝光量限值

类 别	参考平面及其高度	照度标准值 (lx)	年曝光量 (lx·h/a)
对光特别敏感的展品：纺织品、织绣品、绘画、纸质物品、彩绘、陶(石)器、染色皮革、动物标本等	展品面	≤50	≤50000
对光敏感的展品：油画、蛋清画、不染色皮革、角制品、骨制品、象牙制品、竹木制品和漆器等	展品面	≤150	≤360000
对光不敏感的展品：金属制品、石质器物、陶瓷器、宝玉石器、岩矿标本、玻璃制品、搪瓷制品、珐琅器等	展品面	≤300	不限制

注：1. 陈列室一般照明应按展品照度值的 20％ ～ 30％ 选取；

2. 陈列室一般照明 UGR 不宜大于 19；

3. 一般场所 R_a 不应低于 80，辨色要求高的场所，R_a 不应低于 90。

表 5.3.8-4 博物馆建筑其他场所照明标准值

房间或场所	参考平面及其高度	照度标准值 (lx)	UGR	U_0	R_a
门 厅	地 面	200	22	0.40	80
序 厅	地 面	100	22	0.40	80
会议报告厅	0.75m 水平面	300	22	0.60	80
美术制作室	0.75m 水平面	500	22	0.60	90
编目室	0.75m 水平面	300	22	0.60	80
摄影室	0.75m 水平面	100	22	0.60	80
熏蒸室	实际工作面	150	22	0.60	80
实验室	实际工作面	300	22	0.60	80

续表 5.3.8-4

房间或场所	参考平面及其高度	照度标准值（lx）	UGR	U_0	R_a
保护修复室	实际工作面	750*	19	0.70	90
文物复制室	实际工作面	750*	19	0.70	90
标本制作室	实际工作面	750*	19	0.70	90
周转库房	地面	50	22	0.40	80
藏品库房	地面	75	22	0.40	80
藏品提看室	0.75m 水平面	150	22	0.60	80

注：* 指混合照明的照度标准值。其一般照明的照度值应按混合照明照度的20%～30%选取。

【释义】

博览建筑包含：美术馆、科技馆、博物馆。美术馆和科技馆各场所的照度标准参照其他建筑类似场所的标准制定。

表 5.3-8　博物馆陈列室展品国内外照度标准值对比　　单位：lx

类　别	博物馆照明标准GB/T 23863-2009	CIE博物馆标准1984	美国IESNA-2011	英国CIBS-1984	日本JIS Z 9110-2010	俄罗斯CHиП23-05-95	本标准
对光特别敏感展品	≤50	50	50	50	200	50～75	≤50
对光敏感展品	≤150	150	200	150	500	150	≤150
对光不敏感展品	≤300	300	1000	无限制	1000	200～500	≤300

1. 国家文物局 2009 年 12 月实施的《博物馆照明设计规范》GB/T 23863-2009 规定的照度标准为：对光特别敏感的展品，≤50lx；对光敏感的展品，≤150lx；对光不敏感的展品，≤300lx；陈列室一般照明按展品照度值的 10%～20%选取。实测的结果表明，无论是这三类展品的照明，还是陈列室的一般照明大多数博物馆都能符合要求，平均起来说，对光敏感展品照度（179lx）、对光不敏感展品照度（355lx）和标准要求接近，而一般照明照度（207lx）和对光特别敏感的展品照度（513lx）则超过标准许多，一些陈列室展品照度和一般照明照度均可以降低。总之，目前我国的博物馆陈列室执行国家文物局现行设计标准（基本上也是 CIE、国际博物馆协会的标准）是没有问题的。

2. 根据陈列室一般照明的照度低于展品照度的原则，一般照明的照度按展品照度的 20%～30%选取。

3. 博物馆其他场所的照度标准参照《博物馆照明设计规范》GB/T 23863-2009 制定。

4. 根据 CIE 标准的规定，统一眩光值（UGR）应为 19，对辨色要求高的展品，其显色指数（R_a）不应低于 90，对于显色要求一般的展品显色指数（R_a）为 80。

5.3.9 会展建筑照明标准值应符合表 5.3.9 的规定。

表 5.3.9　会展建筑照明标准值

房间或场所	参考平面及其高度	照度标准值（lx）	UGR	U_0	R_a
会议室、洽谈室	0.75m 水平面	300	19	0.60	80
宴会厅	0.75m 水平面	300	22	0.60	80
多功能厅	0.75m 水平面	300	22	0.60	80
公共大厅	地　面	200	22	0.40	80
一般展厅	地　面	200	22	0.60	80
高档展厅	地　面	300	22	0.60	80

【释义】

会展建筑是在国家标准《建筑照明设计标准》GB 50034-2004 中展览馆展厅的基础上增加了会议室、宴会厅、多功能厅和公共大厅，是参照 CIE 标准《室内工作场所照明》S 008/E-2001 和一些国家展览馆照明标准制订的。

表 5.3-9　会展建筑国内外照度标准值对比　　　　　单位：lx

房间或场所	美国 IESNA-2011	日本 JIS Z 9110-2010	俄罗斯 CHиП23-05-95	欧盟 EN12464-1-2011	本标准
会议室、洽谈室	300	500	300	300	300
宴会厅	500	200	200	—	300
多功能厅	—	—	—	—	300
公共大厅	—	300	—	200	200
一般展厅	150	500	200	300	200
高档展厅		1000	—	—	300

1. 展厅照明标准，主要是参考欧盟和俄罗斯的照度标准制订的。根据不同建筑等级以及不同地区的差别，将展厅分为一般和高档二类。一般展厅定为 200lx，而高档展厅定为 300lx，某些新建会展建筑的展厅照度偏高，

应引起注意，不宜过高。

2. 会议室、宴会厅、多功能厅和公共大厅等场所的照度标准参照其他建筑的同类场所制定。

3. 根据 CIE 标准的规定，展厅的统一眩光值（UGR）为22，而显色指数（R_a）为80。

4. 展厅建筑各房间的均匀度（U_0）是参照欧洲《室内工作场所照明》EN 12464-1（2011）制订的。

5.3.10 交通建筑照明标准值应符合表5.3.10的规定。

表 5.3.10 交通建筑照明标准值

房间或场所		参考平面及其高度	照度标准值（lx）	UGR	U_0	R_a
售票台		台 面	500*	—	—	80
问讯处		0.75m水平面	200	—	0.60	80
候车（机、船）室	普 通	地 面	150	22	0.40	80
	高 档	地 面	200	22	0.60	80
贵宾室休息室		0.75m水平面	300	22	0.60	80
中央大厅、售票大厅		地 面	200	22	0.40	80
海关、护照检查		工作面	500	—	0.70	80
安全检查		地 面	300	—	0.60	80
换票、行李托运		0.75m水平面	300	19	0.60	80
行李认领、到达大厅、出发大厅		地 面	200	22	0.40	80
通道、连接区、扶梯、换乘厅		地 面	150	—	0.40	80
有棚站台		地 面	75	—	—	60
无棚站台		地 面	50	—	0.40	20
走廊、楼梯、平台、流动区域	普 通	地 面	75	25	—	60
	高 档	地 面	150	25	0.60	80
地铁站厅	普 通	地 面	100	25	0.60	60
	高 档	地 面	200	22	0.60	80
地铁进出站门厅	普 通	地 面	150	25	0.60	60
	高 档	地 面	200	22	0.60	80

注：* 指混合照明照度。

【释义】

本条与《建筑照明设计标准》GB 50034-2004基本相同，主要增加了地铁站厅和地铁进出站门厅。

表 5.3-10 交通建筑（火车站、汽车站、机场、码头）国内外照度标准对比

单位：lx

房间或场所		CIE S 008/E-2001	美国 IESNA-2011	日本 JIS Z 9110-2010	欧盟 EN12464-1-2011	本标准
售票台		—	—	—	—	500
问讯处		500（台面）	150	—	500	200
候车（机、船）室	普通	200	150	500（A） 300（B） 100（C）	200	150
	高档					200
贵宾休息室		—	—	—	—	300
中央大厅、售票大厅		200	300	—	200	200
海关、护照检查		500	300	—	500	500
安全检查		300	200	—	300	300
换票、行李托运		300	200	—	300	300
行李认领、到达大厅、出发大厅		200	200	1000（A） 500（B） 200（C）	200	200
通道、连接区、扶梯、换乘厅		150	—	200（A） 100（B） 75（C）	150	150
有棚站台		—	—	150～300（A）	100 200	75
无棚站台		—	—	75～150（B）	—	50
走廊、楼梯、平台、流动区域	普通	—	50	200（A）	50	75
	高档	—	100	100（B） 75（C）	100	150
地铁站厅	普通	—	—	—	—	100
	高档	—	—	—	—	200
地铁进出站门厅	普通	—	—	—	—	150
	高档	—	—	—	—	200

1. 售票台台面，因工作精神集中，收现金、发票，本标准定为 500lx。

2. CIE 问讯处台面为 500lx，美国为 150lx，根据我国情况，定为 200lx。

3. 候车（机、船）室的照度目前我国多数在 150lx 以上。CIE 标准规定为 200lx；而日本根据客流量分为三级，A 级为 500lx，B 级为 300lx，C 级为 100lx；美国标准规定为 150lx。本标准将候车（机、船）室（厅）分为普通和高档二类，普通定为 150lx，高档定为 200lx。贵宾休息室的照度适当提高，定为 300lx。

4. 中央大厅和售票厅的照度目前我国多数场所较高。CIE 标准规定为 200lx，美国为 300lx，参照 CIE 标准规定，本标准定为 200lx。

5. 海关、护照检查参照 CIE 标准规定，本标准定为 500lx。

6. 安全检查的照度多数大于 200lx。CIE 标准规定为 300lx，美国为 200lx，本标准定为 300lx。

7. 换票和行李托运的照度多数大于 200lx。而 CIE 标准为 300lx，美国规定为 200lx，本标准定为 300lx。

8. 行李认领、到达大厅和出发大厅的照度多数在 200lx 左右。而 CIE 和美国标准均为 200lx，日本分为 A、B、C 三级，本标准参照 CIE 标准，定为 200lx。

9. 通道、连接区、扶梯的照度为 175～190lx。而 CIE 标准规定为 150lx，日本分为三级，本标准定为 150lx。

10. 本标准有棚站台定为 75lx，无棚站台定为 50lx，符合现今的实际情况。

11. 地铁站厅和门厅的照度标准分为普通和高档二类，参照同类场所的照度标准制定。

12. 交通建筑房间或场所的统一眩光值（UGR）和显色指数（R_a）是根据 CIE 标准《室内工作场所照明》S 008/E-2001 制订的。

13. 交通建筑房间或场所的均匀度（U_0）是参照欧洲《室内工作场所照明》EN 12464-1（2011）制订的。

5.3.11 金融建筑照明标准值应符合表 5.3.11 的规定。

表 5.3.11　金融建筑照明标准值

房间及场所		参考平面及其高度	照度标准值（lx）	UGR	U_0	R_a
营业大厅		地　面	200	22	0.60	80
营业柜台		台　面	500	—	0.60	80
客户服务中心	普　通	0.75m 水平面	200	22	0.60	60
	贵宾室	0.75m 水平面	300	22	0.60	80
交易大厅		0.75m 水平面	300	22	0.60	80
数据中心主机房		0.75m 水平面	500	19	0.60	80
保管库		地　面	200	22	0.40	80
信用卡作业区		0.75m 水平面	300	19	0.60	80
自助银行		地　面	200	19	0.60	80

注：本表适用于银行、证券、期货、保险、电信、邮政等行业，也适用于类似用途（如供电、供水、供气）的营业厅、柜台和客服中心。

【释义】

随着我国经济的快速发展，近年来新建了大量专门用于金融业务的金融建筑。金融建筑通常指为银行业及其衍生品交易、证券交易、商品及期货交易、保险业等金融业务服务的建筑，其内部场所主要为服务于金融业务的营业大厅、交易大厅、数据中心等。这些场所的照度标准参照其他建筑同类场所的标准制定。

5.3.12 体育建筑照明标准值应符合下列规定：

1 无电视转播的体育建筑照明标准值应符合表 5.3.12-1 的规定；

2 有电视转播的体育建筑照明标准值应符合表 5.3.12-2 的规定。

表 5.3.12-1　无电视转播的体育建筑照明标准值

运动项目		参考平面及其高度	照度标准值（lx）			R_a		眩光指数（GR）	
			训练和娱乐	业余比赛	专业比赛	训练	比赛	训练	比赛
篮球、排球、手球、室内足球		地面	300	500	750	65	65	35	30
体操、艺术体操、技巧、蹦床、举重		台面							
速度滑冰		冰面							
羽毛球		地面	300	750/500	1000/500	65	65	35	30
乒乓球、柔道、摔跤、跆拳道、武术		台面	300	500	1000	65	65	35	30
冰球、花样滑冰、冰上舞蹈、短道速滑		冰面							
拳击		台面	500	1000	2000	65	65	35	30
游泳、跳水、水球、花样游泳		水面	200	300	500	65	65	—	—
马术		地面							
射击、射箭	射击区、弹（箭）道区	地面	200	200	300	65	65	—	—
	靶心	靶心垂直面	1000	1000	1000				
击剑		地面	300	500	750	65	65	—	—
		垂直面	200	300	500				
网球	室外	地面	300	500/300	750/500	65	65	55	50
	室内							35	30
场地自行车	室外	地面	200	500	750	65	65	55	50
	室内							35	30
足球、田径		地面	200	300	500	20	65	55	50
曲棍球		地面	300	500	750	20	65	55	50
棒球、垒球		地面	300/200	500/300	750/500	20	65	55	50

注：1　当表中同一格有两个值时，"/"前为内场的值，"/"后为外场的值；

　　2　表中规定的照度应为比赛场地参考平面上的使用照度。

表 5.3.12-2 有电视转播的体育建筑照明标准值

运动项目		参考平面及其高度	照度标准值（lx）			R_a		T_{cp}（K）		眩光指数（GR）
			国家、国际比赛	重大国际比赛	HDTV	国家、国际比赛 重大国际比赛	HDTV	国家、国际比赛 重大国际比赛	HDTV	
篮球、排球、手球、室内足球、乒乓球		地面 1.5m	1000	1400	2000	≥80	>80	≥4000	≥5500	30
体操、艺术体操、技巧、蹦床、柔道、摔跤、跆拳道、武术、举重		台面 1.5m								
击剑		台面 1.5m								—
游泳、跳水、水球、花样游泳		水面 0.2m								—
冰球、花样滑冰、冰上舞蹈、短道速滑、速度滑冰		冰面 1.5m								30
羽毛球		地面 1.5m	1000/750	1400/1000	2000/1400					30
拳击		台面 1.5m	1000	2000	2500					30
射箭	射击区、箭道区	地面 1.0m	500	500	500					—
	靶心	靶心垂直面	1500	1500	2000					—
场地自行车	室内	地面 1.5m	1000	1400	2000					30
	室外									50
足球、田径、曲棍球		地面 1.5m								50
马术		地面 1.5m								—
网球	室内	地面 1.5m	1000/750	1400/1000	2000/1400					30
	室外									50
棒球、垒球		地面 1.5m								50
射击	射击区、弹道区	地面 1.0m	500	500	500	≥80		≥3000	≥4000	—
	靶心	靶心垂直面	1500	1500	2000					—

注：1 HDTV 指高清晰度电视，其特殊显色指数 R_9 应大于零；

2 表中同一格有两个值时，"/"前为内场的值，"/"后为外场的值；

3 表中规定的照度除射击、射箭外，其他均应为比赛场地主摄像机方向的使用照度值。

【释义】

本条是参照 CIE 出版物《体育赛事中用于彩电和摄影照明的实用设计指南》No.169（2005）制订的。

【释义】

本条是参照 CIE 出版物《体育赛事中用于彩电和摄影照明的实用设计指南》No. 169（2005）制订的。

5.4 工 业 建 筑

5.4.1 工业建筑一般照明标准值应符合表 5.4.1 的规定。

表 5.4.1 工业建筑一般照明标准值

房间或场所		参考平面及其高度	照度标准值(lx)	UGR	U_0	R_a	备 注
1 机、电工业							
机械加工	粗加工	0.75m 水平面	200	22	0.40	60	可另加局部照明
	一般加工公差≥0.1mm	0.75m 水平面	300	22	0.60	60	应另加局部照明
	精密加工公差<0.1mm	0.75m 水平面	500	19	0.70	60	应另加局部照明
机电仪表装配	大件	0.75m 水平面	200	25	0.60	80	可另加局部照明
	一般件	0.75m 水平面	300	25	0.60	80	可另加局部照明
	精密	0.75m 水平面	500	22	0.70	80	应另加局部照明
	特精密	0.75m 水平面	750	19	0.70	80	应另加局部照明
电线、电缆制造		0.75m 水平面	300	25	0.60	60	—
线圈绕制	大线圈	0.75m 水平面	300	25	0.60	80	—
	中等线圈	0.75m 水平面	500	22	0.60	80	可另加局部照明
	精细线圈	0.75m 水平面	750	19	0.70	80	应另加局部照明
线圈浇注		0.75m 水平面	300	25	0.60	80	—
焊接	一般	0.75m 水平面	200	—	0.60	60	—
	精密	0.75m 水平面	300	—	0.70	60	—
钣金		0.75m 水平面	300	—	0.60	60	—
冲压、剪切		0.75m 水平面	300	—	0.60	60	—
热处理		地面至 0.5m 水平面	200	—	0.60	20	—

续表 5.4.1

房间或场所		参考平面及其高度	照度标准值(lx)	UGR	U_0	R_a	备　注
铸造	熔化、浇铸	地面至 0.5m 水平面	200	—	0.60	20	—
	造型	地面至 0.5m 水平面	300	25	0.60	60	—
精密铸造的制模、脱壳		地面至 0.5m 水平面	500	25	0.60	60	—
锻工		地面至 0.5m 水平面	200	—	0.60	20	—
电镀		0.75m 水平面	300	—	0.60	80	—
喷漆	一般	0.75m 水平面	300	—	0.60	80	—
	精细	0.75m 水平面	500	22	0.70	80	—
酸洗、腐蚀、清洗		0.75m 水平面	300	—	0.60	80	—
抛光	一般装饰性	0.75m 水平面	300	22	0.60	80	应防频闪
	精细	0.75m 水平面	500	22	0.70	80	应防频闪
复合材料加工、铺叠、装饰		0.75m 水平面	500	22	0.60	80	—
机电修理	一般	0.75m 水平面	200	—	0.60	60	可另加局部照明
	精密	0.75m 水平面	300	22	0.70	60	可另加局部照明
2　电子工业							
整机类	整机厂	0.75m 水平面	300	22	0.60	80	—
	装配厂房	0.75m 水平面	300	22	0.60	80	应另加局部照明
元器件类	微电子产品及集成电路	0.75m 水平面	500	19	0.70	80	—
	显示器件	0.75m 水平面	500	19	0.70	80	可根据工艺要求降低照度值
	印制线路板	0.75m 水平面	500	19	0.70	80	—
	光伏组件	0.75m 水平面	300	19	0.60	80	—
	电真空器件、机电组件等	0.75m 水平面	500	19	0.60	80	—

续表 5.4.1

房间或场所		参考平面及其高度	照度标准值（lx）	UGR	U_0	R_a	备 注
电子材料类	半导体材料	0.75m 水平面	300	22	0.60	80	—
	光纤、光缆	0.75m 水平面	300	22	0.60	80	—
酸、碱、药液及粉配制		0.75m 水平面	300	—	0.60	80	—
3 纺织、化纤工业							
纺织	选毛	0.75m 水平面	300	22	0.70	80	可另加局部照明
	清棉、和毛、梳毛	0.75m 水平面	150	22	0.60	80	—
	前纺：梳棉、并条、粗纺	0.75m 水平面	200	22	0.60	80	—
	纺纱	0.75m 水平面	300	22	0.60	80	—
	织布	0.75m 水平面	300	22	0.60	80	—
织袜	穿综筘、缝纫、量呢、检验	0.75m 水平面	300	22	0.70	80	可另加局部照明
	修补、剪毛、染色、印花、裁剪、熨烫	0.75m 水平面	300	22	0.70	80	可另加局部照明
化纤	投料	0.75m 水平面	100	—	0.60	80	—
	纺丝	0.75m 水平面	150	22	0.60	80	—
	卷绕	0.75m 水平面	200	22	0.60	80	—
	平衡间、中间贮存、干燥间、废丝间、油剂高位槽间	0.75m 水平面	75	—	0.60	60	—
	集束间、后加工间、打包间、油剂调配间	0.75m 水平面	100	25	0.60	60	—
	组件清洗间	0.75m 水平面	150	25	0.60	60	—
	拉伸、变形、分级包装	0.75m 水平面	150	25	0.70	80	操作面可另加局部照明
	化验、检验	0.75m 水平面	200	22	0.70	80	可另加局部照明
	聚合车间、原液车间	0.75m 水平面	100	22	0.60	60	—

续表 5.4.1

房间或场所		参考平面及其高度	照度标准值(lx)	UGR	U_0	R_a	备 注
4 制药工业							
制药生产：配制、清洗灭菌、超滤、制粒、压片、混匀、烘干、灌装、轧盖等		0.75m 水平面	300	22	0.60	80	—
制药生产流转通道		地 面	200	—	0.40	80	—
更衣室		地 面	200	—	0.40	80	—
技术夹层		地 面	100	—	0.40	40	—
5 橡胶工业							
炼胶车间		0.75m 水平面	300	—	0.60	80	—
压延压出工段		0.75m 水平面	300	—	0.60	80	—
成型裁断工段		0.75m 水平面	300	22	0.60	80	—
硫化工段		0.75m 水平面	300	—	0.60	80	—
6 电力工业							
火电厂锅炉房		地 面	100	—	0.60	60	—
发电机房		地 面	200	—	0.60	60	—
主控室		0.75m 水平面	500	19	0.60	80	—
7 钢铁工业							
炼铁	高炉炉顶平台、各层平台	平台面	30	—	0.60	60	—
	出铁场、出铁机室	地 面	100	—	0.60	60	—
	卷扬机室、碾泥机室、煤气清洗配水室	地 面	50	—	0.60	60	—
炼钢及连铸	炼钢主厂房和平台	地面、平台面	150	—	0.60	60	需另加局部照明
	连铸浇注平台、切割区、出坯区	地 面	150	—	0.60	60	需另加局部照明
	精整清理线	地 面	200	25	0.60	60	—

续表 5.4.1

房间或场所		参考平面及其高度	照度标准值(lx)	UGR	U_0	R_a	备 注
轧钢	棒线材主厂房	地面	150	—	0.60	60	—
	钢管主厂房	地面	150	—	0.60	60	—
	冷轧主厂房	地面	150	—	0.60	60	需另加局部照明
	热轧主厂房、钢坯台	地面	150	—	0.60	60	—
	加热炉周围	地面	50	—	0.60	20	—
	垂绕、横剪及纵剪机组	0.75m 水平面	150	25	0.60	80	—
	打印、检查、精密分类、验收	0.75m 水平面	200	22	0.70	80	—
8 制浆造纸工业							
备料		0.75m 水平面	150	—	0.60	60	—
蒸煮、选洗、漂白		0.75m 水平面	200	—	0.60	60	—
打浆、纸机底部		0.75m 水平面	200	—	0.60	60	—
纸机网部、压榨部、烘缸、压光、卷取、涂布		0.75m 水平面	300	—	0.60	60	—
复卷、切纸		0.75m 水平面	300	25	0.60	60	—
选纸		0.75m 水平面	500	22	0.60	60	—
碱回收		0.75m 水平面	200	—	0.60	60	—
9 食品及饮料工业							
食品	糕点、糖果	0.75m 水平面	200	22	0.60	80	—
	肉制品、乳制品	0.75m 水平面	300	22	0.60	80	—
饮料		0.75m 水平面	300	22	0.60	80	—
啤酒	糖化	0.75m 水平面	200	—	0.60	80	—
	发酵	0.75m 水平面	150	—	0.60	80	—
	包装	0.75m 水平面	150	25	0.60	80	—
10 玻璃工业							
备料、退火、熔制		0.75m 水平面	150	—	0.60	60	—
窑炉		地面	100	—	0.60	20	—

续表 5.4.1

房间或场所	参考平面及其高度	照度标准值（lx）	UGR	U_0	R_a	备 注
11 水泥工业						
主要生产车间（破碎、原料粉磨、烧成、水泥粉磨、包装）	地面	100	—	0.60	20	—
储存	地面	75	—	0.60	60	—
输送走廊	地面	30	—	0.40	20	—
粗坯成型	0.75m 水平面	300	—	0.60	60	—
12 皮革工业						
原皮、水浴	0.75m 水平面	200	—	0.60	60	—
转毂、整理、成品	0.75m 水平面	200	22	0.60	60	可另加局部照明
干燥	地面	100	—	0.60	20	—
13 卷烟工业						
制丝车间 一般	0.75m 水平面	200	—	0.60	80	—
制丝车间 较高	0.75m 水平面	300	—	0.70	80	—
卷烟、接过滤嘴、包装、滤棒成型车间 一般	0.75m 水平面	300	22	0.60	80	—
卷烟、接过滤嘴、包装、滤棒成型车间 较高	0.75m 水平面	500	22	0.70	80	—
膨胀烟丝车间	0.75m 水平面	200	—	0.60	60	—
贮叶间	1.0m 水平面	100	—	0.60	60	—
贮丝间	1.0m 水平面	100	—	0.60	60	—
14 化学、石油工业						
厂区内经常操作的区域，如泵、压缩机、阀门、电操作柱等	操作位高度	100	—	0.60	20	—
装置区现场控制和检测点，如指示仪表、液位计等	测控点高度	75	—	0.70	60	—
人行通道、平台、设备顶部	地面或台面	30	—	0.60	20	—

续表 5.4.1

房间或场所		参考平面及其高度	照度标准值(lx)	UGR	U₀	Rₐ	备 注
装卸站	装卸设备顶部和底部操作位	操作位高度	75	—	0.60	20	—
	平台	平台	30	—	0.60	20	—
电缆夹层		0.75m 水平面	100	—	0.40	60	—
避难间		0.75m 水平面	150	—	0.40	60	—
压缩机厂房		0.75m 水平面	150	—	0.60	60	—
15 木业和家具制造							
一般机器加工		0.75m 水平面	200	22	0.60	60	应防频闪
精细机器加工		0.75m 水平面	500	19	0.70	80	应防频闪
锯木区		0.75m 水平面	300	25	0.60	60	应防频闪
模型区	一般	0.75m 水平面	300	22	0.60	60	—
	精细	0.75m 水平面	750	22	0.70	80	—
胶合、组装		0.75m 水平面	300	25	0.60	60	—
磨光、异形细木工		0.75m 水平面	750	22	0.70	80	—

注：需增加局部照明的作业面，增加的局部照明照度值宜按该场所一般照明照度值的 1.0～3.0 倍选取。

【释义】

本条与国家标准《建筑照明设计标准》GB 50034－2004 相比，增加了部分工作场所及其照度标准值。

表 5.4-1 工业建筑国内外照度标准值对比 单位：lx

房间或场所		CIE S 008/E-2001	德国 DIN5035-1990	美国 IESNA-2011	日本 JIS Z 9110-2010	俄罗斯 СНиП23-05-95	欧盟 EN12464-1-2011	本标准
1 机、电工业								
机械加工	粗加工	—	—	300	200	200(1000)	—	200
	一般加工公差≥0.1mm	300	300	500	500	200(1500)	300	300
	精密加工公差<0.1mm	500	500	3000	1500	200(2000)	500	500

续表 5.4-1

房间或场所		CIE S 008/E-2001	德国 DIN5035-1990	美国 IESNA-2011	日本 JIS Z 9110-2010	俄罗斯 CHиΠ23-05-95	欧盟 EN12464-1-2011	本标准
机电仪表装配	大件	200	200	300	200	200(500)	200	200
	一般件	300	300	500	500	300(750)	300	300
	精密	500	500	3000	1500	—	500	500
	特精密				2000			750
电线、电缆制造		300	300	—	500	—	300	300
线圈绕制	大线圈	300	300	—	200	—	300	300
	中等线圈	500	500	—	500	—	500	500
	精细线圈	750	1000	—	750	—	750	750
线圈浇注		300	300	—	—	—	300	300
焊接	一般	300	300	300	200	200	300	200
	精密	300	300	3000	500	200	300	300
钣金		300	300	—	—	—	300	300
冲压、剪切		300	200	300，500，1000	—	—	300	300
热处理		—	—	—	—	—	—	200
铸造	熔化、浇铸	200	300 200	—	—	—	200	200
	造型	500	500	—	—	—	500	300
精密铸造的制模、脱壳		—	—	—	750	—	—	500
锻工		300 200	200	—	—	200	300 200	200
电镀		300	300	—	—	200(500)	300	300
喷漆	一般	750	500	300~500 1000	500	200	750	300
	精细				750	300		500
酸洗、腐蚀、清洗		—	—	—	—	—	—	300
抛光	一般装饰性		500	300~500 1000	500	—	—	300
	精细				750	—	—	500
复合材料加工、铺叠、装饰		—	—	—	—	—	—	500

续表 5.4-1

房间或场所		CIE S 008/E-2001	德国 DIN5035-1990	美国 IESNA-2011	日本 JIS Z 9110-2010	俄罗斯 СНиП23-05-95	欧盟 EN12464-1-2011	本标准
机电修理	一般	—	200	500	750	300(750)	—	200
	精密	—	500		1500		—	300
2 电子工业								
整机类	整机厂	—	—	—	—	—	—	300
	装配厂房	—	—	—	—	—	—	300
元器件类	微电子产品及集成电路	1500	1000	—	1500~2000		1500	500
	显示器件	1500	1000	—			1500	500
	印制线路板	—	—	—	—		—	500
	光伏组件	—	—	—	—		—	300
	电真空器件、机电组件等	—	—	—	—		—	500
电子材料类	半导体材料	—	—	—	—		—	300
	光纤、光缆	—	—	—	—		—	300
酸、碱、药液及粉配制		—	—	—	—		—	300
3 纺织、化纤工业								
纺织	选毛			—	—	—		300
	清棉、和毛、梳毛	300	200~1000	—	—	—	300	150
	前纺：梳棉、并条、粗纺			—	—	—		200
	纺纱	500		—	—	—	500	300
	织布			—	—	—		300
织袜	穿棕筘、缝纫、量呢、检验	750		—	—	—	750	300
	修补、剪毛、染色、印花、裁剪、熨烫	500~1000		—	—	—	500~1000	300

续表 5.4-1

房间或场所		CIE S 008/E-2001	德国 DIN5035-1990	美国 IESNA-2011	日本 JIS Z 9110-2010	俄罗斯 CHиП23-05-95	欧盟 EN12464-1-2011	本标准
化纤	投料	200	—	—	—	—	200	100
	纺丝	300	—	—	—	—	300	150
	卷绕	500	—	—	—	—	500	200
	平衡间、中间贮存、干燥间、废丝间、油剂高位槽间	—	—	—	—	—	—	75
	集束间、后加工间、打包间、油剂调配间	—	—	—	—	—	—	100
	组件清洗间	—	—	—	—	—	—	150
	拉伸、变形、分级包装	—	—	—	—	—	—	150
	化验、检验	—	—	—	—	—	—	200
	聚合车间、原液车间	—	—	—	—	—	—	100
4 制药工业								
制药生产：配制、清洗灭菌、超滤、制粒、压片、混匀、烘干、灌装、轧盖等		500	—	—	—	—	500	300
制药生产流转通道			—	—	—	—		200
更衣室		—	—	—	—	—	—	200
技术夹层		—	—	—	—	—	—	100
5 橡胶工业								
炼胶车间		500	—	—	—	—	500	300
压延压出工段			—	500	—	—		300
成型裁断工段			—	500	—	—		300
硫化工段			—	—	—	—		300
6 电力工业								
火电厂锅炉房		200	100	150	—	75	200	100
发电机房		200	100	300	—	—	200	200
主控制室		500	300	300	—	150～300	500	500

续表 5.4-1

房间或场所		CIE S 008/E-2001	德国 DIN5035-1990	美国 IESNA-2011	日本 JIS Z 9110-2010	俄罗斯 CHиП23-05-95	欧盟 EN12464-1-2011	本标准
7 钢铁工业								
炼铁	高炉炉顶平台、各层平台	—	50~200	100	—	—	—	30
	出铁场、出铁机室	—	—	—	—	—	—	100
	卷扬机室、碾泥机室、煤气清洗配水室	—	—	—	—	—	—	50
炼钢及连铸	炼钢主厂房和平台	—	50~200	—	—	—	—	150
	连铸浇注平台、切割区、出坯区	—	—	—	—	—	—	150
	精整清理线	300	50~200	—	—	—	—	200
轧钢	棒线材主厂房	—	50~200	500	—	—	—	150
	钢管主厂房	—	—	500	—	—	—	150
	冷轧主厂房	—	—	300	—	—	—	150
	热轧主厂房、钢坯台	—	—	300	—	—	—	150
	加热炉周围	—	—	—	—	—	—	50
	垂绕、横剪及纵剪机组	300	—	—	—	—	300	150
	打印、检查、精密分类、验收	500	—	1000~2000	—	—	500	200
8 制浆造纸工业								
	备料	200	200~500	—	—	—	200	150
	蒸煮、选洗、漂白	300	—	300	—	—	300	200
	打浆、纸机底部	300	—	300	—	—	300	200
	纸机网部、压榨部、烘缸、压光、卷取、涂布	300	—	750	—	—	300	300

续表 5.4-1

房间或场所		CIE S 008/E-2001	德国 DIN5035-1990	美国 IESNA-2011	日本 JIS Z 9110-2010	俄罗斯 СНиП23-05-95	欧盟 EN12464-1-2011	本标准
复卷、切纸		300	—	750	—	—	300	300
选纸		300	—	—	—	—	300	500
碱回收		—	—	—	—	—	—	200
9 食品及饮料工业								
食品	糕点、糖果	200～300	—	300	—	—	200～300	200
	肉制品、乳制品	500	—	300	—	—	500	300
饮料		—	—	—	—	—	—	300
啤酒	糖化	200	—	—	—	—	200	200
	发酵	200	—	—	—	—	200	150
	包装	300	—	—	—	—	300	150
10 玻璃工业								
备料、退火、熔制		300	300	150	—	—	300	150
窑炉		50	200	150	—	—	50	100
11 水泥工业								
主要生产车间(破碎、原料粉磨、烧成、水泥粉磨、包装)		200～300	200	—	—	—	200～300	100
贮存		—	—	—	—	—	—	75
输送走廊		—	—	—	—	—	—	30
粗坯成型		300	200	—	—	—	300	300
12 皮革工业								
原皮、水浴		200	200	—	—	—	200	200
转毂、整理、成品		300	300	—	—	—	300	200
干燥		—	—	—	—	—	—	100
13 卷烟工业								
制丝车间	一般	200～300	200～300	300	—	—	200～300	200
	较高	—	—		—	—	—	300
卷烟、接过滤嘴、包装、滤棒成型车间	一般	500	500	1500	—	—	500	300
	较高	—	—	—	—	—	—	500
膨胀烟丝车间		—	—	—	—	—	—	200
贮叶间		—	—	—	—	—	—	100

续表 5.4-1

房间或场所		CIE S 008/E-2001	德国 DIN5035-1990	美国 IESNA-2011	日本 JIS Z 9110-2010	俄罗斯 CHиП23-05-95	欧盟 EN12464-1-2011	本标准
贮丝间		—	—	—	—	—	—	100
14　化学、石油工业								
厂区内经常操作的区域,如泵、压缩机、阀门、电操作柱等		50~300	50~200	—	200	—	50~300	100
装置区现场控制和检测点,如指示仪表、液位计等		—	—	—	—	—	—	75
人行通道、平台、设备顶部		—	—	—	150	—	—	30
装卸站	装卸设备顶部和底部操作位	—	—	—	—	—	—	75
	平台	—	—	—	—	—	—	30
电缆夹层		—	—	—	—	—	—	100
避难层		—	—	—	—	—	—	150
压缩机厂房		—	—	—	200	—	—	150
15　木业和家具制造								
一般机器加工		—	300	300	—	200 (1000)	—	200
精细机器加工		500	500	500~1000	—		500	500
锯木区		300	200	—	—		300	300
模型区	一般	750	500	—	—	200 (1000)	750	300
	精细			—	—			750
胶合、组装		300	300	—	—	200 (1000)	300	300
磨光,异形细木工		750	—	—	—		750	750

注:　1　本节工业建筑场所规定的照度都是一般照明的平均照度值,部分场所需要另外增设局部照明,其照度值按作业的精细程度不同,可按一般照明照度的 1.0~3.0 倍选取。

2　表中数值后带"(　)"中的数值,系指包括局部照明在内的混合照明照度值。

3　表中 CIE 标准及各国标准数值有一部分系参照同类车间的相同工作场所的照度值。而不是标准实际规定的数值。

5.5　通用房间或场所

5.5.1　公共和工业建筑通用房间或场所照明标准值应符合表 5.5.1 的规定。

表5.5.1 公共和工业建筑通用房间或场所照明标准值

房间或场所		参考平面及其高度	照度标准值（lx）	UGR	U₀	Rₐ	备 注
门厅	普通	地面	100	—	0.40	60	—
	高档	地面	200	—	0.60	80	—
走廊、流动区域、楼梯间	普通	地面	50	25	0.40	60	—
	高档	地面	100	25	0.60	80	—
自动扶梯		地面	150		0.60	60	—
厕所、盥洗室、浴室	普通	地面	75	—	0.40	60	—
	高档	地面	150	—	0.60	80	—
电梯前厅	普通	地面	75	—	0.40	60	—
	高档	地面	150	—	0.60	80	—
休息室		地面	100	22	0.40	80	—
更衣室		地面	150	22	0.40	80	—
储藏室		地面	100	—	0.40	60	—
餐厅		地面	200	22	0.60	80	—
公共车库		地面	50	—	0.60	60	—
公共车库检修间		地面	200	25	0.60	80	可另加局部照明
试验室	一般	0.75m水平面	300	22	0.60	80	可另加局部照明
	精细	0.75m水平面	500	19	0.60	80	可另加局部照明
检验	一般	0.75m水平面	300	22	0.60	80	可另加局部照明
	精细，有颜色要求	0.75m水平面	750	19	0.60	80	可另加局部照明
计量室，测量室		0.75m水平面	500	19	0.70	80	可另加局部照明
电话站、网络中心		0.75m水平面	500	19	0.60	80	—
计算机站		0.75m水平面	500	19	0.60	80	防光幕反射
变、配电站	配电装置室	0.75m水平面	200	—	0.60	80	—
	变压器室	地面	100	—	0.60	60	—
电源设备室、发电机室		地面	200	25	0.60	80	—
电梯机房		地面	200	25	0.60	80	—
控制室	一般控制室	0.75m水平面	300	22	0.60	80	—
	主控制室	0.75m水平面	500	19	0.60	80	—

续表 5.5.1

	房间或场所	参考平面及其高度	照度标准值 (lx)	UGR	U_0	R_a	备 注
动力站	风机房、空调机房	地面	100	—	0.60	60	—
	泵房	地面	100	—	0.60	60	—
	冷冻站	地面	150	—	0.60	60	—
	压缩空气站	地面	150	—	0.60	60	—
	锅炉房、煤气站的操作层	地面	100	—	0.60	60	锅炉水位表照度不小于50lx
仓库	大件库	1.0m 水平面	50	—	0.40	20	—
	一般件库	1.0m 水平面	100	—	0.60	60	—
	半成品库	1.0m 水平面	150	—	0.60	80	—
	精细件库	1.0m 水平面	200	—	0.60	80	货架垂直照度不小于50lx
	车辆加油站	地面	100	—	0.60	60	油表表面照度不小于50lx

【释义】

本条与国家标准《建筑照明设计标准》GB 50034-2004 相比，将公共场所、工业建筑的通用房间、变、配电站、动力站房、仓库等合并为公共和工业建筑通用房间或场所，扩大了标准的适用范围。

本条所指的公用场所是指公共建筑和工业建筑的公用场所，它们的照度标准值是参考 CIE 标准以及一些国家标准经综合分析研究后制订的。除公用楼梯、厕所、盥洗室、浴室、车库的照度比 CIE 标准的照度值有所降低外，其他均与 CIE 标准的规定照度相同，电梯前厅是参照 CIE 标准自动扶梯的照度值制订的。此外，将门厅、走廊、流动区域、楼梯、厕所、盥洗室、浴室、电梯前厅，根据不同要求，分为普通和高档二类，便于应用和节约能源。公用场所国内外照度标准值对比见表 5.5.1。

表 5.5-1 公用场所国内外照度标准值对比 单位：lx

房间或场所	CIE S 008/E-2001	德国 DIN5035-1990	美国 IESNA-2011	日本 JIS Z 9110-2010	俄罗斯 CHиП23-05-95	欧盟 EN12464-1-2011	本标准
门厅	100	相邻房间照度的2倍	100~150	200~500	30~150	—	100（普通）200（高档）

续表 5.5-1

房间或场所		CIE S 008/E-2001	德国 DIN5035-1990	美国 IESNA-2011	日本 JIS Z 9110-2010	俄罗斯 СНиП23-05-95	欧盟 EN12464-1-2011	本标准
走廊、流动区域、楼梯间		100	50	150	100~200	20~75	100	50（普通）100（高档）
自动扶梯		150	100	150	500~750（商店）	—	100	150
厕所、盥洗室、浴室		200	100	50~150	100~200	50~75	200	75（普通）150（高档）
电梯前厅		—	—	50	200~500	—		100（普通）150（高档）
休息室		100	100	50~100	75~150	50~75	100	100
更衣室		—	—	300	200		—	150
储藏室		100	50~200	50~100	75~150	75	100	100
餐厅		200		100~200			200	200
公共车库		75	—		30~150	—	75	50
公共车库检修间		—					—	200
试验室	一般	500	300		500		750	300
	精细				1000			500
检验	一般	750~1000	750	300	500	200	750~1000	300
	精细、有颜色要求			1000	1000			750
计量室、测量室		500		—	500		500	500
电话站、网络中心		—	300	200	500	150，200	500	500
计算机站		500		200	500		500	500
变、配电站	配电装置室	200~500	100	200	150~300	150，200	200	200
	变压器室	—				75	200	100
电源设备室、发电机室		200	100	200	150~300	150，200	200	200
电梯机房		200		200	150	—	200	200
控制室	一般控制室	300	—	100	300	150（300）	300	300
	主控制室	500			750		500	500

续表 5.5-1

房间或场所		CIE S 008/E- 2001	德国 DIN5035- 1990	美国 IESNA- 2011	日本 JIS Z 9110- 2010	俄罗斯 СНиП23- 05-95	欧盟 EN12464- 1-2011	本标准
动力站	风机房、空调机房	200	100	200	150~300	50	200	100
	泵房	200	100			150，200	200	100
	冷冻站	200	100			—	200	150
	压缩空气站	200				150，200		
	锅炉房、煤气站的操作层	200	100			50~150	200	100
仓库	大件库	100	50	50~100	100	50	100	50
	一般件库		100			75		100
	半成品库		—			—		150
	精细件库		200			200		200
车辆加油站		—	100	—	—			100

5.5.2 备用照明的照度标准值应符合下列规定：

1 供消防作业及救援人员在火灾时继续工作场所，应符合现行国家标准《建筑设计防火规范》GB 50016 的有关规定；

2 医院手术室、急诊抢救室、重症监护室等应维持正常照明的照度；

3 其他场所的照度值除另有规定外，不应低于该场所一般照明照度标准值的 10%。

【释义】

1. 要求执行现行国家标准《建筑设计防火规范》GB 50016 第 11.3.2 条第 4 款的强制性规定。该规定具体条文为："消防控制室、消防水泵房、自备发电机房、配电室、防烟与排烟机房以及发生火灾时仍需正常工作的其他房间的消防应急照明，仍应保证正常照明的照度"。

2. 是针对医疗抢救场所一般照明的规定，以尽量保证医疗抢救工作不受大的干扰。

3. 系对本标准 3.1.2 条的进一步规定。毕竟正常照明的失效会导致大部分场所的正常活动受到较大干扰且很难继续有效地维持下去，在场所内的关键部位设置一定数量的备用照明，主要是为了保证可以进行必要的处置措施以避免造成较大的损失。

5.5.3 安全照明的照度标准值应符合下列规定：

1 医院手术室应维持正常照明的 30% 照度；

2 其他场所不应低于该场所一般照明照度标准值的 10%，且不应低于 15lx。

【释义】

人员处于危险区域时应保证较高的平均水平照度以满足作业要求，本条规定是参照欧盟标准《Emergency Lighting》EN 1838 制订。

1. 在医疗手术的进行过程中，手术台上的操作照明是由不中断供电的手术无影灯来保证的，但在周围区域进行的如供血、供氧、麻醉和器械准备等辅助工作是在手术室一般照明下进行的，尽管设置了 100% 的备用照明，但因备用照明允许中断的时间较长，仍然可能某些未知的变化。因此应设置部分几乎不中断的安全照明（允许中断时间不大于 0.25s），以降低其危险性。

2. 人员处于潜在危险区域时应保证较高的水平照度（相对疏散照明而言）以满足人员对周围环境的迅速辨识。本条规定是参照欧盟标准《Emergency Lighting》EN 1838 制订，该规定原文如下："4.4.1 In areas of high risk the maintained illuminance on the reference plane shall be not less than 10% of the required maintained illuminance for that task, however it shall be not less than 15 lx. It shall be free of harmful stroboscopic effects"。

5.5.4 疏散照明的地面平均水平照度值应符合下列规定：

1 水平疏散通道不应低于 1lx，人员密集场所、避难层（间）不应低于 2lx；

2 垂直疏散区域不应低于 5lx；

3 疏散通道中心线的最大值与最小值之比不应大于 40：1；

4 寄宿制幼儿园和小学的寝室、老年公寓、医院等需要救援人员协助疏散的场所不应低于 5lx。

【释义】

疏散照明的地面水平照度值对于提高人员疏散速度是至关重要的。在通道内，疏散照明范围的宽度不宜小于 1.5m；在大面积场所内，应根据使用状况设置方便的疏散路线并保证其连续不中断的水平照度值。本条要求与《消防应急照明和疏散指示系统技术规范》GB 17945-2010 中的规定相一致。疏散照明的地面水平照度值对于提高人员疏散速度是至关重要的。

1. 在通道内，疏散照明范围的宽度不宜小于 1.5m，本标准采用平均水平照度不低于 1lx 与现行国家标准《建筑设计防火规范》GB 50016 第 11.3.2 条"疏散走道的地面最低水平照度不应低于 0.5 lx"并不矛盾，均应严格执行；

2. 人员密集场所"是指公众聚集场所，医院的门诊楼、病房楼，学校的教学楼、图书馆、食堂和集体宿舍，养老院，福利院，托儿所，幼儿园，公共图书馆的阅览室，公共展览馆、博物馆的展示厅，劳动密集型企业的生产加工车间和员工集体宿舍，旅游、宗教活动场所等"（摘自《中华人民共和国消防法》第七十三条）；

3. 垂直疏散区域是指建筑物内所有疏散楼梯间以及该楼梯间首层门口至室外安全区域的水平通道，较高的照度便于提高在楼梯间安全通行的速度；

4. 在大面积场所内，应根据使用状况设置方便的疏散路线并保证其连续不中断的水平照度值；

5. 疏散通道内地面水平照度值的变化不宜过大，以避免出现视觉失能而延缓疏散速度；

6. 孩子在灾害状态下易于受惊吓，较高照度可以适度平缓紧张情绪；老人视力下降、动作迟缓，病人行动困难或需要救援，提高照度有利于救援工作效率提高。

6 照 明 节 能

6.1 一 般 规 定

6.1.1 应在满足规定的照度和照明质量要求的前提下，进行照明节能评价。

【释义】

   以人为本是照明的目的，照明节能应该是在满足规定的照度和照明质量要求的前提下进行考核。本标准详细规定了各种照明场所的照度和照明质量的要求，也是评价照明节能的前提。

6.1.2 照明节能应采用一般照明的照明功率密度值（LPD）作为评价指标。

【释义】

   目前美国、日本、俄罗斯等国家均采用照明功率密度（LPD）作为建筑照明节能评价指标，其单位为 W/m^2，本标准也采用此评价指标。其值应符合第 6.3 节的规定。不应使用照明功率密度限值作为设计计算照度的依据。设计中应采用平均照度、点照度等计算方法，先计算照度，在满足照度标准值的前提下计算所用的灯数数量及照明负荷（包括光源、镇流器或变压器等灯的附属用电设备），再用 LPD 值作校验和评价。

6.1.3 照明设计的房间或场所的照明功率密度应满足本标准第 6.3 节规定的现行值的要求，本标准规定的目标值执行要求应由国家现行有关标准或相关主管部门规定。

【释义】

   本标准规定了两种照明功率密度值，即现行值和目标值。现行值是根据对国内各类建筑的照明能耗现状调研结果、我国建筑照明设计标准以及光源、灯具等照明产品的现有水平并参考国内外有关照明节能标准，经综合分析研究后制订的，其在本标准实施时执行。而目标值则是预测到几年后随着照明科学技术的进步、光源灯具等照明产品能效水平的提高，从而照明能耗会有一定程度的下降而制订的。目标值比现行值降低约为 $10\%\sim20\%$。目标值执行日期由标准主管部门决定。目标值的实施，可以由相关标准（如节能建筑、绿色建筑评价标准）规定，也可由全国或行业，或地方主管部门作出相关规定。

   照明设计时实际的 LPD 值应不大于标准规定的 LPD 现行值。如超出，则是"不合理"设计。因此要求设计师努力优化方案，力求降低实际LPD值，使之小于，甚至大大小于规定的LPD现行值，做到"良好"或"优秀"的节能设计。降低LPD值的技术措施和方法：①正确选择照度标准值；②选择最佳的照明方式；③选用高效的节能电光源；④选用高效节能的照明灯具等。

6.2　照　明　节　能　措　施

6.2.1　选用的照明光源、镇流器的能效应符合相关能效标准的节能评价值。

【释义】

到目前为止，我国已正式发布的照明产品能效标准已有8项，如表6.2-1所示。为推进照明节能，设计中应选用符合这些标准的"节能评价值"的产品。

表 6.2-1　我国已制定的照明产品能效标准

序号	标准编号	标准名称
1	GB 19415	单端荧光灯能效限定值及节能评价值
2	GB 19043	普通照明用双端荧光灯能效限定值及能效等级
3	GB 19044	普通照明用自镇流荧光灯能效限定值及能效等级
4	GB 17896	管型荧光灯镇流器能效限定值及能效等级
5	GB 19573	高压钠灯能效限定值及能效等级
6	GB 19574	高压钠灯用镇流器能效限定值及节能评价值
7	GB 20053	金属卤化物灯用镇流器能效限定值及能效等级
8	GB 20054	金属卤化物灯能效限定值及能效等级

表 6.2-2　单端荧光灯节能评价值

灯的类型	标称功率（W）	单端荧光灯初始光效（lm/W）	
		色调：RR，RZ	色调：RL，RB，RN，RD
		节能评价值	节能评价值
双管类	5	51	54
	7	53	57
	9	62	67
	11	75	80
	18	63	67
	24	70	75
	27	64	68

续表 6.2-2

灯的类型	标称功率（W）	单端荧光灯初始光效（lm/W）	
		色调：RR，RZ	色调：RL，RB，RN，RD
		节能评价值	节能评价值
双管类	28	69	73
	30	69	73
	36	76	81
	40	79	83
	55	77	82
	80	75	78
四管类	10	60	64
	13	65	69
	18	63	67
	26	64	67
	27	56	59
多管类	13	61	65
	18	63	67
	26	64	67
	32	68	75
	42	67	74
	57	68	75
	60	65	69
	62	65	69
	70	68	74
	82	69	75
	85	66	71
	120	68	75
方形	10	60	65
	16	63	67
	21	61	65
	24	63	67
	28	69	73
	36	69	73
	38	69	73

续表 6.2-2

灯的类型		标称功率（W）	单端荧光灯初始光效（lm/W）	
			色调：RR，RZ	色调：RL，RB，RN，RD
			节能评价值	节能评价值
环形	Φ29（卤粉）	22	—	—
		32	—	—
		40	—	—
	Φ29（三基色粉）	22	62	64
		32	70	74
		40	72	76
	Φ16	20	76	81
		22	74	78
		27	79	84
		34	81	87
		40	75	80
		41	81	87
		55	70	75
		60	75	80
RR 表示日光色（6500K）；RZ 表示中性白色（5000K）；RL 表示冷白色（4000K）；RB 表示白色（3500K）；RN 表示暖白色（3000K）；RD 表示白炽灯色（2700K）。				

注：本表引自《单端荧光灯能效限定值及节能评价值》GB 19415－2013

表 6.2-3 双端荧光灯各能效等级的初始光效

工作类型	标称管径（mm）	额定功率（W）	补充信息	GB/T 10682 参数表号	初始光效（lm/W）					
					RR,RZ			RL,RB,RN,RD		
					1级	2级	3级	1级	2级	3级
工作于交流电源频率带启动器的线路的预热阴极灯	26	18		2220	70	64	50	75	69	52
		30		2320	75	69	53	80	73	57
		36		2420	87	80	62	93	85	63
		58		2520	84	77	59	90	82	62
工作于高频线路预热阴极管	16	14	高光效系列	6520	80	77	69	86	82	75
		21	高光效系列	6530	84	81	75	90	86	83
		24	高光通系列	6620	68	66	65	73	70	67
		28	高光效系列	6640	87	83	77	93	89	82
		35	高光效系列	6650	88	84	75	94	90	82
		39	高光通系列	6730	74	71	79	79	75	71
		49	高光通系列	6750	82	79	75	88	84	79
		54	高光通系列	6840	77	73	67	82	78	72
		80	高光通系列	6850	72	69	63	77	73	67

续表 6.2-3

工作类型	标称管径 (mm)	额定功率 (W)	补充信息	GB/T 10682 参数表号	初始光效 (lm/W)					
					RR,RZ			RL,RB,RN,RD		
					1级	2级	3级	1级	2级	3级
工作于高频线路预热阴极管	26	16		7220	81	75	66	87	80	75
		23		7222	84	77	76	89	86	85
		32		7420	97	89	78	104	95	84
		45		7422	101	93	85	108	99	90

RR 表示日光色（6500K）；RZ 表示中性白色（5000K）；

RL 表示冷白色（4000K）；RB 表示白色（3500K）；RN 表示暖白色（3000K）；RD 表示白炽灯色（2700K）。

注：本表引自《普通照明用双端荧光灯能效限定值及能效等级》GB 19043－2013。

表 6.2-4 自镇流荧光灯能效等级

标称功率范围 (W)	初始光效 (lm/W)					
	能效等级（RR，RZ）			能效等级（RL，RB，RN，RD）		
	1级	2级	3级	1级	2级	3级
3	54	46	33	57	48	34
4	57	49	37	60	51	39
5	58	51	40	61	54	42
6	60	53	43	63	56	45
7	61	55	45	64	57	47
8	62	56	47	65	59	49
9	63	57	48	66	60	51
10	63	58	50	66	61	52
11	64	59	51	67	62	53
12	64	59	52	67	62	54
13	65	60	53	68	63	55
14	65	61	53	68	64	56
15	65	61	54	69	64	57
16	66	61	55	69	64	58
17	66	62	55	69	65	58
18	66	62	56	70	65	59
19	67	62	56	70	66	59
20	67	63	57	70	66	60
21	67	63	57	70	66	60

续表6.2-4

标称功率范围 (W)	初始光效 (lm/W)					
	能效等级 (RR，RZ)			能效等级 (RL，RB，RN，RD)		
	1级	2级	3级	1级	2级	3级
22	67	63	57	70	66	60
23	67	63	58	71	67	61
24	67	64	58	71	67	61
25	68	64	58	71	67	61
26	68	64	59	71	67	62
27	68	64	59	71	67	62
28	68	64	59	71	68	62
29	68	64	59	71	68	62
30	68	65	60	72	68	63
31	68	65	60	72	68	63
32	68	65	60	72	68	63
33	68	65	60	72	68	63
34	68	65	60	72	68	63
35	68	65	60	72	68	63
36	69	65	60	72	68	64
37	69	65	61	72	68	64
38	69	65	61	72	68	64
39	69	65	61	72	68	64
40	69	65	61	72	69	64
41	69	65	61	72	69	64
42	69	65	61	72	69	64
43	69	65	61	72	69	64
44	69	65	61	72	69	64
45	69	65	61	72	69	64
46	69	65	61	72	69	64
47	69	65	61	72	69	65
48	69	65	61	72	69	65
49	69	65	62	72	69	65
50	69	65	62	72	69	65
51	69	65	62	72	69	65
52	69	65	62	72	69	65

续表 6.2-4

标称功率范围 (W)	初始光效 (lm/W)					
	能效等级 (RR, RZ)			能效等级 (RL, RB, RN, RD)		
	1 级	2 级	3 级	1 级	2 级	3 级
53	69	65	62	72	69	65
54	69	65	62	72	69	65
55	69	65	62	72	69	65
56	69	65	62	72	69	65
57	69	65	62	72	69	65
58	69	65	62	72	69	65
59	69	65	62	72	69	65
60	69	65	62	72	69	65

RR 表示日光色 (6500K)；RZ 表示中性白色 (5000K)；

RL 表示冷白色 (4000K)；RB 表示白色 (3500K)；RN 表示暖白色 (3000K)；RD 表示白炽灯色 (2700K)。

注：本表引自《普通照明用自镇流荧光灯能效限定值及能效等级》GB 19044－2013。

表 6.2-5 非调光电子镇流器能效等级

与镇流器配套灯的类型、规格等信息			镇流器效率 (%)			
类别	标称功率 (W)	国际代码	额定功率 (W)	1 级	2 级	3 级
T8	15	FD-15-E-G13-26/450	13.5	87.8	84.4	75.0
T8	18	FD-18-E-G13-26/600	16	87.8	84.2	76.2
T8	30	FD-30-E-G13-26/900	24	82.1	77.4	72.7
T8	36	FD-36-E-G13-26/1200	32	91.4	88.9	84.2
T8	38	FD-38-E-G13-26/1050	32	87.7	84.2	80.0
T8	58	FD-58-E-G13-26/1500	50	93.0	90.9	84.7
T8	70	FD-70-E-G13-26/1800	60	90.9	88.2	83.3
TC-L	18	FSD-18-E-2G11	16	87.7	84.2	76.2
TC-L	24	FSD-24-E-2G11	22	90.7	88.0	81.5
TC-L	36	FSD-36-E-2G11	32	91.4	88.9	84.2
TCF	18	FSS-18-E-2G10	16	87.7	84.2	76.2
TCF	24	FSS-24-E-2G10	22	90.7	88.0	81.5
TCF	36	FSS-36-E-2G10	32	91.4	88.9	84.2
TC-D/DE	10	FSQ-10-E-G24q=1 FSQ-10-I-G24d=1	9.5	89.4	86.4	73.1

续表 6.2-5

与镇流器配套灯的类型、规格等信息			镇流器效率（%）			
类别	标称功率（W）	国际代码	额定功率（W）	1级	2级	3级
TC-D/DE	13	FSQ-13-E-G24q＝1 FSQ-13-I-G24d＝1	12.5	91.7	89.3	78.1
TC-D/DE	18	FSQ-18-E-G24q＝2 FSQ-18-I-G24d＝2	16.5	89.9	86.8	78.6
TC-D/DE	26	FSQ-26-E-G24q＝3 FSQ-26-I-G24d＝3	24	91.4	88.9	82.8
TC-T/TE	13	FSM-13-E-GX24q＝1 FSM-13-I-GX24d＝1	12.5	91.7	89.3	78.1
TC-T/TE	18	FSM-18-E-GX24q＝2 FSM-18-I-GX24d＝2	16.5	89.9	86.8	78.6
TC-T/TC-TE	26	FSM-26-E-GX24q＝3 FSM-26-I-GX24d＝3	24	91.4	88.9	82.8
TC-DD/DDE	10	FSS-10-E-GR10q FSS-10-L/P/H-GR10q	9.5	86.4	82.6	70.4
TC-DD/DDE	16	FSS-16-E-GR10q FSS-16-I-GR8 FSS-10-L/P/H-GR10q	15	87.0	83.3	75.0
TC-DD/DDE	21	FSS-21-E-GR10q FSS-21-I-GR10q FSS-21-L/P/H-GR10q	19.5	89.7	86.7	78.0
TC-DD/DDE	28	FSS-28-E-GR10q FSS-28-I-GR8 FSS-28-L/P/H-GR10q	24.5	89.1	86.0	80.3
TC-DD/DDE	38	FSS-38-E-GR10q FSS-38-L/P/H-GR10q	34.5	92.0	89.6	85.2
TC	5	FSD-5-I-G23 FSD-5-E-2G7	5	72.7	66.7	58.8
TC	7	FSD-7-I-G23 FSD-7-E-2G7	6.5	77.6	72.2	65.0
TC	9	FSD-9-I-G23 FSD-9-E-2G7	8	78.0	72.7	66.7
TC	11	FSD-11-I-G23 FSD-11-E-2G7	11	83.0	78.6	73.3

续表 6.2-5

与镇流器配套灯的类型、规格等信息			镇流器效率（%）			
类别	标称功率（W）	国际代码	额定功率（W）	1级	2级	3级
T5	4	FD-4-E-G5-16/150	3.6	64.9	58.1	50.0
T5	6	FD-6-E-G5-16/225	5.4	71.3	65.1	58.1
T5	8	FD-8-E-G5-16/300	7.5	69.9	63.6	58.6
T5	13	FD-13-E-G5-16/525	12.8	84.2	80.0	75.3
T9-C	22	FSC-22-E-G10q-29/200	19	89.4	86.4	79.2
T9-C	32	FSC-32-E-G10q-29/300	30	88.9	85.7	81.1
T9-C	40	FSC-40-E-G10q-29/400	32	89.5	86.5	82.1
T2	6	FDH-6-L/P-W4.3x8.5d-7/220	5	72.7	66.7	58.8
T2	8	FDH-8-L/P-W4.3x8.5d-7/320	7.8	76.5	70.9	65.0
T2	11	FDH-11-L/P-W4.3x8.5d-7/420	10.8	81.8	77.1	72.0
T2	13	FDH-13-L/P-W4.3x8.5d-7/520	13.3	84.7	80.6	76.0
T5-E	14	FDH-14-G5-L/P-16/550	13.7	84.7	80.6	72.1
T5-E	21	FDH-21-G5-L/P-16/850	20.7	89.3	86.3	79.6
T5-E	24	FDH-24-G5-L/P-16/550	22.5	89.6	86.5	80.4
T5-E	28	FDH-28-G5-L/P-16/1150	27.8	89.8	86.9	81.8
T5-E	35	FDH-35-G5-L/P-16/1450	34.7	91.5	89.0	82.6
T5-E	39	FDH-39-G5-L/P-16/850	38	91.0	89.0	82.6
T5-E	49	FDH-49-G5-L/P-16/1450	49.3	91.6	89.2	84.6
T5-E	54	FDH-54-G5-L/P-16/1150	53.8	92.0	89.7	85.4
T5-E	80	FDH-80-G5-L/P-16/1150	80	93.0	90.9	87.0
T8	16	FDH-16-L/P-G13-26/600	16	87.4	83.2	78.3
T8	23	FDH-23-L/P-G13-26/600	23	89.2	85.6	80.4
T8	32	FDH-32-L/P-G13-26/1200	32	90.5	87.3	82.0
T8	45	FDH-45-L/P-G13-26/1200	45	91.5	88.7	83.4
T5-C	22	FSCH-22-L/P-2GX13-16/255	22.3	88.1	84.8	78.8
T5-C	40	FSCH-40-L/P-2GX13-16/300	39.9	91.4	88.9	83.3
T5-C	55	FSCH-55-L/P-2GX13-16/300	55	92.4	90.2	84.6
T5-C	60	FSCH-60-L/P-2GX13-16/375	60	93.0	90.9	85.7
TC-LE	40	FSDH-40-L/P-2G11	40	91.4	88.9	83.3
TC-LE	55	FSDH-55-L/P-2G11	55	92.4	90.2	84.6
TC-LE	80	FSDH-80-L/P-2G11	80	93.0	90.9	87.0

续表 6.2-5

与镇流器配套灯的类型、规格等信息			镇流器效率（%）			
类别	标称功率（W）	国际代码	额定功率（W）	1级	2级	3级
TC-TE	32	FSMH-32-L/P-GX24q＝3	32	91.4	88.9	82.1
TC-TE	42	FSMH-42-L/P-GX24q＝4	43	93.5	91.5	86.0
TC-TE	57	FSM6H-57-L/P-GX24q＝5 FSM8H-57-L/P-GX24q＝5	56	91.4	88.9	83.6
TC-TE	70	FSM6H-70-L/P-GX24q＝6 FSM8H-70-L/P-GX24q＝6	70	93.0	90.9	85.4
TC-TE	60	FSM6H-60-L/P-2G8＝1	63	92.3	90.0	84.0
TC-TE	62	FSM8H-62-L/P-2G8＝2	62	92.2	89.9	83.8
TC-TE	82	FSM8H-82-L/P-2G8＝2	82	92.4	90.1	83.7
TC-TE	85	FSM6H-85-L/P-2G8＝1	87	92.8	90.6	84.5
TC-TE	120	FSM6H-120-L/P-2G8＝1	122	92.6	90.4	84.7

注：1. 在多灯镇流器情况下，镇流的能效要求等同于单灯镇流器，计算时灯的功率取连接该镇流器上的灯的功率之和。

注：本表引自《管形荧光灯镇流器能效限定值及能效等级》GB 17896－2012。

表 6.2-6　25%流明输出时调光电子镇流器等级

调光镇流能效等级	系统输入功率（P_{in}）
1级	$0.5PLnom/\eta_{b1}$
2级	$0.5\ PLnom/\eta_{b2}$
3级	$0.5\ PLnom/\eta_{b3}$

注：η_{b1}为非调光电子镇流器1级能效值；η_{b2}为非调光电子镇流器2级能效值；η_{b3}为非调光电子镇流器3级能效值。

注：本表引自《管形荧光灯镇流器能效限定值及能效等级》GB 17896－2012。

6.2.2 照明场所应以用户为单位计量和考核照明用电量。

【释义】

提出以用户为单位计量和考核照明用要求，为便于节能与管理。

6.2.3 一般场所不应选用卤钨灯，对商场、博物馆显色要求高的重点照明可采用卤钨灯。

【释义】

卤钨灯是白炽灯的改进产品，比白炽灯光效稍高，但和现在的高效光源——荧光灯、陶瓷金属卤化物灯、发光二极管灯等相比，其光效仍低得太多，因此，不能广泛使用。本条规定可应用于商场中高档商品的重点照明（其显色性、定向性、光谱特性等条件优于其他光源）外，不应在旅馆客房的酒吧、床头、卫生间以及宾馆走廊、餐厅、电梯厅、大堂、电梯轿厢、厕所等场所应用。

6.2.4 一般照明不应采用荧光高压汞灯。

【释义】

和其他高强气体放电灯相比，荧光高压汞灯（包括自镇流荧光高压汞灯）光效较低，寿命较短，显色指数偏低，故不应采用。

6.2.5 一般照明在满足照度均匀度条件下，宜选择单灯功率较大、光效较高的光源。

【释义】

通常同类光源中单灯功率较大者，光效高，所以应选单灯功率较大的，但前提是应满足照度均匀度的要求。对于直管荧光灯，根据现今产品资料，长度为1200mm左右的灯管光效比长度600mm左右（即T8型18W，T5型14W）的灯管效率高，再加上其镇流器损耗差异，前者的节能效果十分明显。所以除特殊装饰要求者外，应选用前者（即28～45W灯管），而不应选用后者（14～18W灯管）。

6.2.6 当公共建筑或工业建筑选用单灯功率小于或等于25W的气体放电灯时，除自镇流荧光灯外，其镇流器宜选用谐波含量低的产品。

【释义】

按照国家标准《电磁兼容 限值 谐波电流发射限值（设备每相输入电流≤16A）》GB 17625.1对照明设备（C类设备）谐波限值的规定，对功率大于25W的放电灯的谐波限值规定较严，不会增加太大能耗；而对≤25W的放电灯规定的谐波限值很宽（3次谐波可达86%），将使中性线电流大大增加，超过相线电流达2.5倍以上，不利于节能和节材。所选用的镇流器宜满足下列条件之一：

1. 谐波限值宜符合现行国家标准《电磁兼容 限值 谐波电流发射限值（设备每相输入电流≤16A）》GB 17625.1规定的功率大于25W照明设备的谐波限值。

2. 3次谐波电流不宜大于基波电流的33%。

6.2.7 下列场所宜选用配用感应式自动控制的发光二极管灯：

1 旅馆、居住建筑及其他公共建筑的走廊、楼梯间、厕所等场所；

2 地下车库的行车道、停车位；

3 无人长时间逗留，只进行检查、巡视和短时操作等的工作的场所。

【释义】

这些场所有相当大的一部分时间无人通过或工作，而经常点亮全部或大部分照明灯，因此规定安装人体感应调光和发光二极管灯，当无人时，可调至10%～30%的照度，有很大的节能效果。

6.3　照明功率密度限值

6.3.1　住宅建筑每户照明功率密度限值宜符合表6.3.1的规定。

表6.3.1　住宅建筑每户照明功率密度限值

房间或场所	照度标准值（lx）	照明功率密度限值（W/m²）	
		现行值	目标值
起居室	100	≤6.0	≤5.0
卧　室	75		
餐　厅	150		
厨　房	100		
卫生间	100		
职工宿舍	100	≤4.0	≤3.5
车　库	30	≤2.0	≤1.8

【释义】

根据调查结果，约半数住户LPD在4～8W/m²之间，本标准现行值定为6W/m²，目标值定为5W/m²，比原标准降低14.3%。

表6.3-1　居住建筑国内外照明功率密度值对比　　　单位：W/m²

房间或场所	俄罗斯 МГСН 2.01-98	原标准（GB 50034-2004）			本标准		
		照明功率密度		对应照度（lx）	照明功率密度		对应照度（lx）
		现行值	目标值		现行值	目标值	
起居室	20	≤7	≤6	100	≤6	≤5	100
卧室				75			75
餐厅				150			150
厨房				100			100
卫生间				100			100

6.3.2　图书馆建筑照明功率密度限值应符合表6.3.2的规定。

表6.3.2　图书馆建筑照明功率密度限值

房间或场所	照度标准值（lx）	照明功率密度限值（W/m²）	
		现行值	目标值
一般阅览室、开放式阅览室	300	≤9.0	≤8.0
目录厅（室）、出纳室	300	≤11.0	≤10.0
多媒体阅览室	300	≤9.0	≤8.0
老年阅览室	500	≤15.0	≤13.5

【释义】

本条规定了图书馆建筑照明的功率密度值。但当符合标准第4.1.3和第4.1.4条的规定，照度标准值进行提高或降低时，照明功率密度值应按比例提高或折减。除此以外其他任何情况均不能提高或折减。

表 6.3-2　图书馆建筑照明功率密度限值　　　单位：W/m²

房间或场所	美国 ASHRAE /IESNA- 90.1-1999	美国 ASHRAE /IESNA- 90.1-2010	加州建筑照明节能规范-2008	香港地区建筑照明节能规范	本标准		
					照明功率密度		对应照度 (lx)
					现行值	目标值	
一般阅览室、开放式阅览室	19	10.0	12.9	13.0	≤9.0	≤8.0	300
目录厅（室）、出纳室	15	7.8	—	—	≤11.0	≤10.0	300
多媒体阅览室	—	—	—	13.0	≤9.0	≤8.0	300
老年阅览室	—	—	—	—	≤15.0	≤13.5	500

6.3.3 办公建筑和其他类型建筑中具有办公用途场所的照明功率密度限值应符合表6.3.3的规定。

表 6.3.3　办公建筑和其他类型建筑中具有办公用途场所
照明功率密度限值

房间或场所	照度标准值（lx）	照明功率密度限值（W/m²）	
		现行值	目标值
普通办公室	300	≤9.0	≤8.0
高档办公室、设计室	500	≤15.0	≤13.5
会议室	300	≤9.0	≤8.0
服务大厅	300	≤11.0	≤10.0

【释义】

本条为强制性条文，规定了办公建筑照明的功率密度值，取消了原标准中的对于办公建筑比较少的文件整理、复印、发行室和档案室，营业厅改为服务大厅。但当符合标准第4.1.3和第4.1.4条的规定，照度标准值进行提高或降低时，照明功率密度值应按比例提高或折减。除此以外其他任何情况均不能提高或折减。

表 6.3-3　办公建筑国内外照明功率密度值对比　　单位：W/m²

房间或场所	美国 ASHRAE /IESNA- 90.1-1999	美国 ASHRAE/ IESNA-90.1- 2010	日本 节能法 1999	俄罗斯 МГСН 2.01-98	原标准 (GB 50034-2004)			本标准		
					照明功率密度		对应 照度 (lx)	照明功率密度		对应 照度 (lx)
					现行值	目标值		现行值	目标值	
普通办公室	17.0(封闭)	11.9(封闭)	20	25	11	9	300	≤9.0	≤8.0	300
高档办公室 设计室	14.0(开敞)	10.5(开敞)			18	15	500	≤15.0	≤13.5	500
会议室	16.0	13.2	20	—	11	9	300	≤9.0	≤8.0	300
服务大厅	15.0	—	30	35	13	11	300	≤11.0	≤10.0	300

6.3.4　商店建筑照明功率密度限值应符合表 6.3.4 的规定。当商店营业厅、高档商店营业厅、专卖店营业厅需装设重点照明时，该营业厅的照明功率密度限值应增加 **5W/m²**。

表 6.3.4　商店建筑照明功率密度限值

房间或场所	照度标准值(lx)	照明功率密度限值(W/m²)	
		现行值	目标值
一般商店营业厅	300	≤10.0	≤9.0
高档商店营业厅	500	≤16.0	≤14.5
一般超市营业厅	300	≤11.0	≤10.0
高档超市营业厅	500	≤17.0	≤15.5
专卖店营业厅	300	≤11.0	≤10.0
仓储超市	300	≤11.0	≤10.0

【释义】

　　本条为强制性条文，规定了商店建筑照明的功率密度值，在原标准的基础上增加了专卖店营业厅和仓储超市。但当符合标准第 4.1.3 和第 4.1.4 条的规定，照度标准值进行提高或降低时，照明功率密度值应按比例提高或折减。除此以外其他任何情况均不能提高或折减。

6 照 明 节 能

表 6.3-4　商店建筑国内外照明功率密度值对比　　单位：W/m²

房间或场所	美国 ASHRAE/IESNA-90.1-1999	美国 ASHRAE/IESNA-90.1-2010	新加坡建筑设备及运行节能标准 SS 530：2006	俄罗斯 МГСН 2.01-98	原标准 (GB 50034-2004) 照明功率密度 现行值	目标值	对应照度(lx)	本标准 照明功率密度 现行值	目标值	对应照度(lx)
一般商店营业厅	22.6	18.1	30	25	12	10	300	≤10.0	≤9.0	300
高档商店营业厅					19	16	500	≤16.0	≤14.5	500
一般超市营业厅	19.4	—	30	35	13	11	300	≤11.0	≤10.0	300
高档超市营业厅					20	17	500	≤17.0	≤15.5	500
专卖店营业厅	15.07	—	30	35	13	11	300	≤11.0	≤10.0	300
仓储超市	—						—	≤11.0	≤10.0	300

6.3.5　旅馆建筑照明功率密度限值应符合表 6.3.5 的规定。

表 6.3.5　旅馆建筑照明功率密度限值

房间或场所	照度标准值(lx)	照明功率密度限值(W/m²) 现行值	目标值
客房	—	≤7.0	≤6.0
中餐厅	200	≤9.0	≤8.0
西餐厅	150	≤6.5	≤5.5
多功能厅	300	≤13.5	≤12.0
客房层走廊	50	≤4.0	≤3.5
大堂	200	≤9.0	≤8.0
会议室	300	≤9.0	≤8.0

【释义】

本条为强制性条文，规定了旅馆建筑照明的功率密度值，在原标准的基础上增加了西餐厅和会议室。但当符合标准第 4.1.3 和第 4.1.4 条的规定，照度标准值进行提高或降低时，照明功率密度值应按比例提高或折减。除此以外其他任何情况均不能提高或折减。

表6.3-5　旅馆建筑国内外照明功率密度值对比　　单位：W/m²

房间或场所	美国 ASHRAE/ IESNA- 90.1-1999	美国 ASHRAE/- IESNA- 90.1-2010	香港地区建筑照明节能规范	加州建筑照明节能规范-2008	原标准 (GB 50034-2004)			本标准		
					照明功率密度 现行值	目标值	对应照度 (lx)	照明功率密度 现行值	目标值	对应照度 (lx)
客房	26.0	11.9	15	—	15	13	—	≤7.0	≤6.0	—
中餐厅	11.0	8.8	23	11.8	13	11	200	≤9.0	≤8.0	200
西餐厅					—	—	—	≤6.5	≤5.5	150
多功能厅	16.0	13.2	23	16.1	18	15	300	≤13.5	≤12.0	300
客房层走廊	8.0	7.1	10	6.5	7	4	50	≤4.0	≤3.5	50
大堂	19.0	11.4	20	11.8	—	—	—	≤7.0	≤6.0	200
会议室	16.0	13.2	16	16.1	11	9	300	≤9.0	≤8.0	300

6.3.6　医疗建筑照明功率密度限值应符合表6.3.6的规定。

表6.3.6　医疗建筑照明功率密度限值

房间或场所	照度标准值(lx)	照明功率密度限值(W/m²)	
		现行值	目标值
治疗室、诊室	300	≤9.0	≤8.0
化验室	500	≤15.0	≤13.5
候诊室、挂号厅	200	≤6.5	≤5.5
病房	100	≤5.0	≤4.5
护士站	300	≤9.0	≤8.0
药房	500	≤15.0	≤13.5
走廊	100	≤4.5	≤4.0

【释义】

本条为强制性条文，规定了医疗建筑照明的功率密度值，在原标准的基础上增加了走廊，取消了手术室和重症监护室。但当符合标准第4.1.3和第4.1.4条的规定，照度标准值进行提高或降低时，照明功率密度值应按比例提高或折减。除此以外其他任何情况均不能提高或折减。

表 6.3-6　医疗建筑国内外照明功率密度值对比　　单位：W/m²

房间或场所	美国 ASHRAE /IESNA- 90.1-1999	美国 ASHRAE /IESNA- 90.1-2010	日本 节能法 1999	俄罗斯 МГСН 2.01-98	原标准 (GB 50034-2004)			本标准		
					照明功率密度		对应照度 (lx)	照明功率密度		对应照度 (lx)
					现行值	目标值		现行值	目标值	
治疗室、诊室	17.22	17.9	30(诊室) 20(治疗)	—	11	9	300	≤9.0	≤8.0	300
化验室	20.0	19.5	—	—	18	15	500	≤15.0	≤13.5	500
候诊室	19.4	11.5	15	—	8	7	200	≤6.5	≤5.5	200
病房	12.9	6.7	10	—	6	5	100	≤5.0	≤4.5	100
护士站	19.0	9.4	20	—	11	9	300	≤9.0	≤8.0	300
药房	24.75	12.3	30	14	20	17	500	≤15.0	≤13.5	500
走廊	17.0	9.6	—	—	—		—	≤4.5	≤4.0	100

6.3.7　教育建筑照明功率密度限值应符合表 6.3.7 的规定。

表 6.3.7　教育建筑照明功率密度限值

房间或场所	照度标准值（lx）	照明功率密度限值（W/m²）	
		现行值	目标值
教室、阅览室	300	≤9.0	≤8.0
实验室	300	≤9.0	≤8.0
美术教室	500	≤15.0	≤13.5
多媒体教室	300	≤9.0	≤8.0
计算机教室、电子阅览室	500	≤15.0	≤13.5
学生宿舍	150	≤5.0	≤4.5

【释义】

　　本条为强制性条文，规定了教育建筑照明的功率密度值，在原标准的基础上增加了计算机教室、电子阅览室和学生宿舍。但当符合标准第 4.1.3 和第 4.1.4 条的规定，照度标准值进行提高或降低时，照明功率密度值应按比例提高或折减。除此以外其他任何情况均不能提高或折减。

表 6.3-7　教育建筑国内外照明功率密度值对比　　单位：W/m²

房间或场所	美国 ASHRAE /IESNA- 90.1-1999	美国 ASHRAE /IESNA- 90.1-2010	日本 节能法 1999	俄罗斯 MГCH 2.01-98	原标准 (GB 50034-2004)			本标准		
					照明功率密度		对应 照度 (lx)	照明功率密度		对应 照度 (lx)
					现行值	目标值		现行值	目标值	
教室、阅览室	17.0	13.3	20	20	11	9	300	≤9.0	≤8.0	300
实验室	20.0	13.8	20	25	11	9	300	≤9.0	≤8.0	300
美术教室	—	—	—	—	18	15	500	≤15.0	≤13.5	500
多媒体教室	—	—	30	25	11	9	300	≤9.0	≤8.0	300
计算机教室、 电子阅览室	17.22	—	—	—	—	—	—	≤15.0	≤13.5	500
学生宿舍	21.0	4.1	—	—	—	—	—	≤5.0	≤4.5	100

6.3.8 博览建筑照明功率密度限值应符合下列规定：

1 美术馆建筑照明功率密度限值应符合表 6.3.8-1 的规定；

2 科技馆建筑照明功率密度限值应符合表 6.3.8-2 的规定；

3 博物馆建筑其他场所照明功率密度限值应符合表 6.3.8-3 的规定。

表 6.3.8-1　美术馆建筑照明功率密度限值

房间或场所	照度标准值 (lx)	照明功率密度限值（W/m²）	
		现行值	目标值
会议报告厅	300	≤9.0	≤8.0
美术品售卖区	300	≤9.0	≤8.0
公共大厅	200	≤9.0	≤8.0
绘画展厅	100	≤5.0	≤4.5
雕塑展厅	150	≤6.5	≤5.5

【释义】

本条为非强制性条文，规定了美术馆建筑照明的功率密度值，是本标准新增加的内容。但当符合标准第 4.1.3 和第 4.1.4 条的规定，照度标准值进行提高或降低时，照明功率密度值应按比例提高或折减。除此以外其他任何情况均不能提高或折减。

表 6.3-8　美术馆建筑国内外照明功率密度值对比　单位：W/m²

房间或场所	美 国 ASHRAE /IESNA - 90.1 - 1999	美 国 ASHRAE /IESNA - 90.1 - 2010	加州建筑照明节能规范 - 2008	本标准		
				照明功率密度		对应照度 (lx)
				现行值	目标值	
会议报告厅	5.0	8.8	15.0	≤9.0	≤8.0	300
美术品售卖区	—	—	—	≤9.0	≤8.0	300
公共大厅	19.0	9.7	16.1	≤9.0	≤8.0	200
绘画展厅	17.0	11.3	21.5	≤5.0	≤4.5	100
雕塑展厅	17.0	11.3	21.5	≤6.5	≤5.5	150

表 6.3-8-2　科技馆建筑照明功率密度限值

房间或场所	照度标准值 (lx)	照明功率密度限值（W/m²）	
		现行值	目标值
科普教室	300	≤9.0	≤8.0
会议报告厅	300	≤9.0	≤8.0
纪念品售卖区	300	≤9.0	≤8.0
儿童乐园	300	≤10.0	≤8.0
公共大厅	200	≤9.0	≤8.0
常设展厅	200	≤9.0	≤8.0

【释义】

本条为非强制性条文，规定了科技馆建筑照明的功率密度值，是本标准新增加的内容。但当符合标准第 4.1.3 和第 4.1.4 条的规定，照度标准值进行提高或降低时，照明功率密度值应按比例提高或折减。除此以外其他任何情况均不能提高或折减。

表 6.3-9　科技馆建筑国内外照明功率密度值对比　单位：W/m²

房间或场所	美 国 ASHRAE /IESNA - 90.1 - 1999	美 国 ASHRAE /IESNA - 90.1 - 2010	加州建筑照明节能规范 - 2008	香港地区建筑照明节能规范	本标准		
					照明功率密度		对应照度 (lx)
					现行值	目标值	
科普教室	17.0	13.3	12.9	15	≤9.0	≤8.0	300
会议报告厅	16.0	13.2	15.0	16	≤9.0	≤8.0	300
纪念品售卖区	—	18.1	—	20	≤9.0	≤8.0	300
儿童乐园	—	—	—	—	≤10.0	≤8.0	300
公共大厅	19.0	9.7	16.1	20	≤9.0	≤8.0	200
常设展厅	17.0	11.3	21.5	15	≤9.0	≤8.0	200

表 6.3.8-3　博物馆建筑其他场所照明功率密度限值

房间或场所	照度标准值 (lx)	照明功率密度限值 (W/m²)	
		现行值	目标值
会议报告厅	300	≤9.0	≤8.0
美术制作室	500	≤15.0	≤13.5
编目室	300	≤9.0	≤8.0
藏品库房	75	≤4.0	≤3.5
藏品提看室	150	≤5.0	≤4.5

【释义】

本条为非强制性条文,规定了博物馆建筑照明的功率密度值,是本标准新增加的内容。但当符合标准第 4.1.3 和第 4.1.4 条的规定,照度标准值进行提高或降低时,照明功率密度值应按比例提高或折减。除此以外其他任何情况均不能提高或折减。

表 6.3-10　博物馆建筑国内外照明功率密度值对比　单位:W/m²

房间或场所	美 国 ASHRAE /IESNA - 90.1 - 1999	美 国 ASHRAE /IESNA - 90.1 - 2010	加州建筑照明节能规范 - 2008	本 标 准		对应照度 (lx)
				照明功率密度		
				现行值	目标值	
会议报告厅	16.0	13.2	15.0	≤9.0	≤8.0	300
美术制作室	27.0	11.0	12.9	≤15.0	≤13.5	500
编目室	18.0	10.1	—	≤9.0	≤8.0	300
藏品库房	15.0	6.8	6.4	≤4.0	≤3.5	75
藏品提看室	—	—	—	≤5.0	≤4.5	150

6.3.9　会展建筑照明功率密度限值应符合表 6.3.9 的规定。

表 6.3.9　会展建筑照明功率密度限值

房间或场所	照度标准值 (lx)	照明功率密度限值 (W/m²)	
		现行值	目标值
会议室、洽谈室	300	≤9.0	≤8.0
宴会厅、多功能厅	300	≤13.5	≤12.0
一般展厅	200	≤9.0	≤8.0
高档展厅	300	≤13.5	≤12.0

6 照 明 节 能

【释义】

本条为强制性条文，规定了会展建筑照明的功率密度值，是本标准新增加的内容。但当符合标准第4.1.3和第4.1.4条的规定，照度标准值进行提高或降低时，照明功率密度值应按比例提高或折减。除此以外其他任何情况均不能提高或折减。

表 6.3-11 会展建筑国内外照明功率密度值对比 单位：W/m²

房间或场所	美 国 ASHRAE /IESNA - 90.1-1999	美 国 ASHRAE /IESNA - 90.1-2010	加州建筑照明节能规范-2008	香港地区建筑照明节能规范	本标准		
					照明功率密度		对应照度 (lx)
					现行值	目标值	
会议室、洽谈室	16.0	13.2	15.0	16	≤9.0	≤8.0	300
宴会厅、多功能厅	16.0	13.2	15.0	23	≤13.5	≤12.0	300
一般展厅	17.0	15.6	21.5	15	≤9.0	≤8.0	200
高档展厅					≤13.5	≤12.0	300

6.3.10 交通建筑照明功率密度限值应符合表 6.3.10 的规定。

表 6.3.10 交通建筑照明功率密度限值

房间或场所		照度标准值 (lx)	照明功率密度限值（W/m²）	
			现行值	目标值
候车（机、船）室	普通	150	≤7.0	≤6.0
	高档	200	≤9.0	≤8.0
中央大厅、售票大厅		200	≤9.0	≤8.0
行李认领、到达大厅、出发大厅		200	≤9.0	≤8.0
地铁站厅	普通	100	≤5.0	≤4.5
	高档	200	≤9.0	≤8.0
地铁进出站门厅	普通	150	≤6.5	≤5.5
	高档	200	≤9.0	≤8.0

【释义】

本条为强制性条文，规定了交通筑照明的功率密度值，是本标准新增加的内容。但当符合标准第4.1.3和第4.1.4条的规定，照度标准值进行提高或降低时，照明功率密度值应按比例提高或折减。除此以外其他任何情况均不能提高或折减。

表 6.3-12 交通建筑国内外照明功率密度值对比 单位：W/m²

房间或场所		美国 ASHRAE /IESNA - 90.1 - 1999	美国 ASHRAE /IESNA - 90.1 - 2010	加州建筑照明节能规范 - 2008	本标准		
					照明功率密度		对应照度 (lx)
					现行值	目标值	
候车（机、船）室	普通	11.0	5.8	6.4	≤7.0	≤6.0	150
	高档				≤9.0	≤8.0	200
中央大厅、售票大厅		19.0	11.6	—	≤9.0	≤8.0	200
行李认领、到达大厅、出发大厅		14.0	8.2	·	≤9.0	≤8.0	200
地铁站厅	普通	—	—	—	≤5.0	≤4.5	100
	高档	—	—	—	≤9.0	≤8.0	200
地铁进出站门厅	普通	—	—	—	≤6.5	≤5.5	150
	高档	—	—	—	≤9.0	≤8.0	200

6.3.11 金融建筑照明功率密度限值应符合表 6.3.11 的规定。

表 6.3.11 金融建筑照明功率密度限值

房间或场所	照度标准值 (lx)	照明功率密度限值（W/m²）	
		现行值	目标值
营业大厅	200	≤9.0	≤8.0
交易大厅	300	≤13.5	≤12.0

【释义】

本条为强制性条文，规定了金融建筑照明的功率密度值，是本标准新增加的内容。但当符合标准第 4.1.3 和第 4.1.4 条的规定，照度标准值进行提高或降低时，照明功率密度值应按比例提高或折减。除此以外其他任何情况均不能提高或折减。

表 6.3-13 金融建筑国内外照明功率密度值对比 单位：W/m²

房间或场所	美国 ASHRAE /IESNA - 90.1 - 1999	美国 ASHRAE /IESNA - 90.1 - 2010	加州建筑照明节能规范 - 2008	本标准		
				照明功率密度		对应照度 (lx)
				现行值	目标值	
营业大厅	26.0	14.9	12.9	≤9.0	≤8.0	200
交易大厅	—	—	—	≤13.5	≤12.0	300

6.3.12 工业建筑非爆炸危险场所照明功率密度限值应符合表6.3.12的规定。

表 6.3.12 工业建筑非爆炸危险场所照明功率密度限值

房间或场所		照度标准值(lx)	照明功率密度限值(W/m²)	
			现行值	目标值
1 机、电工业				
机械加工	粗加工	200	≤7.5	≤6.5
	一般加工 公差≥0.1mm	300	≤11.0	≤10.0
	精密加工 公差<0.1mm	500	≤17.0	≤15.0
机电、仪表装配	大件	200	≤7.5	≤6.5
	一般件	300	≤11.0	≤10.0
	精密	500	≤17.0	≤15.0
	特精密	750	≤24.0	≤22.0
电线、电缆制造		300	≤11.0	≤10.0
线圈绕制	大线圈	300	≤11.0	≤10.0
	中等线圈	500	≤17.0	≤15.0
	精细线圈	750	≤24.0	≤22.0
线圈浇注		300	≤11.0	≤10.0
焊接	一般	200	≤7.5	≤6.5
	精密	300	≤11.0	≤10.0
钣金		300	≤11.0	≤10.0
冲压、剪切		300	≤11.0	≤10.0
热处理		200	≤7.5	≤6.5
铸造	熔化、浇铸	200	≤9.0	≤8.0
	造型	300	≤13.0	≤12.0
精密铸造的制模、脱壳		500	≤17.0	≤15.0
锻工		200	≤8.0	≤7.0
电镀		300	≤13.0	≤12.0
酸洗、腐蚀、清洗		300	≤15.0	≤14.0
抛光	一般装饰性	300	≤12.0	≤11.0
	精细	500	≤18.0	≤16.0
复合材料加工、铺叠、装饰		500	≤17.0	≤15.0
机电修理	一般	200	≤7.5	≤6.5
	精密	300	≤11.0	≤10.0

续表 6.3.12

房间或场所		照度标准值 (lx)	照明功率密度限值 （W/m²）	
			现行值	目标值
2 电子工业				
整机类	整机厂	300	≤11.0	≤10.0
	装配厂房	300	≤11.0	≤10.0
元器件类	微电子产品及集成电路	500	≤18.0	≤16.0
	显示器件	500	≤18.0	≤16.0
	印制线路板	500	≤18.0	≤16.0
	光伏组件	300	≤11.0	≤10.0
	电真空器件、机电组件等	500	≤18.0	≤16.0
电子材料类	半导体材料	300	≤11.0	≤10.0
	光纤、光缆	300	≤11.0	≤10.0
酸、碱、药液及粉配制		300	≤13.0	≤12.0

【释义】

本条为强制性条文，规定了工业建筑照明的功率密度值，与原标准基本相。但当符合标准第 4.1.3 和第 4.1.4 条的规定，照度标准值进行提高或降低时，照明功率密度值应按比例提高或折减。除此以外其他任何情况均不能提高或折减。

表 6.3-14 工业建筑国内外照明功率密度值对比 单位：W/m²

房间或场所		美 国 ASHRAE/ IESNA - 90.1 - 1999	美 国 ASHRAE/ IESNA - 90.1 - 2010	俄罗斯 СНиП 23 - 05 - 95	原标准 (GB 50034 - 2004)			本标准		
					照明功率密度		对应 照度 (lx)	照明功率密度		对应 照度 (lx)
					现行值	目标值		现行值	目标值	
1 机、电工业										
机械加工	粗加工	—	—	9	8	7	200	≤7.5	≤6.5	200
	一般加工 公差≥0.1mm	—	—	14	12	11	300	≤11.0	≤10.0	300
	精密加工 公差＜0.1mm	66.7	13.9	23	19	17	500	≤17.0	≤15.0	500
机电、仪表装配	大件	22.6	12.8	10	8	7	200	≤7.5	≤6.5	200
	一般件			14	12	11	300	≤11.0	≤10.0	300
	精细			23	19	17	500	≤17.0	≤15.0	500
	特精密装配			34	27	24	750	≤24.0	≤22.0	750

续表 6.3-14

房间或场所		美国ASHRAE/IESNA-90.1-1999	美国ASHRAE/IESNA-90.1-2010	俄罗斯CHиⅡ23-05-95	原标准(GB 50034-2004)			本标准		
					照明功率密度		对应照度(lx)	照明功率密度		对应照度(lx)
					现行值	目标值		现行值	目标值	
电线、电缆制造		—	—	14	12	11	300	≤11.0	≤10.0	300
绕线	大线圈			14	12	11	300	≤11.0	≤10.0	300
	中等线圈			23	19	17	500	≤17.0	≤15.0	500
	精细线圈			34	27	24	750	≤24.0	≤22.0	750
线圈浇制				14	12	11	300	≤11.0	≤10.0	300
焊接	一般			11	8	7	200	≤7.5	≤6.5	200
	精密			17	12	11	300	≤11.0	≤10.0	300
钣金、冲压、剪切		32.3	13.2	17	12	11	300	≤11.0	≤10.0	300
热处理				11	8	7	200	≤7.5	≤6.5	200
铸造	熔化、浇铸			11	9	8	200	≤9.0	≤8.0	200
	造型			17	13	12	300	≤13.0	≤12.0	300
精密铸造的制模、脱壳				27	19	17	500	≤17.0	≤15.0	500
锻工				11	9	8	200	≤8.0	≤7.0	200
电镀				—	13	12	300	≤13.0	≤12.0	300
酸洗、腐蚀、清洗				15	14		300	≤15.0	≤14.0	300
抛光	一般装饰性	—	—	17	13	12	300	≤12.0	≤11.0	300
	精细			27	20	18	500	≤18.0	≤16.0	500
复合材料加工、铺叠、装饰		—	—	26	19	17	500	≤17.0	≤15.0	500
机电修理	一般	15.1	7.2	9	8	7	200	≤7.5	≤6.5	200
	精密			14	12	11	300	≤11.0	≤10.0	300
2 电子工业										
整机类	整机厂	23.0	12.8	26	20	18	500	≤11.0	≤10.0	300
	装配厂房	23.0	12.8	26	20	18	500	≤11.0	≤10.0	300

续表 6.3-14

房间或场所		美 国 ASHRAE/ IESNA - 90.1-1999	美 国 ASHRAE/ IESNA - 90.1-2010	俄罗斯 CHиⅡ 23-05 -95	原标准 (GB 50034-2004)			本标准		
					照明功率密度		对应照度 (lx)	照明功率密度		对应照度 (lx)
					现行值	目标值		现行值	目标值	
元器件类	微电子产品及集成电路	67.0	13.9	15.6	12	10	300	≤18.0	≤16.0	500
	显示器件			15.6	14	12	300	≤18.0	≤16.0	500
	印制线路板			—	—	—	—	≤18.0	≤16.0	500
	光伏组件			—	—	—	—	≤11.0	≤10.0	300
	电真空器件、机电组件等			—	—	—	—	≤18.0	≤16.0	500
电子材料类	半导体材料	67.0	13.9	—	—	—	—	≤11.0	≤10.0	300
	光纤、光缆			—	—	—	—	≤11.0	≤10.0	300
酸、碱、药液及粉配置		20.0	19.5	—	—	—	—	≤13.0	≤12.0	300

注: 1 美国标准的 LPD 值是类比相同条件获得的数值, 由于其照度不同, 仅供参考。

2 俄罗斯标准的 LPD 值是按设计的房间条件的平均值经计算获得的结果, 仅供参考。

6.3.13 公共和工业建筑非爆炸危险场所通用房间或场所照明功率密度限值应符合表 6.3.13 的规定。

表 6.3.13 公共和工业建筑非爆炸危险场所通用
房间或场所照明功率密度限值

房间或场所		照度标准值 (lx)	照明功率密度限值 (W/m²)	
			现行值	目标值
走廊	一般	50	≤2.5	≤2.0
	高档	100	≤4.0	≤3.5
厕所	一般	75	≤3.5	≤3.0
	高档	150	≤6.0	≤5.0

续表 6.3.13

房间或场所		照度标准值 (lx)	照明功率密度限值 (W/m²)	
			现行值	目标值
试验室	一般	300	≤9.0	≤8.0
	精细	500	≤15.0	≤13.5
检验	一般	300	≤9.0	≤8.0
	精细，有颜色要求	750	≤23.0	≤21.0
计量室、测量室		500	≤15.0	≤13.5
控制室	一般控制室	300	≤9.0	≤8.0
	主控制室	500	≤15.0	≤13.5
电话站、网络中心、计算机站		500	≤15.0	≤13.5
动力站	风机房、空调机房	100	≤4.0	≤3.5
	泵房	100	≤4.0	≤3.5
	冷冻站	150	≤6.0	≤5.0
	压缩空气站	150	≤6.0	≤5.0
	锅炉房、煤气站的操作层	100	≤5.0	≤4.5
仓库	大件库	50	≤2.5	≤2.0
	一般件库	100	≤4.0	≤3.5
	半成品库	150	≤6.0	≤5.0
	精细件库	200	≤7.0	≤6.0
公共车库		50	≤2.5	≤2.0
车辆加油站		100	≤5.0	≤4.5

【释义】

本条为强制性条文，规定了工业建筑照明的功率密度值，与原标准基本相。但当符合标准第 4.1.3 和第 4.1.4 条的规定，照度标准值进行提高或降低时，照明功率密度值应按比例提高或折减。除此以外其他任何情况均不能提高或折减。

表6.3-15　公共和工业建筑非爆炸危险场所通用房间或场所国内外照明功率密度值对比　单位：W/m²

房间或场所		美国 ASHRAE/IESNA-90.1-1999	美国 ASHRAE/IESNA-90.1-2010	俄罗斯 CHиⅡ 23-05-95	原标准(GB 50034-2004) 照明功率密度 现行值	目标值	对应照度(lx)	本标准 照明功率密度 现行值	目标值	对应照度(lx)
走廊	一般	8.0	7.1	—	—	—		≤2.5	≤2.0	50
走廊	高档			—	—	—		≤4.0	≤3.5	100
厕所	一般			—	—	—		≤3.5	≤3.0	75
厕所	高档			—	—	—		≤6.0	≤5.0	150
试验室	一般	—	13.8	16	11	9	300	≤9.0	≤8.0	300
试验室	精细	—	19.5	27	18	15	500	≤15.0	≤13.5	500
检验	一般			16	11	9	300	≤9.0	≤8.0	300
检验	精细			41	27	23	750	≤23.0	≤21.0	750
计量室、测量室				27	18	15	500	≤15.0	≤13.5	500
控制室	一般控制室	27.0	10.2	11	11	9	300	≤9.0	≤8.0	300
控制室	主控制室			16	18	15	500	≤15.0	≤13.5	500
电话站、网络中心、计算机站		—		27	18	15	500	≤15.0	≤13.5	500
动力站	泵房、风机房、空调机房	8.6	10.2	6.7	5	4	100	≤4.0	≤3.5	100
动力站	冷冻站、压缩空气站			9.8	8	7	150	≤6.0	≤5.0	150
动力站	锅炉房、煤气站的操作层			7.8	6	5	100	≤5.0	≤4.5	100
仓库	大件库			2.6	3	3	50	≤2.5	≤2.0	50
仓库	一般件库	12.0	6.2	5.2	5	4	100	≤4.0	≤3.5	100
仓库	半成品库			—	—	—		≤6.0	≤5.0	150
仓库	精细件库	18.0	10.2	10.4			200	≤7.0	≤6.0	200
公共车库		3.0	2.0	—	—	—		≤2.5	≤2.0	50
车辆加油站		—	—	8	6	5	100	≤5.0	≤4.5	100

6.3.1~6.3.13　LPD是照明节能的重要评价指标，目前国际上采用LPD作为节能评价指标的国家和地区有美国、日本、新加坡以及中国香港等。在我国2004版的建筑照明设计标准中，依据大量的照明重点实测调查和普

查的数据结果，经过论证和综合经济分析后制定了 LPD 限值的标准，并根据照明产品和技术的发展趋势，同时给出了目标值。本次修订是在 2004 版的基础上降低了照明功率密度限制。

经过多年的工程实践，调查验证认为实行目标值的时机已经成熟，因此在新标准中，拟将 2004 版标准中的目标值作为基础，结合对各类建筑场所进行广泛和大量的调查，同时参考国外相关标准，以及对现有照明产品性能分析，确定新标准中的 LPD 限值。

从对比结果来看，新标准中的 LPD 限值比现行标准有显著的降低，民用建筑的 LPD 限值降低了 14.3%～32.5%（平均值约为 19.2%），工业建筑的各类场所平均降低约 7.3%。如表 6.3-16 所示：

表 6.3-16　新旧标准的 LPD 限值对比

建筑类型	LPD 降低比例	
	范围	平均值
居住	14.3%	14.3%
办公	15.4%～18.2%	17.1%
商店	15.0%～16.7%	15.7%
旅馆	16.7%～53.3%	32.5%
医疗	16.7%～25.0%	19.1%
教育	16.7%～18.2%	17.8%
工业	0%～11.1%	7.3%
通用房间	12.5%～25.0%	18.1%

参照国外的经验，以美国为例，其照明节能标准是 ANSI/ASHRAE/IES 90.1（Energy Standard for Buildings Except Low-rise Residential Buildings），该标准在近 10 年来经过了两次修订，每次修订其 LPD 限值平均约降低 20%。而从这些年来照明产品性能的发展来看，光源光效均有不同程度的提高（以直管形荧光灯为例，其光效平均提高约 12%）。同时，相应的灯具效率和镇流器效率也都有所提高，比如镇流器的能效提高了 4%～8%。因此，照明产品性能的提高也为降低 LPD 限值提供了可能性。

同时，组织各大设计院对 13 类建筑共 510 个实际工程案例进行了统计分析，这些案例选择了近年来的新建建筑，反映了当前的照明产品性能和照明设计水平。对这些建筑在新旧标准中的情况达标情况进行了统计分析，如表 6.3-17 所示：

表 6.3-17 LPD 计算校核

建筑类型	在新标准下的达标比例		在现行标准下的达标比例
	修正前	修正后	
图书馆	87.5%	87.5%	/
办公	69.2%	70.2%	91.3%
商店	84.2%	94.7%	100%
旅馆	78.6%	78.6%	92.9%
医疗	67.7%	79.0%	91.9%
教育	78.7%	80.8%	97.9%
会展	100%	100%	/
金融	100%	100%	/
交通	88.4%	90.7%	/
工业	91.5%	93.6%	93.6%
通用房间	82.9%	86.5%	96.4%

可以看到，通过合理设计及采用高效照明器具，各类场所在多数情况下都能够满足新标准中 LPD 限值的要求。而如果考虑对室形指数较小的房间进行修正后，达标率更高，多数都能在 80% 以上。因此，从调研结果来看，新标准中的 LPD 指标也是合理，切实可行的。

在原标准中，办公、商店、旅馆、医疗、教育、工业和通用房间建筑的 LPD 限值要求已经是强制性标准，这次拟增加的会展、金融和交通建筑从实际调研统计结果来看，达标率均超过了 85%，是完全能够满足要求的。考虑到上述的这 10 类场所量大面广，节能潜力大，节能效益显著，因此将这 10 类建筑中重点场所列入相应表中定为强条。

需要特殊说明的是对于其他类型建筑中具有办公用途的场所很多，其量大面广，节能潜力大，因此也列入照明节能考核的范畴。教育建筑中照明功率密度限制的考核不包括专门为黑板提供照明的专用黑板灯的负荷。在有爆炸危险的工业建筑及其通用房间或场所需要采用特殊的灯具，而且这部分的场所也比较少，因此不考核照明功率密度限制。

6.3.14 当房间或场所的室形指数值等于或小于 1 时，其照明功率密度限值应增加，但增加值不应超过限值的 20%。

【释义】

本条为强制性条文。灯具的利用系数与房间的室形指数密切相关，不同室形指数的房间，满足 LPD 要求的难易度也不相同。在实践中发现，当各类房间或场所的面积很小，或灯具安装高度大，而导致利用系数过低时，

LPD 限值的要求确实不易达到。因此，当室形指数 RI 低于一定值时，应考虑根据其室形指数对 LPD 限值进行修正。为此，编制组从 LPD 的基本公式出发，结合大量的计算分析，对 LPD 限值的修正方法进行了研究。该条文与 2004 版标准的基本一致。考虑到在实际工作中，为了便于审图机构和设计院进行统一和协调，因此当房间或场所的室形指数值等于或小于 1 时，其照明功率密度限值应允许增加，但增加值不应超过限制的 20%。

6.3.15 当房间或场所的照度标准值提高或降低一级时，其照明功率密度限值应按比例提高或折减。

【释义】

本条为强制性条文。本标准 4.1.3、4.1.4 规定了一些特定的场所，其照度标准值可提高或降低一级，在这种情况下，相应的 LPD 限值也应进行相应调整。但调整照明功率密度值的前提是"按照本标准 4.1.2、4.1.3 的规定"对照度标准值进行调整，而不是按照设计照度值随意的提高或降低。设计应用举例如下：

设某工业场所根据其通用使用功能设计照度值应选择为 500lx，相应的照明功率密度限制为 17.0W/m²。但实际上该作业为精度要求很高，且产生差错会造成很大损失，满足 4.1.3 条第 6 款的规定，设计照度值需要提高一级为 750lx。按本条规定，LPD 应进行调整，则该场所的计算 LPD 值应为：

$$LPD = \frac{750}{500} \times 17.0 = 25.5 \text{W/m}^2$$

6.3.16 设装饰性灯具场所，可将实际采用的装饰性灯具总功率的 50% 计入照明功率密度值的计算。

【释义】

有些场所为了加强装饰效果，安装了枝形花灯、壁灯、艺术吊灯、暗槽灯等装饰性灯具，这种场所可以增加照明安装功率。增加的数值按实际采用的装饰性灯具总功率的 50% 计算 LPD 值，这是考虑到装饰性灯具的利用系数较低，所以假定它有一半左右的光通量起到提高作业面照度的效果。设计应用举例如下：

设某场所的面积为 100m²，照明灯具总安装功率为 2000W（含镇流器功耗），其中装饰性灯具的安装功率为 800W，其他灯具安装功率 1200W。按本条规定，装饰性灯具的安装功率按 50% 计入 LPD 值的计算，则该场所的计算 LPD 值应为：

$$LPD = \frac{1200 + 800 \times 50\%}{100} = 16 \text{W/m}^2$$

6.4 天 然 光 利 用

6.4.1 房间的采光系数或采光窗地面积比应符合现行国家标准《建筑采光设计标准》GB 50033 的有关规定。

【释义】

天然光是清洁能源，取之不尽，用之不竭，具有很大的节能潜力，充分利用天然光是实现照明节能的重要技术措施。采光标准的数量评价指标以采光系数平均值表示。在 GB 50033 中，对于各类居住、公共和工业建筑各场所的采光系数标准值进行了规定，其中，住宅建筑的卧室、起居室，教育建筑的普通教室，医疗建筑的一般病房的采光标准为强制性条文。根据我国天然光资源的分布情况，当房间的采光系数满足 GB 50033 的相应要求时，全年天然光利用时数可达 8.5 小时以上，可大大减少开灯的时间，对于照明节能有着重要的贡献。天然采光具有的照明节能潜力，可根据 GB 50033 中的第 7 章内容进行计算和分析。

在建筑方案设计时，可利用窗地面积比进行估算和设计。在建筑进深满足采光有效进深，外窗采光性能好，室外遮挡不严重时，满足 GB 50033 提供的窗地面积比时一般可满足采光系数的要求。但当上述条件不满足时，应进行采光计算，并对设计方案进行调整，以满足采光系数的要求。

6.4.2 当有条件时，宜利用各种导光和反光装置将天然光引入室内进行照明。

【释义】

在技术经济条件允许条件下，宜采用各种导光装置，如导光管、光导纤维等，将光引入室内进行照明。或采用各种反光装置，如利用安装在窗上的反光板和棱镜等使光折向房间的深处，提高照度，节约电能。

导光管是一种有效利用自然光的装置。导光管主要由集光器、光导管、漫射器三大部分组成。导光管的工作原理是通过室外的采光装置捕获室外的自然光，并将其导入系统内部，然后经过光导装置反射并强化后，由漫射器将自然光均匀导入室内。利用导光管和反光装置将天然光引入室内时，应根据工程的地理位置、日照情况进行经济、技术比较，合理地选择导光或反光装置，可采用主动式或被动式导光系统。当采用导光管或反光装置时，应设置人工照明，当天然光对室内照明达不到照度要求时，开启人工照明，使其满足照度要求。有条件时，可采用智能照明控制系统将人工照明与导光管系统相结合，进行调光控制。

当利用光导管时，应符合《建筑采光设计标准》GB 50033 - 2013 的相关规定:"导光管集光器材料的透射比不应低于 0.85,导光管材料的反射比不应低于 0.95,漫射器材料的透射比不应低于 0.8;导光管采光系统在漫射光条件下的系统效率应大于 0.5"。

6.4.3 宜利用太阳能作为照明能源。

【释义】

太阳能是取之不尽、用之不竭的能源,虽一次性投资大,但维护和运行费用很低,符合节能和环保要求。经核算证明技术经济合理时,宜利用太阳能作为照明能源。

太阳能是清洁的可再生能源,合理利用太阳能可带来显著的节能效益。太阳能光伏发电技术的原理是利用太阳能电池将光能转换为电能,可独立使用或并网发电。太阳能光伏发电系统由太阳能电池组、太阳能控制器、蓄电池(组)组成,如输出电源为交流 220V 或 110V,还需要配置逆变器。理论上讲,只要太阳辐射条件允许,该技术可用于任何场合。而太阳能的直接输出一般都是 12V、24V 或 48V 直流电,如设计合理,可直接用于照明器具的供电,而不需交直流转换的逆变器,提高了能源使用效率,具有明显的技术优势。

但由于该系统造价较高,在有传统电网供电的地区使用该系统经济性不佳。在没有电网供电,或布设供电线路不便的地区,比如一些无常住居民的海岛,采用太阳能为照明系统供电不仅可实现节能,也是首选的技术方案之一。

7 照明配电及控制

7.1 照 明 电 压

7.1.1 一般照明光源的电源电压应采用 220V；1500W 及以上的高强度气体放电灯的电源电压宜采用 380V。

【释义】

根据国家标准《标准电压》GB/T 00156 - 2007（IEC 60038：2002，IEC Standard Voltages，MOD）的规定，一般照明光源采用 220V 电压；对于大功率（1500W 及以上）的高强度气体放电灯有 220V 及 380V 两种电压者，采用 380V 电压，可以降低传输电流，减少线路损耗。

7.1.2 安装在水下的灯具应采用安全特低电压供电，其交流电压值不应大于 12V，无纹波直流供电不应大于 30V。

【释义】

我国关于水池中电气装置所使用安全特低电压（SELV）的规定，可查阅国家标准《建筑物电气装置 第 7 部分：特殊装置或场所的要求 第 702 节：游泳池和其他水池》GB 16895.19 - 2002（Electrical Installations of Buildings-Part 7：Requirements for special installations or locations － Section 702：Swimming pools and other basins，IEC 60364 - 7 - 702：2002，IDT）。同时该标准还规定水下灯具的防护等级为 IPX8。

7.1.3 当移动式和手提式灯具采用Ⅲ类灯具时，应采用安全特低电压（SELV）供电，其电压限值应符合下列规定：

    1 在干燥场所交流供电不大于 50V，无纹波直流供电不大于 120V；

    2 在潮湿场所不大于 25V，无纹波直流供电不大于 60V。

【释义】

我国关于特殊装置或场所照明装置、移动及手提式照明装置所使用安全特低电压（SELV）的规定，可查阅下列国家标准：

《建筑物电气装置 第 7 部分：特殊装置或场所的要求 第 702 节：游泳池和其他水池》GB 16895.19 - 2002（Electrical Installations of Buildings-Part 7：Requirements for special installations or locations-Section 702：Swimming pools and other basins，IEC 60364 - 7 - 702：2002，IDT）；

《建筑物电气装置 第 7 - 715 部分：特殊装置或场所的要求 特低电压照明装置》GB 16895.30 - 2008 (Electrical Installations of Buildings – Part 7 - 715：Requirements for special installations or locations - Extra-low-voltage lighting installations，IEC 60364 - 7 - 715：1999，IDT)；

《建筑物电气装置 第 7 - 717 部分：特殊装置或场所的要求 移动的或可搬运的单元》GB 16895.31 - 2008 (Electrical Installations of Buildings – Part 7 - 717：Requirements for special installations or locations-Mobile or transportable units，IEC 60364 - 7 - 717：1999，IDT) 等。

7.1.4 照明灯具的端电压不宜大于其额定电压的 105%，且宜符合下列规定：

　　1 一般工作场所不宜低于其额定电压的 95%；

　　2 当远离变电所的小面积一般工作场所难以满足第 1 款要求时，可为 90%；

　　3 应急照明和用安全特低电压（SELV）供电的照明不宜低于其额定电压的 90%。

【释义】

　　本条是对照明器具实际端电压的规定。电压过高会导致光源使用寿命的缩短和能耗的过分增加，电压过低将使照度大幅度降低，影响照明质量。以卤钨灯为例，当端电压升高 10% 时，光源耗电量增加 10%，发光效率提高约 11%，但使用寿命则会下降至 50% 以下；当端电压下降 10% 时，虽然耗电量也下降 10%，但卤钨灯的发光效率下降了约 30%，将对照明效果和视觉健康产生严重影响。另外，本条规定的电压偏差值与国家标准《供配电系统设计规范》GB 50052 - 2009 的规定一致。

7.2　照明配电系统

7.2.1 供照明用的配电变压器的设置应符合下列规定：

　　1 当电力设备无大功率冲击性负荷时，照明和电力宜共用变压器；

　　2 当电力设备有大功率冲击性负荷时，照明宜与冲击性负荷接自不同变压器；当需接自同一变压器时，照明应由专用馈电线供电；

　　3 当照明安装功率较大或有谐波含量较大时，宜采用照明专用变压器。

【释义】

　　照明设施安装功率不大，电力设备又没有大功率冲击性负荷，共用变压器比较经济。通常大功率电力设备在启动时会导致变压器输出端产生较大的瞬时压降，并引起照明设施的光源光通量产生较大变化，影响照明质量，因此应分别接入不同的变压器。当变压器台数受限或照明设施安装功率很小、单独设置照明变压器很不经济时，可以接自同一变压器，但照明最好由独立馈电干线供电，以保持相对稳定的电压。照明设施安装功率大，采用专用变压器，有利于电压稳定，以保证照度的稳定和光源的使用寿命。另外，当照明设施使用电子调光设备可能产生大量高次谐波时，宜采用专用变压器以避免对其他负荷的干扰。

7.2.2 应急照明的供电应符合下列规定：

1 疏散照明的应急电源宜采用蓄电池（或干电池）装置，或蓄电池（或干电池）与供电系统中有效地独立于正常照明电源的专用馈电线路的组合，或采用蓄电池（或干电池）装置与自备发电机组组合的方式；

2 安全照明的应急电源应和该场所的供电线路分别接自不同变压器或不同馈电干线，必要时可采用蓄电池组供电；

3 备用照明的应急电源宜采用供电系统中有效地独立于正常照明电源的专用馈电线路或自备发电机组。

【释义】

对于应急疏散照明，由于设备用电量较小、电源转换时间要求较高，特别是在消防疏散过程中要保证持续供电，因此用蓄电池或干电池作应急照明的备用应急电源，能保证其可靠性；而接自电网的第二电源作为应急疏散照明的备用电源必须设置明显标志以避免被切除，并配备蓄电池或干电池作为备用应急电源，可在第二电源能够维持供电时延长备用电源供电持续时间；自备发电机组启动时间较长，必须与蓄电池或干电池组合应用方能确保应急疏散照明的备用应急电源的供电持续性。

应急安全照明对照明中断时间的要求最高，最好采用两个独立电源同时供电的方式，即由两个独立电源各为部分照明装置供电，这样当一个电源失效只会导致部分照明装置熄灭，并不影响安全照明的状态；当不具备两个独立电源条件时，应采用蓄电池或干电池组，其可靠性高，转换快，但持续时间较短。

应急备用照明由于对照明需求较高，照明设施用电量比较大，且对电源转换时间要求不高，通常宜采用接自电力网的独立的第二电源或自备发电机组作为应急电源；对于消防备用照明，其供电电源可取自该场所内消防用电设施的供电装置的电源侧。

7.2.3 三相配电干线的各相负荷宜平衡分配，最大相负荷不宜大于三相负荷平均值的 115%，最小相负荷不宜小于三相负荷平均值的 85%。

【释义】

将负荷均衡分配到各相上可以减少各相的电压偏差。

在三相四线制中，如果三相负荷分布不均（相导体对中性导体），将产生电源中性点偏移，负荷大的一相电压降低，负荷小的一相电压升高，增大了电压偏差。同样，线间负荷不平衡，也会引起线间电压不平衡，造成电压偏差增大。同时，三相负荷分布不均还会导致中性线电流损耗增加、变压器损耗增加和变压器能效下降等。参见《电能质量 三相电压不平衡》GB/T 15543-2008。

7.2.4 正常照明单相分支回路的电流不宜大于16A，所接光源数或发光二极管灯具数不宜超过25个；当连接建筑装饰性组合灯具时，回路电流不宜大于25A，光源数不宜超过60个；连接高强度气体放电灯的单相分支回路的电流不宜大于25A。

【释义】

限制每分支回路的电流值和所接灯数，是为了使分支线路或灯内发生短路或过负载等故障时，断开电路影响的范围不致太大，故障发生后检查维修较方便。对于以发光二极管灯为主的照明分支回路，其所接数量可以发光二极管的灯具数来计算。高强气体放电灯由于单个光源的设备功率大，因此改为直接限制分支回路的电流值。

7.2.5 电源插座不宜和普通照明灯接在同一分支回路。

【释义】

若普通照明与插座共用同一分支回路，应同时满足以下条件：

由于电源插座的分支供电回路通常需要设置剩余电流保护，因此当与普通照明灯接在同一分支回路时，会导致照明设施受插座使用的影响而频繁熄灭并导致检修的不便。但对于同时满足以下条件的少数小型场所，允许普通照明与插座共用同一分支回路。

1   经比较，插座与普通照明共用支路更加经济合理，如远离建筑主体的大门传达室、岗亭等；

2   该分支回路或该插座处应具有剩余电流保护功能，最好是采用配备剩余电流保护功能的插座，否则应在回路上设置剩余电流保护；

3   该插座对应的使用功能不会对照明功能产生不利影响，如可能使用导致端电压大幅度下降的用电设备等。

7.2.6 在电压偏差较大的场所，宜设置稳压装置。

【释义】

保持灯的电压稳定，可以使光源的使用寿命比较长，同时使照度相对稳定。

对于卤钨灯、气体放电灯等传统光源而言，端电压过高会导致使用寿命大幅缩短，而端电压过低会导致发光效率降低。因此在电压偏差较大的场所，照明配电系统宜设置稳压装置来保持灯的电压稳定，以保证光源的使用寿命和保持场所照度值的相对稳定。

7.2.7 使用电感镇流器的气体放电灯应在灯具内设置电容补偿，荧光灯功率因数不应低于0.9，高强气体放电灯功率因数不应低于0.85。

【释义】

由于气体放电灯配电感镇流器时，通常其功率因数很低，一般仅为0.4~0.5，所以应设置电容补偿，以提高功率因数。宜在灯具内装设补偿电容，以降低照明线路无功电流值，降低线路能耗和电压损失。值得注意的是，光源功率250W以上的大功率气体放电灯使用电感镇流器时，从经济性和可行性方面综合考虑，功率因数不低于0.85较合理，也符合《灯用附件 放电灯（管形荧光灯除外）用镇流器 性能要求》GB/T 15042-2008的规定。对供电系统功率因数有更高要求时，宜在配电系统中设置集中补偿装置进行补充。

7.2.8 在气体放电灯的频闪效应对视觉作业有影响的场所，应采用下列措施之一：

    1 采用高频电子镇流器；

    2 相邻灯具分接在不同相序。

【释义】

气体放电灯在工频电源下工作，将产生频闪效应，对某些视觉作业带来不良影响。对于采用高频电子镇流器的气体放电灯，则频闪影响大大降低，有效地减小了频闪引起的负效应。详见本标准3.3.6条的条文释义。当气体放电光源采用工频电感镇流器时，通常将邻近灯分接在三相，至少分接于两相，这样不同相位灯具照射在同一区域的光通量的变化频率相当于提高了2~3倍，因而可以部分地降低频闪深度。

7.2.9 当采用Ⅰ类灯具时，灯具的外露可导电部分应可靠接地。

【释义】

按国家标准《灯具 第1部分：一般要求与试验》GB 7000.1-2007关于防电击分类的规定，Ⅰ类灯具的接地要求，见本标准第3.3.3条的释义。本条规定在于提醒设计者在设计照明供电线路时，应为Ⅰ类灯具提供用于外露可导电部分可靠接地的专用保护线。

7.2.10 当照明装置采用安全特低电压供电时，应采用安全隔离变压器，且二次侧不应接地。

【释义】

用安全特低电压（SELV）时，其降压变压器的初级和次级应予隔离，二次侧不应作保护接地，以免高电压侵入到特低电压（交流50V及以下）

侧而导致不安全。相关规定可参见《建筑物电气装置　第 4 - 41 部分：安全防护　电击防护》GB 16895. 21 - 2008（Electrical Installations of Buildings-Part 4 - 41：Protection for safety-Protection against electric shock，IEC 60364 - 4 - 41：2001，IDT）。

7.2.11　照明分支线路应采用铜芯绝缘电线，分支线截面不应小于 1.5mm²。

【释义】

　　照明分支线路和插座回路，通常采用导体截面为 6mm² 以下，在这种接头比较多的小截面绝缘导线的使用情况下，铜芯绝缘导线的机械强度和连接可靠性明显优于铝芯绝缘导线。而且按国家标准《电缆的导体》GB/T 3956 - 2008 以及《低压配电设计规范》GB 50054 - 2011 第 3.2.2 条的规定，按机械强度要求穿管或在槽盒内敷设的绝缘导线最小截面：铜导体为 1.5mm²，铝导体却要求 10mm²。

7.2.12　主要供给气体放电灯的三相配电线路，其中性线截面应满足不平衡电流及谐波电流的要求，且不应小于相线截面。当 3 次谐波电流超过基波电流的 33% 时，应按中性线电流选择线路截面，并应符合现行国家标准《低压配电设计规范》GB 50054 的有关规定。

【释义】

　　气体放电灯及其镇流器均含有一定量的谐波，特别是使用电子镇流器，或者使用电感镇流器配置有补偿电容时，有可能使谐波含量较大，从而使线路电流加大，特别是 3 次谐波以及 3 的奇倍数次谐波在三相四线制线路的中性线上叠加，使中性线电流大大增加，所以规定中性线导体截面不应小于相线截面；3 次谐波电流大于 33% 时，则中性线电流将大于相线电流，此时，则应按中性线电流选择截面，并应按国家标准《低压配电设计规范》GB 50054 - 2011 之第 3.2.9 条计算。

7.3　照　明　控　制

7.3.1　公共建筑和工业建筑的走廊、楼梯间、门厅等公共场所的照明，宜按建筑使用条件和天然采光状况采取分区、分组控制措施。

【释义】

　　白天透过采光窗进入室内的自然光较强，近窗区域的水平照度通常可达到 1000lx 以上，因此关闭部分人工照明并不会影响正常视觉工作，分组控制的目的，是为了将同一场所中天然采光充足或不充足的区域分别开关。而大部分建筑物在夜间除了值班人员之外都很少有人员活动，对一些公共区域的照明实行分组控制，可以方便地用手动或自动方式操作，有利于节电。

7.3.2 公共场所应采用集中控制，并按需要采取调光或降低照度的控制措施。

【释义】

根据《中华人民共和国公共场所管理条例》的规定，公共场所包括：旅馆、商业及服务性营业场所、影剧院及公共娱乐场所、体育场馆、博览建筑、公共交通建筑等。此类场所中大部分顾客或旅客对环境并不熟悉，且同一场所内人群的行为和对光环境的诉求相对一致，因此对照明系统进行集中控制，有利于工作人员专管或兼管。同时采用分组开关方式或调光方式按实际需求控制场所照明，可以更好地实现节电。

7.3.3 旅馆的每间（套）客房应设置节能控制型总开关；楼梯间、走道的照明，除应急疏散照明外，宜采用自动调节照度等节能措施。

【释义】

通过总开关保证旅客离开客房后能自动切断除空调、冰箱及充电插座之外的其他用电设施的电源，以避免由于旅客疏忽而没有关闭的用电设备继续耗电，从而达到节约电能的目的。另外，由于旅馆的楼梯间和走道人流量很低，特别是在下午或深夜几乎无人走过，适合采用自动调节照度的节能措施。

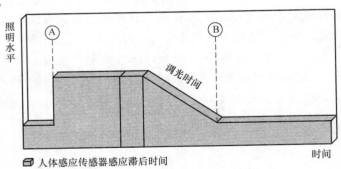

图 7.3-1　走廊灯光调光示意图

上图是一个走道灯自动调节的典型控制曲线。在无人时保持低水平照度（通常为额定照度的15%左右），当有人出现时自动控制照明系统达到100%照度额定值；当人员离开监控区域后经过短暂延时（图中绿色部分）然后逐步降低到原低照度水平。

7.3.4 住宅建筑共用部位的照明，应采用延时自动熄灭或自动降低照度等节能措施。当应急疏散照明采用节能自熄开关时，应采取消防时强制点亮的措施。

【释义】

住宅建筑共用部位包括门厅、楼梯间、各层电梯厅和走道、地下停车库等。这类场所在夜间走过的人员不多，深夜更少，但考虑安全因素又需要有灯光，采用感应控制等类似的开关方式，有利于节电。国家标准《住宅设计规范》GB 50096-2011 第 8.7.5 条规定"住宅的共用部位应设人工照明，应采用高效节能的照明装置（光源、灯具及附件）和节能控制措施。当应急疏散照明采用节能自熄开关时，必须采取消防时应急点亮的措施"。本条规定与其保持一致。

7.3.5 除设置单个灯具的房间外，每个房间照明控制开关不宜少于 2 个。

【释义】

每个灯开关控制的灯数宜少一些，有利于节能，也便于运行维护。具体一点说，两个灯具宜各自配置控制开关；三个灯具时宜配置 2 个或 3 个控制开关，通常靠近门口的灯宜单设控制开关。

7.3.6 当房间或场所装设两列或多列灯具时，宜按下列方式分组控制：

1 生产场所宜按车间、工段或工序分组；

2 在有可能分隔的场所，宜按每个有可能分隔的场所分组；

3 电化教室、会议厅、多功能厅、报告厅等场所，宜按靠近或远离讲台分组；

4 除上述场所外，所控灯列可与侧窗平行。

【释义】

大空间室内场所通常会装设两列或多列灯具，其分组控制原则为：

1. 工业生产场所应按车间、工段或工序分组控制，不仅方便使用，当部分工段或工序停止生产作业时，可以整体关闭该区域的灯光，合理地实现照明节能。

2. 商业楼宇中存在大量大空间办公场所，以准备客户租用后根据其自身的办公需求灵活的进行空间分隔，因此在布置此类场所的照明时应考虑其各种分隔的可能性，以避免对照明线路进行大的改动。通常建议按照每个采光窗作为一个可能独立分隔的区域来考虑。

3. 电化教室、会议厅、多功能厅、报告厅等场所通常设置投影仪或大型显示屏等设备，为了提高视看效率和舒适性，应考虑可以单独控制讲台和邻近区域的灯光。

4. 上述 3 种灯具分组控制方式都是针对场所内可能出现的不同需求而给出的。当一个场所既不需要考虑特殊使用需求，又不存在日后分隔的可能性时，则建议控制灯列与侧窗平行，当天然采光满足靠近侧窗附近的区域的视觉需求时，可以分组关闭该区域的人工照明，实现节能的目的。

7.3.7 有条件的场所，宜采用下列控制方式：

1 可利用天然采光的场所，宜随天然光照度变化自动调节照度；

2 办公室的工作区域，公共建筑的楼梯间、走道等场所，可按使用需求自动开关灯或调光；

3 地下车库宜按使用需求自动调节照度；

4 门厅、大堂、电梯厅等场所，宜采用夜间定时降低照度的自动控制装置。

【释义】

对于部分中小型高档次建筑和智能建筑或其中某些场所，有条件时，可采用关闭部分灯具、调光或其他自控措施，以节约电能。对于天然采光良好的场所，在临近采光窗的照明支路上设置光感器件等实现自动开关或调光；对于办公室的工作区域，公共建筑的楼梯间、走道等场所，在照明支路或灯具上设置人体感应器件等实现自动开关或调光；在地下车库照明支路装设控制装置及在灯具上装设感应装置，可按使用需求分区域、分时段自动调节照度；对于门厅、大堂、电梯厅等场所，在照明支路装设控制装置降低深夜时段的照度等。

7.3.8 大型公共建筑宜按使用需求采用适宜的自动（含智能控制）照明控制系统。其智能照明控制系统宜具备下列功能：

1 宜具备信息采集功能和多种控制方式，并可设置不同场景的控制模式；

2 当控制照明装置时，宜具备相适应的接口；

3 可实时显示和记录所控照明系统的各种相关信息并可自动生成分析和统计报表；

4 宜具备良好的中文人机交互界面；

5 宜预留与其他系统的联动接口。

【释义】

大型公共建筑面积大、功能复杂、人流量高，采用自动（智能）照明控制系统可以有效地对照明系统进行合理控制，加强系统对各类不同需求的适应能力，提升建筑物的整体形象，有效节约照明系统的能耗，大幅度降低照明系统的运行维护成本。为了保证能够较好地与各类光源灯具协调运行，并满足不同使用目的的灵活操作，智能照明控制系统宜具备下列功能：

1. 可以接入包括声、光、红外微波、位置等多种传感器进行现场信息采集；

2. 具备手控、电控、遥控、延时、调光、调色等多种控制方式；

3. 可根据不同使用需求预先设置并存储多个不同场景的控制模式；

4. 针对需要控制的不同照明装置，宜具备相适应的接口，以方便与应用于卤钨灯的可控硅电压调制器、应用于气体放电灯的脉冲宽度调制、脉冲频率调制、脉冲相位调制镇流器、应用于 LED 的脉冲宽度调制驱动器等协调运行；

5. 实时显示和记录所控照明系统的各种相关信息并可自动生成分析和统计报表，方便用户对整个照明系统的运行状态、设备完好率、能耗、故障原因等形成完整的掌控；

6. 具备良好的中文人机交互界面，便于满足不同文化程度的使用者进行操控；

7. 预留与其他系统的联动接口，可以作为智能建筑的一个子系统便捷的接入智能建筑管理平台（IBMS）。

附录 A 统一眩光值（UGR）

A. 0. 1 室内照明场所的统一眩光值(UGR)计算应符合下列规定：

1 当灯具发光部分面积为 $0.005\mathrm{m^2} < S < 1.5\mathrm{m^2}$ 时，统一眩光值 (UGR) 应按下式进行计算：

$$UGR = 8\lg \frac{0.25}{L_\mathrm{b}} \sum \frac{L_\alpha^2 \cdot \omega}{P^2} \qquad (\text{A. 0. 1-1})$$

式中：L_b——背景亮度（$\mathrm{cd/m^2}$）；

　　　ω——每个灯具发光部分对观察者眼睛所形成的立体角（图 A. 0. 1-1a）（sr）；

　　　L_α——灯具在观察者眼睛方向的亮度（图 A. 0. 1-1b）（$\mathrm{cd/m^2}$）；

　　　P——每个单独灯具的位置指数。

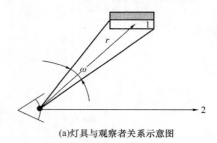

(a)灯具与观察者关系示意图　　　(b)灯具发光中心与观察者眼睛
连线方向示意图

图 A. 0. 1-1　统一眩光值计算参数示意图

1—灯具发光部分；2—观察者眼睛方向；3—灯具发光中心与观察者
眼睛连线；4—观察者；5—灯具发光表面法线

2 对发光部分面积小于 $0.005\mathrm{m^2}$ 的筒灯等光源，统一眩光值应按下列公式进行计算：

$$UGR = 8\lg \frac{0.25}{L_\mathrm{b}} \sum \frac{200 I_\alpha^2}{r^2 \cdot P^2} \qquad (\text{A. 0. 1-2})$$

$$L_\mathrm{b} = \frac{E_\mathrm{i}}{\pi} \qquad (\text{A. 0. 1-3})$$

$$L_\alpha = \frac{I_\alpha}{A \cdot \cos\alpha} \qquad (\text{A. 0. 1-4})$$

$$\omega = \frac{A_\mathrm{p}}{r^2} \qquad (\text{A. 0. 1-5})$$

式中：L_b——背景亮度（cd/m²）；

$\quad I_\alpha$——灯具发光中心与观察者眼睛连线方向的灯具发光强度（cd）；

$\quad P$——每个单独灯具的位置指数，位置指数应按 H/R 和 T/R 坐标系（图 A.0.1-2）及表 A.0.1 确定；

$\quad E_i$——观察者眼睛方向的间接照度（lx）；

$A\cdot\cos\alpha$——灯具在观察者眼睛方向的投影面积（m²）；

$\quad \alpha$—— 灯具表面法线与其中心和观察者眼睛连线所夹的角度（°）；

$\quad A_p$——灯具发光部分在观察者眼睛方向的表观面积（m²）；

$\quad r$——灯具发光部分中心到观察者眼睛之间的距离（m）。

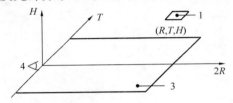

图 A.0.1-2 以观察者位置为原点的
位置指数坐标系统 $(R，T，H)$
1—灯具中心；2—视线；3—水平面；4—观测者

A.0.2 统一眩光值（UGR）的应用条件应符合下列规定：

1 UGR 适用于简单的立方体形房间的一般照明装置设计，不应用于采用间接照明和发光天棚的房间；

2 灯具应为双对称配光；

3 坐姿观测者眼睛的高度应取 1.2m，站姿观测者眼睛的高度应取 1.5m；

4 观测位置应在纵向和横向两面墙的中点，视线应水平朝前观测；

5 房间表面应为大约高出地面 0.75m 的工作面、灯具安装表面以及此两个表面之间的墙面。

表 A.0.1 位置指数表

T/R	H/R																			
	0.00	0.10	0.20	0.30	0.40	0.50	0.60	0.70	0.80	0.90	1.00	1.10	1.20	1.30	1.40	1.50	1.60	1.70	1.80	1.90
0.00	1.00	1.26	1.53	1.90	2.35	2.86	3.50	4.20	5.00	6.00	7.00	8.10	9.25	10.35	11.70	13.15	14.70	16.20	—	—
0.10	1.05	1.22	1.45	1.80	2.20	2.75	3.40	4.10	4.80	5.80	6.80	8.00	9.10	10.30	11.60	13.00	14.60	16.10	—	—
0.20	1.12	1.30	1.50	1.80	2.20	2.66	3.18	3.88	4.60	5.50	6.50	7.60	8.75	9.85	11.20	12.70	14.00	15.70	—	—
0.30	1.22	1.38	1.60	1.87	2.25	2.70	3.25	3.90	4.60	5.45	6.45	7.40	8.40	9.50	10.85	12.10	13.70	15.00	—	—
0.40	1.32	1.47	1.70	1.96	2.35	2.80	3.30	3.90	4.60	5.40	6.40	7.30	8.30	9.40	10.60	11.90	13.20	14.60	16.00	—
0.50	1.43	1.60	1.82	2.10	2.48	2.91	3.40	3.98	4.70	5.50	6.40	7.30	8.30	9.40	10.50	11.75	13.00	14.40	15.70	—
0.60	1.55	1.72	1.98	2.30	2.65	3.10	3.60	4.10	4.80	5.50	6.40	7.35	8.40	9.40	10.50	11.70	13.00	14.10	15.40	—
0.70	1.70	1.88	2.12	2.48	2.87	3.30	3.78	4.30	4.88	5.60	6.50	7.40	8.50	9.50	10.50	11.70	12.85	14.00	15.20	—
0.80	1.82	2.00	2.32	2.70	3.08	3.50	3.92	4.50	5.10	5.75	6.60	7.50	8.60	9.50	10.60	11.75	12.80	14.00	15.10	—
0.90	1.95	2.20	2.54	2.90	3.30	3.70	4.20	4.75	5.30	6.00	6.75	7.70	8.70	9.65	10.75	11.80	12.90	14.00	15.00	16.00
1.00	2.11	2.40	2.75	3.10	3.50	3.91	4.40	5.00	5.60	6.20	7.00	7.90	8.80	9.75	10.80	11.90	12.95	14.00	15.00	16.00
1.10	2.30	2.55	2.92	3.30	3.72	4.20	4.70	5.25	5.80	6.55	7.20	8.15	9.00	9.90	10.95	12.00	13.00	14.00	15.00	16.00
1.20	2.40	2.75	3.12	3.50	3.90	4.35	4.85	5.50	6.05	6.70	7.50	8.30	9.20	10.00	11.02	12.10	13.10	14.00	15.00	16.00
1.30	2.55	2.90	3.30	3.70	4.20	4.65	5.20	5.70	6.30	7.00	7.70	8.55	9.35	10.20	11.20	12.25	13.20	14.00	15.00	16.00
1.40	2.70	3.10	3.50	3.90	4.35	4.85	5.35	5.85	6.50	7.25	8.00	8.70	9.50	10.40	11.40	12.40	13.25	14.05	15.00	16.00

续表 A.0.1

T/R	0.00	0.10	0.20	0.30	0.40	0.50	0.60	0.70	0.80	0.90	1.00	1.10	1.20	1.30	1.40	1.50	1.60	1.70	1.80	1.90
1.50	2.85	3.15	3.65	4.10	4.55	5.00	5.50	6.20	6.80	7.50	8.20	8.85	9.70	10.55	11.50	12.50	13.30	14.05	15.02	16.00
1.60	2.95	3.40	3.80	4.25	4.75	5.20	5.75	6.30	7.00	7.65	8.40	9.00	9.80	10.80	11.75	12.60	13.40	14.20	15.10	16.00
1.70	3.10	3.55	4.00	4.50	4.90	5.40	5.95	6.50	7.20	7.80	8.50	9.20	10.00	10.85	11.85	12.75	13.45	14.20	15.10	16.00
1.80	3.25	3.70	4.20	4.65	5.10	5.60	6.10	6.75	7.40	8.00	8.65	9.35	10.10	11.00	11.90	12.80	13.50	14.20	15.10	16.00
1.90	3.43	3.86	4.30	4.75	5.20	5.70	6.30	6.90	7.50	8.17	8.80	9.50	10.20	11.00	12.00	12.82	13.55	14.20	15.10	16.00
2.00	3.50	4.00	4.50	4.90	5.35	5.80	6.40	7.10	7.70	8.30	8.90	9.60	10.40	11.10	12.00	12.85	13.60	14.30	15.10	16.00
2.10	3.60	4.17	4.65	5.05	5.50	6.00	6.60	7.20	7.82	8.45	9.00	9.75	10.50	11.20	12.10	12.90	13.70	14.35	15.10	16.00
2.20	3.75	4.25	4.72	5.20	5.70	6.10	6.70	7.35	8.00	8.55	9.15	9.85	10.60	11.30	12.10	12.90	13.70	14.40	15.15	16.00
2.30	3.85	4.35	4.80	5.25	5.80	6.22	6.80	7.40	8.10	8.65	9.30	9.90	10.70	11.40	12.20	12.95	13.70	14.40	15.20	16.00
2.40	3.95	4.40	4.90	5.35	5.80	6.30	6.90	7.50	8.20	8.80	9.40	10.00	10.80	11.50	12.25	13.00	13.75	14.45	15.20	16.00
2.50	4.00	4.50	4.95	5.40	5.85	6.40.	6.95	7.55	8.25	8.85	9.50	10.05	10.85	11.55	12.30	13.00	13.80	14.50	15.25	16.00
2.60	4.07	4.55	5.05	5.47	5.95	6.45	7.00	7.65	8.35	8.95	9.55	10.10	10.90	11.60	12.32	13.00	13.80	14.50	15.25	16.00
2.70	4.10	4.60	5.10	5.53	6.00	6.50	7.05	7.70	8.40	9.00	9.60	10.16	10.92	11.63	12.35	13.00	13.80	14.50	15.25	16.00
2.80	4.15	4.62	5.15	5.56	6.05	6.55	7.08	7.73	8.45	9.05	9.65	10.20	10.95	11.65	12.35	13.00	13.80	14.50	15.25	16.00
2.90	4.20	4.65	5.17	5.60	6.07	6.57	7.12	7.75	8.50	9.10	9.70	10.23	10.95	11.65	12.35	13.00	13.80	14.50	15.25	16.00
3.00	4.22	4.67	5.20	5.65	6.12	6.60	7.15	7.80	8.55	9.12	9.70	10.23	10.95	11.65	12.35	13.00	13.80	14.50	15.25	16.00

H/R

附录 B 眩光值 (GR)

B. 0. 1 体育场馆的眩光值 (GR) 应按下列公式进行计算:

$$GR = 27 + 24\lg\left(\frac{L_{vl}}{L_{ve}^{0.9}}\right) \tag{B. 0. 1-1}$$

$$L_{vl} = 10\sum_{i=1}^{n} \frac{E_{eyei}}{\theta_i^2} \tag{B. 0. 1-2}$$

$$L_{ve} = 0.035 L_{av} \tag{B. 0. 1-3}$$

$$L_{av} = E_{horav} \cdot \frac{\rho}{\pi\Omega_0} \tag{B. 0. 1-4}$$

式中: L_{vl}——由灯具发出的光直接射向眼睛所产生的光幕亮度 (cd/m²);

L_{ve}——由环境引起直接入射到眼睛的光所产生的光幕亮度 (cd/m²);

E_{eyei}——观察者眼睛上的照度,该照度是在视线的垂直面上,由第 i 个光源所产生的照度 (lx);

θ_i——观察者视线与第 i 个光源入射在眼上方所形成的角度 (°);

n——光源总数;

L_{av}——可看到的水平照射场地的平均亮度 (cd/m²);

E_{horav}——照射场地的平均水平照度 (lx);

ρ——漫反射时区域的反射比;

Ω_0——1 个单位立体角 (sr)。

B. 0. 2 眩光值 (GR) 的应用条件应符合下列规定:

1 本计算方法应为常用条件下,满足照度均匀度的体育场馆的各种照明布灯方式;

2 应采用于视线方向低于眼睛高度;

3 看到的背景应是被照场地;

4 眩光值计算用的观察者位置可采用计算照度用的网格位置,或采用标准的观察者位置;

5 可按一定数量角度间隔 (5°……45°) 转动选取一定数量观察方向。

第三篇
专 题 报 告

1 《建筑照明设计标准》
GB 50034 - 2004 实施情况分析

1.1 市民节能意识增强

时代呼唤节能与环保意识，更需要每一位公民付出实际行动和呼吁。市民周柏坚以自己家庭装修为例，论证了在装修时应该如何选择灯具，以及对节能的影响，其行动说明了市民对节能环保意识的增强。我们每个人都渴望一个人与自然和谐相处的新世界，真正渴望能用这一代、下一代的努力来换取一个没有污染、景观优美、生态健全、资源丰富、生活幸福的美丽新世界。而这也正是新世纪公民应有的环境观和发展观。

1.2 标准的基本情况

1.2.1 标准的编制过程和技术水平

《建筑照明设计标准》GB 50034 - 2004 是在原《民用照明设计标准》GB 133 - 90 和《工业企业照明设计标准》GB 50034 - 92 基础上，参考国际照明委员会（CIE）的《室内工作场所照明标准》（2001 年）和美、日、德等发达国家的照明标准，并通过可行性论证以及技术经济分析确定完成的。

在标准的编制过程中，原国家经贸委、联合国开发计划署（UNDP）和全球环境基金（GEF），通过中国绿色照明工程项目办公室又下达制订《建筑照明节能标准》国家标准编制任务。两项标准均由中国建筑科学研究院主编，后经两主管部门同意，将《建筑照明节能标准》并入《建筑照明设计标准》中。本标准 2004 年 06 月 18 由原建设部发布，自 2004 年 12 月 01 日实施。

1.2004 版标准与原标准相比较主要有三大变化：

一是照度水平有较大的提高。一些主要房间或场所所规定的一般照明照度标准值提高约为 $50\% \sim 200\%$，是现实需要的合理反映。而且只规定一个照度值取消原标准的三档范围值，但允许在某些条件下及建筑功能等级要求的不同的房间或场所，可降低或提高一级，具有一定灵活性。新修订标准虽比原标准照度提高一倍以上，但是所消耗的电能并未增加。

二是照明质量标准有较大提高和改变，基本上是向国际标准靠拢，对大部分房间的光色有较高要求，如对长时间有人的工作场所，其对颜色识别的失真不得大于20％，即显色指数大于80，少数房间的显色性要求稍低。其次对照明所产生的眩光有了新规定。眩光限制在原标准中无明确具体要求，而在新标准有了明确的规定，采用国际上通用的最大允许的统一眩光值来限制，提高了眩光限制的合理性和准确性。同时这也对照明器材生产厂家和设计提出了新要求，厂家要提供符合眩光限制的灯具。

三是增加了居住、办公、商业、旅馆、医院、学校和工业等七类建筑108种常用房间或场所的最大允许照明功率密度值，除居住建筑外，其他六类建筑的照明功率密度限值属强制性标准。必须严格执行，要求用较少的电能，保证满足标准要求的照度，即达到节约能源、保护环境、提高照明质量，实施绿色照明的宗旨。

2.2004版标准达到的三大目标是：

一是提高了照度水平和照明质量，改善了视觉工作条件。它对提高生产、工作、学习的视觉效能、识别速率，以及保障安全、降低差错率都有很大影响，同时对人们的心理和生理产生良好作用。

二是推动照明领域的科技进步。新标准提高了照度，规定了较高的显色性要求和适合我国情况的照明功率密度值以及相应的技术措施。这些对照明电器产业的产品更新换代，促进高效、优质电光源、灯具以及其他照明产品的生产、推广和应用具有强大的推动作用。如优质、高光效、长寿命的稀土三基色荧光灯已在国外大量推广应用，我国的制灯工艺技术已成熟，但至今生产和应用量仍较小。鉴于它的显色指数较高、光效高、寿命长等优越性能，特别符合新标准规定的要求。新标准颁布实施后，得到了快速的推广和应用。此外新标准对提高照明工程的设计水平也起到很大的促进作用。例如如何达到规定的照度和照明功率密度限制以及照明质量要求，也需要一番设计思考，想方设法来达到的。

三是有利于提高照明能效，推进绿色照明的实施。过去照明设计只注重照度，而对照明能效注意不够，浪费大量电能，特别在大型的公共建筑中的二次装修中的照明设计，更是忽视照明节能。新标准对照明功率密度值的规定，作为强制性条款，增加了检查和监督等规定，从而标准把提高照明系统能效放到了重要地位，落到实处。以办公室、教室等一类场所的照明为例，按新标准要求，要采用稀土三基色荧光灯，配节能电感镇流器或电子镇流器，其综合效能比采用卤粉与粗管径荧光灯相比，在相同照度时，其照明功率密度值仅为原来的50％～55％，即照度比原标准提高50％

多，其照明功率密度值可降低 18%～28%；如果照度提高一倍时，其照明功率密度值大致相同，并未增加照明用电。可见，新标准对节约电能的巨大推动作用，从而推动了绿色照明工程的实施。

3. 2004 版标准实际效果的三大反映：

一是反映了我国全面建设小康社会的新形势和新要求，有必要把照度水平和照明质量水平提高到一个新水平，向国际标准靠拢，新标准的照度水平与国际标准水平相同或接近，而显色性、眩光评价、照度均匀度等照明质量水平，与国际标准完全相同，标志着我国的照明标准水平已达到或接近国际水平。

二是反映了在照明领域必须致力提高能效，最大限度节约电能，减少有害物质向大气排放，保护环境，以适应我国的能源形势和保护环境以及实现可持续发展的总要求。

三是反映了我国当前光源、灯具和电器附件的新发展和新水平。如稀土三基色荧光灯、陶瓷金卤灯等优质、高效光源、电子镇流器和节能型电感镇流器等附件，都在标准中得到积极推广应用。

标准适用于新建、改建和扩建的照明工程。该标准的适用范围为民用与工业建筑的室内照明，比原标准增加了学校、医院、航空港交通建筑、博展建筑的照明标准等，以及除工业建筑的通用场所（机电行业）外，增加了电子信息产业、纺织和化纤工业、制药工业、橡胶工业、电力工业、钢铁工业、制浆造纸工业、啤酒及饮料工业、玻璃工业、水泥工业、皮革工业、卷烟工业、石油和化学工业、木业和家具制造业的照明标准，大大充实了工业建筑照明标准的内容，填补了民用与工业照明标准的空白，形成了一部较完整的照明设计标准。

该标准的技术内容全面系统，它包括了各类建筑的数量指标，如照度、质量指标（照度均匀度、眩光限制、光源颜色、显色性、反射比等）、照明节能指标（如照明功率密度）、照明配电及控制、照明管理与监督等。

该标准技术先进、具有一定的前瞻性和创新性、标准的章节构成合理、简明扼要层次清晰、符合标准编写规定。从标准的内容和技术水平上看，达到了国际同类标准水平。

总之，2004 版标准的实施，对我国实施绿色照明具有巨大的推动作用，为我国节约能源和保护生态环境做出了重要贡献。

1.2.2　标准在节能方面的体现

设计是照明节能的关键，虽然选用了节能产品，但并不意味着这个设计就是节能的。因此，标准从以下七个方面体现了照明的节能：

一是确定了合理的照度标准值。照度标准值根据工作或学习的视觉需求要满足的最低值，但在标准中同样规定了设计照度值的偏差不超过±10。

二是要求选择最佳的照明方式。要求在一些高照度的场所尽量采用混合照明来达到；同一场所内的不同区域有不同照度要求时，应采用分区一般照明等等，其目的就是要达到节能的要求。

三是要选用高光效节能照明产品。选用高光效节能电光源是降低照明用电的核心。标准规定在光源及其附件的选择时要选择高效的产品，并根据不同的场所，推荐使用不同的节能光源。严格禁止白炽灯的使用。

四是要使用高效节能的照明灯具。灯具是光源、灯罩和相应附件组成为一体的总称，是提高光线有效利用的一个器件，标准中规定了设计时选用灯具的最低达到的效率值。

五是采用控制方式达到节能的目的。要求控制系统以及在控制方式上选择时控、光控和智能控制器。为了节能，还有气体放电灯应通过电容补偿，使功率因数不低于0.9。

六是充分利用天然光。要求有条件时，宜随室外天然光的变化自动调节人工照明照度；宜利用各种导光和反光装置将天然光引入室内进行照明；宜利用太阳能作为照明能源等。

七是规定了照明功率密度值（LPD）的限制值。设计节能要综合各个方面，如何进行评价是非常重要的。本标准规定了居住、办公、商业、旅馆、医院、学校和工业等七类建筑108种常用房间或场所的最大允许照明功率密度值，即达到满足视觉需求规定的照度值时，该场所每平方米消耗的电能值进行了最高值的限定。据了解目前住建部所进行的节能大检查都是按照此标准进行核算。并且2004版标准规定的照明功率密度值除居住建筑外，其他六类建筑的照明功率密度限值属强制性标准。

1.2.3 与国外标准分析比较

1. 关于办公室的照明功率密度

美国2003年国标标准的LPD为11.84W/m²，日本为20W/m²，俄罗斯为25 W/m²，在这些国家的LPD值没有规定对应的照度值，一般与我国的高档办公室相同。而据我们对办公室的调查结果显示，高档办公室的平均LPD约为20W/m²，2004版标准定为18 W/m²，（对应的照度为500lx），比美国的LPD值稍高，低于日本和俄罗斯的LPD值，所定的LPD值较为切实可行。

2. 关于商店的照明功率密度

美国的标准定为17.22 W/m²，日本为20W/m²，俄罗斯为25W/m²。

而我国一般商店（对应 300lx）为 $12W/m^2$，高档商店（对应 500lx）为 $19W/m^2$，一般超市（对应 300lx）为 $13W/m^2$，高档超市（对应 500lx）为 $20W/m^2$，基本上与美国、日本、俄罗斯等国接近。

3. 关于旅店的照明功率密度

美国 2003 国标标准的 LPD 为 $13.99W/m^2$，日本的客房为 $15W/m^2$。而我国的客房定为 $15W/m^2$，与日本的标准相一致，而美国 ASHRAE/IESNA96.1－1999 规定为 $26.9W/m^2$。

4. 关于医院的照明功率密度

美国的 ASHRAE/IESNA96.1－1999 将诊室定为 $17W/m^2$，而日本为 $20W/m^2$。根据我国的实际情况定为 $11W/m^2$ 还是可行的，因为目前我国多数诊室和治疗室低于此水平，照度水平较低。

5. 关于学校的照明功率和密度

美国的教室定为 $15.07W/m^2$，日本的教室为 $20W/m^2$，而俄罗斯为 $25W/m^2$（对应 400lx）。根据我国的实测调查结果，大多数教室的 LPD 值均在 15 W/m^2 以下，考虑到我国教室的照度为 300lx，故定为 $11W/m^2$ 还是合适的。

1.2.4 标准存在的问题

本标准由于编写过程在 2002 年至 2003 年之间，到目前为止已有近 7 年多的时间。随着照明技术的不断发展以及节能的新光源、新灯具的不断涌现，在某些指标上可能有点落后，比如规定的照明功率密度值还有调整的余地；对于光源、灯具的选择方面还应该更具体或更完善一些，便于设计选择；对于节能的考核指标还应该更全面一些。

1.3 目前标准实施过程中存在的问题

1.3.1 一些照明场所的照度或亮度水平严重超标

特别是一些商场、酒店以及办公建筑，由于缺乏节能环保的意识，盲目比亮，认为"越亮越好"，使得一些场所的照度值严重超标。据调查一些商场的照度值为 300lx 或 500lx（高档），但实际上有的超过了 1000lx。

照明太亮的危害：①浪费能源和资金；②破坏空气质量、不利环保；③加重光污染和光干扰；④加大照明设施维修管理的工作量。

1.3.2 照明工程重装饰轻功能问题

照明的目的是在夜间为人们提供一个良好的视觉条件和光环境。因此，在功能性照明中灯具的功能性是主要的，装饰性是在保证其功能性要求的前提下考虑的一个附带的因素。但建筑师往往对照明标准对节能的要求不了解，只注重建筑的艺术效果，注重照明方式而忽略了照明功能方面的要求，在选择灯具时只看重的是其艺术造型，而不考虑节能。

1.3.3 设计施工监管检查力度不够的问题

监管手段及力度准备不足。一是监管存在技术检测盲区。对工程中所采用的照明器具是否满足设计的要求，不能及时提供必需的检测数据，因而监管执法缺乏有力的依据。二是监管力度不够。照明节能涉及材料检验、施工监管、竣工验收等工程建设全过程和多环节，各方责任主体必须严格执行相关技术标准和审批制度。但由于各监管环节的工作人员，对照明设计强制性标准和照明产品行业标准掌握不够透彻，环节把关不严，造成主观放宽审批尺度或不能准确发现漏洞的情况，使严格的审批制度未得到有效实施。三是室内装饰设计忽视节能审查。虽然建筑设计实施了施工图审查制度，但是对于室内装饰设计、道路照明、景观照明等的施工图缺乏审查制度，导致多数设计违反照明设计强制性标准的要求。

1.4 下一步工作措施

照明节能是一项系统工程，应以规划为龙头，设计是关键，积极推广高光效的照明节电产品，合理选择照明标准、照明方式、照明控制系统，提高照明的利用系数和照明维护管理系数，综合考虑影响照明用电的相关因素，并加强照明设施的维护管理，方能挖掘低碳照明节电的潜力，有效地节约照明用电，从而达到最大限度地节约照明用电之目的。希望尽快启动本标准的修订工作，召开专家研讨会，对本标准目前在实施过程中存在的问题进行梳理，提出解决的办法。研究目前国内外新的照明技术、照明光源的发展现状；研究目前国外照明标准，特别是照明节能标准方面的内容，进一步完善本标准。

1.5 相 关 建 议

1.5.1 加强宣传，提高节能环保意识

加强节能环保，构建资源节约型，环境友好型社会的宣传，提高人们的节能环保意识，为节能环保工作的开展提供良好的群众基础。每个公民

都是节能环保工作的主体，节能环保事业的发展和深入，必须依靠公民的大力支持，公民才是节能环保事业真正的中流砥柱。其力量要求将节能环保的重点落在公民的实际行动上。

1.5.2 完善光源、灯具及其附件等产品的能效评价标准

目前我国在一些光源等产品方面已制订了能效评价标准，但在灯具等方面还缺乏能效评价标准。因此，建议有关部门应完善照明产品的能效评价标准，并将照明产品纳入能效标识的考核，建立市场准入制度。

1.5.3 建立和健全施工图审查制度

根据《房屋建筑和市政基础设施施工图设计文件审查管理办法》（建设部令第 134 号），我国建筑设计实施了施工图审查制度，有专门的审图机构，并每年都有节能大检查。但对于一些室内装饰设计、道路照明、景观照明等，也应根据本办法建立施工图审查制度。

1.5.4 建立和健全节能验收制度

项目设计虽好，但因为在照明方面没有进行专项验收，缺少过程控制，施工中的材料、设备供应以及施工质量问题都难以控制，导致实际效果与设计不符，特别是一些进行过二次装修的场所以及道路照明问题更加严重，应建立工程完工后的验收制度。

我们每个人都肩负着一份责任和使命，为了自己，为了集体，为了国家，为了地球，我们有必要做好自己，更置身于节能环保的事业中——节能环保，你我有责！而这也正是新世纪公民应有的环境观和发展观。

时代呼唤节能环保意识，节能环保，任重而道远！

（注：本文由中国建筑科学研究院赵建平执笔 2011 年）

2 LED 成为标准修订"最纠结"一环

2.1 前　言

《建筑照明设计标准》GB 50034（以下简称"标准"）是建筑工程设计师设计应用照明电气最重要的一部标准，它包括了各类建筑照明设计的数量指标（如照度）、质量指标（照度均匀度、眩光限制、光源颜色、显色性、反射比等）、照明功率密度限值、照明配电及控制等，涵盖了居住建筑、公共建筑和工业建筑的照明标准和节能标准以及有利于执行的"照明管理与监督内容"，对于实施绿色照明，促进照明科技进步和高效照明产品推广产生了重要作用。

近年来，随着我国照明技术的不断发展，特别是最新一代光源发光二极管（LED）在室内外的不断扩大应用，再加上节能减排的趋势要求，对于建筑设计标准提出了新的要求。此背景下，《建筑照明设计标准》GB 50034—2004 的主编单位——中国建筑科学研究院也开始了这一标准的修订意见征询活动。据了解，本次新标准的修订将长达两年，2011 年春节后将确定编制单位和人员名单，期间的两年时间将进行新标准大纲和内容的确定，以及试验、调研，争取 2011 年完成征求意见稿，2012 年底报批。

2.2 节能指标将更严格

标准的编制既要以人为本，创造良好的光环境，反映我国照明技术水平并促进其发展，具有科学性，实用性和前瞻性，并结合中国实际情况向国际标准靠拢，同时又要反映中国的实际水平。既要做到技术先进，经济合理，又要做到维修方便，使用安全，节约能源，保护环境，保障健康和绿色照明等。随着技术及应用的发展，标准的内容也需与时俱进，此次标准修订的主要内容将节能指标的要求进一步严格，以及有关发光二极管（LED）应用的技术指标设置等。

LPD 是指照明功率密度，是建筑房间或场所单位面积的照明安装功率（包括光源、镇流器或变压器），单位为瓦/平方米（W/m²）。规定 LPD 限值，关系到在照明领域的节能、环保等，将促使照明设计全面考虑和顾及照度水平、照明质量和照明能效，促进在设计中推广应用更高效的光源、镇流器、灯具及其他产品。在实际应用中，LPD 限值的规定成为有关主管部门、节能监督等部门对照明设计、安装、运行维护进行有效监督和管理的重要依据。

2004 版标准制定时的一个重大变化就是增加了办公、居住、商业、旅馆、医院、学校及工业等七类建筑的 108 种常用房间或场所的 LPD 最大允许值，除了居住建筑外，标准中的其他六类建筑的 LPD 限制均属强制性标准，这也是我国照明设计标准历史上的首创。当前全球节能环保压力逐步加大，LPD 值的意义也更加凸显。此次标准修订将扩大公共建筑中房间类型的节能标准的规定，如机场、火车站、汽车站、会展建筑、金融建筑等 LPD 值；降低已有建筑 LPD 值；其中将重点解决如何降低各类建筑 LPD 值。

应该看到，LPD 值的规定以及可能进一步的降低对于照明设计而言会是一个很大的挑战。比如，在标准的现实执行中，满足节能规定的 LPD 值与实现建筑的美观装饰要求常常"鱼与熊掌不可兼得"，也成为建筑设计师最为头疼的事情。有设计师表示，尤其是在酒店照明设计，白炽灯或者卤素灯在光线控制等方面效果较好，很多酒店，包括一些国外的连锁酒店，在装修配合的时候会大量采用白炽灯或卤素灯，这样在节能方面一定会超标，节能检查时也一定无法通过，这种节能与装饰要求无法两全的状况也常常会引起设计师与甲方之间的矛盾。究竟是注重效果还是节能？或者在两者之间找到一个平衡点，需要标准规定进一步明确。

另外，实现绿色环保、节能减排是标准制定的目标之一，除了规定 LPD 值，对于照明节能的实现，业内专家纷纷表示控制系统的节能也非常重要，需要重视。照明耗能方面，除了光源本身，照明系统整体的耗能也非常可观，控制系统节能非常重要，可以通过一些控制系统实现智能照明，达到二次节能或多次节能。有专家甚至表示 LPD 值可能会限制安装灯的数量，但这不应该成为节能衡量的全部，通过智能照明实现的节能很可观，照明控制的地位应该比 LPD 值的地位更高。但是通过调光技术调控 LPD 值，成本较高，客户是否可以接受高成本的东西还需要慎重考虑。

可以看到，尽管 LPD 值呈现的降低趋势对照明设计会是巨大的挑战，但从某种角度来看，这种节能要求带来的设计压力和挑战，也会促使照明设计中更多考虑采用有利于降低 LPD 值的照明产品，这为 LED 提供了可以发挥节能、易于实现智能控制等特点的广阔空间。

2.3 LED 写入标准面临的问题

作为未来的照明光源，LED 的技术发展可谓日新月异，应用领域不断拓展，其在室内照明领域的应用被广泛看好，此次新标准的修订也将 LED 光源的选择使用纳入了考虑范围，增加 LED 应用场所的性能指标的内容，对于 LED 而言也是一个很好的机遇。

《建筑照明设计标准》是应用标准，与一般的产品标准不同，应用标准中规定的一些参数会影响到整个行业以及企业的生存和发展，甚至整个国家照明设计水平，标准的重要性不言而喻。从推动照明领域的技术进步来讲，2004 版标准提高了很多指标要求，比如标准中"办公建筑照明标准值"中普通办公室的照度标准值要求由原来的 150lx 提高到了 300lx，显色指数（R_a）由 60 提高到 80，高档办公室的照度标准值要求达到 500lx 等，而标准的实施对照明行业的发展产生了很大的影响，使得当时光通量和光效较低的卤粉荧光灯大部分被淘汰。另外，在标准"照明光源选择"部分中规定"高度较低房间，如办公室、教室、会议室及仪表、电子等生产车间宜采用细管径直管形荧光；高度较高的工业厂房，应按照生产使用要求，采用金属卤化物灯或高压钠灯，亦可采用大功率细管径荧光灯，细管径（≤26mm）三基色直管形 T8 或 T5 荧光灯，用于高度低于 4～4.5m 的房间，如办公室、教室、会议室、医院及仪表、电子车间等等"。在当时卤粉荧光灯为主流的情况下，标准对三基色荧光灯的市场应用起到了很好的促进作用，也推动了国内照明技术水平的提高。

作为应用标准，光源一般会倾向选择成熟、定型的产品，标准的制定实施也相对处于静态，而 LED 是新兴产业，LED 光源与传统光源在性能等方面也有很多不同，且处于快速动态发展的过程中，产品的更新换代速度非常快，如何处理好动与静的关系，如何制定应用标准，以及在为 LED 提供发展空间的同时适当推动 LED 的应用等等让人十分纠结。LED 该如何写入标准？对于 LED 来说，用目前的眩光、显色性等评价指标是否合适？在满足基本照明要求的前提下，如何评价光源在健康、安全、舒适性等方面的性能？对此，业界人士展开了广泛的探讨。

首先是眩光问题。2004 版标准规定公共建筑和工业建筑常用房间或场所的不舒适眩光应采用统一眩光值（UGR）评价，室外体育场所的不舒适眩光应采用眩光值（GR）评价，同时标准规定了统一眩光值和眩光值的计算方法和最大允许值规定，比如，图书馆建筑照明标准值中 UGR 值要求一般为 19，商业建筑照明标准中 UGR 值要求一般为 22 等。目前 LED 存在眩光问题是不可否认的事实，有业内人士表示，LED 表面亮度非常高，容易产生眩光，因此对于 LED 应以综合性指标衡量而不是单单考虑光效，比如整个能效的规定，综合考虑室内照明显色指数、色温等几个方面，制定灯具的能效标准。也有人表示，LED 光学配光方面，因眩光一面的光强值会比较强，可以利用匹配 LED 的灯具新造型，降低亮度，解决眩光问题。

其次是光色评价，当前标准对光源颜色做了规定，室内照明光源色标按照光源的相关色温分为三组（见 2013 版标准表 4.4.1），同时规定，"长期工作或停留的房间或场所，照明光源的显色指数（R_a）不宜小于 80"。当前，同时满足色温和高显色性的要求，尤其是在低色温的情况下实现高显色性，对 LED 而言比较困难。有业内人士表示，色温与荧光粉的关系很大，不同的芯片波长用的荧光粉就完全不同，建议对 LED 采用色坐标制定色温标准。色温整体漂移最好不超过 200K。也有人指出，之前显色性主要是以 R_a 体现，但是当前很多企业，包括国外的一些企业会用 R_i（特殊显色指数：在具有合理允许差的色适应状态下，被测光源照明 CIE 实验色样的心理物理色与残币光源照明同一色样的心理物理色符合程度的度量）的指标评价。

再次是关于人眼的舒适度。LED 是点光源，很多灯具里面是一个个的点，灯具配光曲线差不多是圆的，但却是一个个小点组成的，光谱不是连续的，因此人眼的感觉会不同。标准制定需要考虑不连续光谱对在长时间工作场所人的视觉功效的影响（光生物安全），需要一些研究支持。有业内人士表示，LED 灯不连续光谱对于人体的影响，甚至对于照明环境的影响，是一个很大的课题，不是短时间内能够解决的。但有人也指出，尽管 LED 的光谱跟传统光源有区分，但是其紫外和红外的含量比较少，是 LED 不可忽略的优势。

第四是节能的衡量。目前，标准中衡量节能的重要指标是 LPD 值，主要是从总功率的角度规定，并没有涉及时间因素。业内人士表示，若考虑时间因素，因为 LED 可以比较容易地实现调光，可以根据千瓦时的概念，通过一段时间的使用，比如以 24 小时为使用周期来评价它的能耗指标。

对于 LED 进入室内的标准要求，有人建议，对 LED 光源需要设定颜色一致性、光衰和色衰等几方面的要求。其中照明最重要是以目测为主，数据为辅。色温有上限有下限，色差最好在 500K 以内。而光衰则建议最好保持在 3%～5%，目前光衰小于 5%很多企业已能做到。也有人指出，对于传统灯具，灯具跟光源是分开的，但对 LED 而言，可能会出现光源跟灯具一体化的形式，而目前标准是把光源和灯具按照传统效率来区分评价，LED 可能会出现不适应的情况。因此可以按照灯具的总体能效来计算，用总的输出光通量和总的输入功率比值的方式体现出来。

有业内人士表示，根据目前 LED 的发展水平，在一个照明空间里完全采用 LED 不太适合，在标准里可以明确推荐哪些功能场所适合哪些光源，特别是综合性的场所，尽可能对不同场所灯具做一些推荐。LED 处于动态的发展过程中，LED 进入室内，还需要很多理论数据支撑。另外，LED 还需在提高显色指数上降低价格。

2.4 LED 发展需重视设计的应用需求

如前所述，《建筑照明设计标准》GB 50034 作为应用标准非常重要，倘若标准中写入 LED，有利于完善建筑照明设计标准，也有利于规范半导体照明产品市场，便于指导工程设计单位应用 LED，对半导体照明产业的发展也将起到积极的推动作用。

而通过此次标准修订意见征询活动，应该看到，实现低碳照明节能的前提应该是满足人们正常的视觉需求，也就是满足照明设计标准的要求，这其中设计非常关键，涉及照明方式的选择，高效节能照明产品的选用等，从这个角度，LED 满足设计的应用需求是推广 LED 应用，推动 LED 发展非常重要的一环。反观当前 LED 的应用，却存在着不明确或忽略设计应用需求的状况。设计应用的需求和要求是什么，LED 如何应用在照明设计中，在照明设计中，设计师们遇到的难题是什么，LED 如何满足设计需求等一系列问题值得业界关注和思考。

（注：本文由中国建筑科学研究院赵建平整理 2011 年标准修订专题讨论会议）

3 LED 现状及发展报告

3.1 前 言

1999 年 10 月 6 日来自 Hewlett-Packard/Lumileds 和 Sandia 国家实验室的 4 位作者撰写了题为"关于国家半导体照明研究规划的情况分析"的白皮书。这份白皮书第 1 次以综合分析的方式概述了半导体发光二极管（LEDs）用于通用照明的前景和潜能。该白皮书的发表在世界范围内激发了不少政府和工业界对这项技术的热情和投资。

3.1.1 美国国家半导体照明研究计划及发展战略

美国以国家力量推动 LED 照明的发展，在时间、资金、投入人力和机构数量都是其他国家、地区和组织无法比拟的。能源部在 2000 年就开始启动国家半导体照明研究计划，即"下一代照明计划"（NGLI），计划原定时间为 2002 年至 2020 年，后又延长至 2025 年。该计划已被列入美国能源法案，由国防高级研究计划局和光电产业发展协会负责执行，共有 13 个国家重点实验室、公司和大学参加。该计划从 2000～2010 年，投资 5 亿美元，用 LED 取代 5% 的白炽灯和荧光灯；随后，能源部负责制定了《固态照明研究与发展计划》（SSL），《固态照明商业化支持五年计划》（草案），《固态照明研发：LED 制造路线图》等。目标是到 2012 年，美国市场能够推出的商用暖白发光二极管照明光源至少达到 105lm/W 的发光效率，对于商用冷白发光二极管照明光源至少达到 135lm/W 的发光效率。SSL 计划的战略措施包括基础研究、核心技术研究、产品开发、商业化支持、标准开发以及产业合作等方面。

3.1.2 日本 21 世纪光计划及发展战略

日本是世界上最早启动半导体照明计划的国家，"21 世纪光计划"始于 1998 年，计划的财政预算约为 60 亿日元。该计划由日本经产省（METI）为新能源产业技术综合开发机构（NEDO）提供资助，具体由 NEDO 和日本金属研究开发中心（JRCM）共同实施。研发工作由 4 所大学、13 家企业和日本电灯制造协会合作进行。投入 50 亿日元的第一期计划（1998～

2002 年）早已完成，第二期目标计划是在 2006 年完成用白光 LED 照明替代 50% 传统照明的目标，计划 2010 年发光效率达到 120lm/W。日本的新能源政策全力支持新一代照明的发展，在 2020 年市面上销售的照明器具 100% 为新一代高效率照明，在 2030 年，使用中的照明器具将 100% 全面更换成新一代高效率照明。日本对于 LED 产业政策发展，已由过去以协助技术成长为主转向培养需求市场，即通过推进 LED 标准制定执行与减免税收鼓励采购 LED 产品，以扩大市场需求与销量。

3.1.3 欧盟彩虹计划及发展战略

欧盟于 2000 年 7 月实施 "彩虹计划"（Rainbow project brings color to LEDs），设立执行研究总署，通过欧盟的 BRITE/ EURAM-3 program 支持推广白光 LED 的应用，参与的执行机构包括六个大公司(LSTM、CRHEA-CNRS、EPichem、Aixtron、Thom son-CSF、philips）和两所大学（Surrey、Aveiro）。"彩虹计划" 主要推动两个重要的市场增长：一是高亮度户外照明；二是高密度光碟存储。最终的目标是 L E D 产品和激光二极管。

3.1.4 中国 LED 照明产业政策

发展 LED 照明符合我国产业发展战略，我国十分重视半导体照明产业的发展，相继出台了一系列政策，促进相关产业发展。

➢ 我国于 2003 年开始启动了 "半导体照明工程"。

➢ 2009 年 4 月科技部组织开展 "十城万盏" 半导体照明应用工程试点。

➢ 2010 年 8 月发改委发布《半导体照明节能产业发展意见》。

➢ 2010 年 10 月组织开展了半导体照明产品应用示范工程。在不同气候条件的地区，选择 15 个半导体路灯应用项目开展示范。

➢ 2012 年由财政部、国家发改委、科技部组织开展 "半导体照明产品财政补贴推广项目"。

3.1.5 小结

在各国政府的大力推动下，LED 技术取得很大的进展，白光 LED 以其效率高、功耗小、寿命长、响应快、可控性高、绿色环保等显著优点，被认为是 "绿色照明光源"，预计将成为继白炽灯、荧光灯之后的第四代照明光源，具有巨大的发展潜力。

近年来随着半导体照明产业的快速发展，LED 照明产品逐步在照明领域中体现出其节能优势。根据美国能源部 DOE 数据，从 2006 年到 2012 年期间，半导体照明产品光效及单灯光通稳步提升。美国能源部根据 LED 芯片光效和寿命等，综合预测了 LED 灯具性能的发展趋势，预计到 2020 年暖白光 LED 灯具效能应达到 170lm/W，最终目标要达到 202lm/W。因此可以预见在近年中半导体照明产业在照明领域中的应用将更加广泛。

3.2 LED 与传统照明技术节能潜力分析

近年来半导体照明技术已经取得了较为显著地成就，美国能源部根据 LED 芯片效率、LED package 效能和寿命的发展趋势，综合预测了 LED 灯具性能的发展趋势，见表 3-1。到 2020 年暖白光 LED 灯具效能应达到 170lm/W，最终目标要达到 202lm/W。

表 3-1 暖白 LED 灯具性能发展目标

公制单位	2011	2013	2015	2020	最终目标
元件（package）效能（lm/W）	97	129	162	224	266
热效率（%）	86	87	88	90	90
驱动器效率（%）	85	87	89	92	92
Fixture 效率（%）	86	87	89	92	92
合计的灯具效率（%）	63	66	69	76	76
灯具效能（lm/W）	61	85	112	170	202

同时随着 LED 技术的快速发展，其产品价格也将快速降低（见表 3-2），预计到 2020 年其价格将为 2011 年水平的 4%～6%，从而有效提高 LED 产品的市场竞争力。

表 3-2 LED 颗粒价格和性能预测表

度　　量	2011	2013	2015	2020	最终目标
冷白光效能（lm/W）	135	164	190	235	266
冷白光价格（\$/klm）	9	4	2	0.7	0.5
暖白光效能（lm/W）	98	129	162	224	266
暖白光价格（\$/klm）	12.5	5.1	2.3	0.7	0.5

美国能源部于 2013 年 10 月发布了 LED Lighting Facts、能源之星等 LED 产品认证完成认证的 9118 个 LED 照明产品能效数据，该文件对于了解 LED 照明产品在室内照明应用的现状具有十分重要的参考价值。

3.2.1 非定向及装饰性 LED 光源

1. 非定向光源

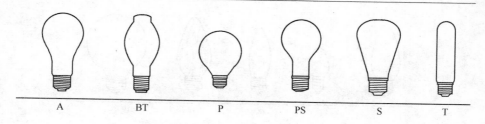

| | A | BT | P | PS | S | T |

图 3-1 非定向光源类型示意图

非定向光源包括 A、BT、P、PS、S 及 T 类光源（如图 3-1）。根据能源之星关于此类光源的光效要求：输入功率小于 15W 多的非定向光源初始光效不应低于 55lm/W，而输入功率大于 15W 的光源初始光效则不应低于 60lm/W。而 L Prize 对于此类光源的光效限值不应低于 150lm/W。根据近年来相关检测数据如图 3-2，图中还标注了能源之星替换 100W 白炽灯 A 光源的目标出射光通和光效。从检测结果可见，近年来随着 LED 技术的发展已经出现了几款 LED 非定向光源的出射光通及光效超过了 2009 年飞利浦获得 L Prize 奖的目标替换 60W 白炽灯光源的 LED 灯性能。

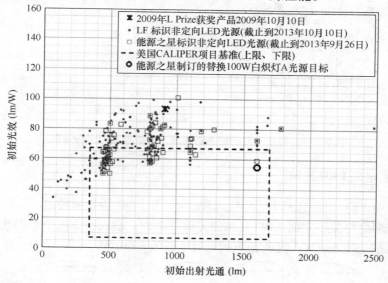

图 3-2 非定向光源初始出射光通及光效测试结果分布图

2. 装饰性光源

装饰性光源包括 B、BA、C、CA、DC、F 及 G 类光源（如图 3-3）。根据能源之星关于此类光源的光效要求：输入功率小于 15W 多的装饰性光源初始光效不应低于 45lm/W，输入功率为 15～25W 的装饰性光源初始光效不应低于 50lm/W，而输入功率大于 25W 的光源初始光效则不应低于 60lm/

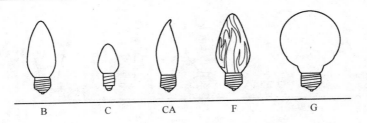

图 3-3　装饰性光源分类示意图

W。图 3-4 反映了当前 LED 装饰性光源的性能分布情况。

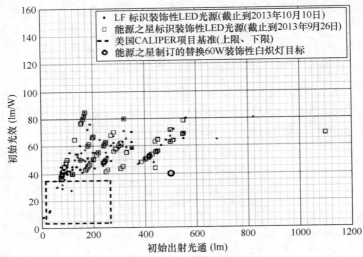

图 3-4　装饰性光源初始出射光通及光效测试结果分布图

3.2.2　定向 LED 光源

定向 LED 光源包括 R、BR、ER、MR 和 PAR 等光源种类（见图 3-5），美国能源之星关于定向 LED 光源的光效要求为：输入功率低于 20W 的光源光效不低于 40lm/W，其他光源的光效不低于 50lm/W。

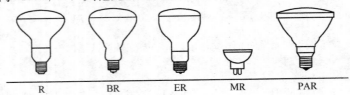

图 3-5　定向 LED 光源分类示意图

1. 发光二极管 PAR 灯

图 3-6 显示了近 3500 套发光二极管 PAR 灯检测结果，并标注出 CALI-

PER 基准、L Prize 关于 PAR38 光源获奖标准，以及一体化陶瓷金卤灯性能参数，从而更好地了解当前发光二极管 PAR 灯的性能发展水平。从图中可以发现，相较于白炽灯、卤钨灯甚至陶瓷金卤灯等传统光源，当前发光二极管 PAR 灯的节能优势已经得到显著体现。

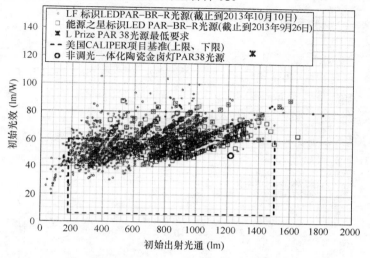

图 3-6　发光二极管 PAR 灯初始出射光通及光效测试结果分布图

2. 发光二极管 MR 灯

图 3-7 显示了近 250 个发光二极管 MR 灯检测结果，并标注出 CALi-PER 基准以及目标替换的 50W 卤钨灯的性能参数，从而更好地了解当前发光二极管 MR 灯的性能发展水平。从图中可以发现，相较于传统光源，当

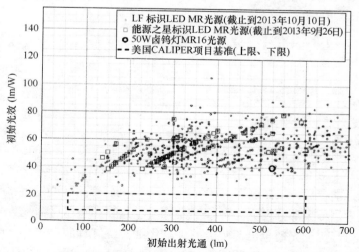

图 3-7　发光二极管 MR 灯初始出射光通及光效测试结果分布图

前发光二极管 MR 灯的节能优势已经得到显著体现。然而由于 MR 灯自身尺寸很小,因此发光二极管 MR 灯仍然面临着光源兼容性以及小型化等诸多挑战,这些问题也是导致紧凑型荧光灯以及陶瓷金卤灯等光源无法应用于该领域的重要原因。

3.2.3 发光二极管筒灯

图 3-8 显示了近 2000 个发光二极管筒灯检测结果,并标注出 CALiPER 基准、DOE 提出的 2017 年发光二极管筒灯发展目标以及使用电子镇流器驱动的 39W 陶瓷金卤灯的主要性能参数,从而更好地了解当前 LED 筒灯的性能发展水平。虽然使用电子镇流器的陶瓷金卤灯相较于紧凑型荧光灯具有更高的灯具效能,然而由于陶瓷金卤灯调光性能较差,且无法瞬时点亮等问题都制约了其发展和应用。从图中可以发现,当前已经有部分发光二极管筒灯的出射光通及效能超过了图中的陶瓷金卤灯产品。

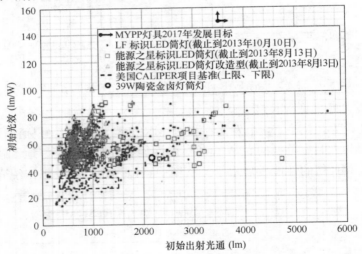

图 3-8 发光二极管筒灯初始出射光通及光效测试结果分布图

3.2.4 发光二极管平面灯

图 3-9 显示了近 1500 个发光二极管平面灯检测结果,并标注出 CALiPER 基准、DOE 提出的 2017 年发光二极管平面灯发展目标以及典型的双管 T8 荧光灯具的性能参数,从而更好地了解当前 LED 平面灯的性能发展水平。从图中可以发现当前大部分发光二极管平面灯已经达到甚至超过传统荧光灯具的效能,其灯具出射光通也已逐步能够满足代替传统灯具的要求。其中特别是部分产品性能已经接近 DOE 提出的 2017 年发光二极管平面灯发展目标。

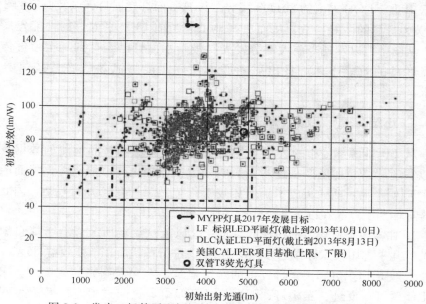

图 3-9　发光二极管平面灯初始出射光通及光效测试结果分布图

3.2.5　发光二极管天井灯

图 3-10 显示了近 926 个发光二极管天井灯检测结果，并标注出 CALi-

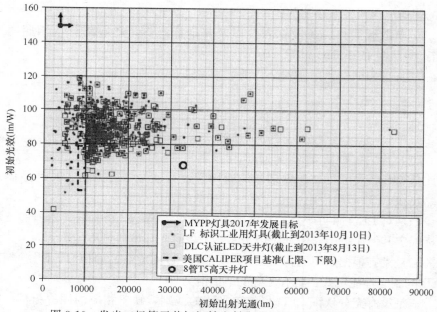

图 3-10　发光二极管天井灯初始出射光通及光效测试结果分布图

PER 基准、DOE 提出的 2017 年发光二极管平面灯发展目标以及典型的 8 管 T5 荧光灯具的性能参数，从而更好地了解当前 LED 平面灯的性能发展水平。从图中可以发现当前大部分发光二极管平面灯已经达到甚至超过传统荧光灯具的效能，其灯具出射光通也已逐步能够满足代替传统灯具的要求。

3.2.6 小结

从美国能源部公布的近年来关于发光二极管照明产品检测的数据我们可以发现，LED 照明产品逐步在照明领域中体现出其节能优势。然而由于 LED 照明产品目前购买成本仍然相较于传统光源具有较大的差距，因此推荐半导体照明产品在以下几类建筑场所中推广应用。

1. 住宅或类似场所的楼梯间、走道。以前这类场所装设有节能自熄开关的灯几乎都用白炽灯作为光源，用 LED 进行替代后，节能效益可观；

2. 使用白炽灯和卤素灯较多的宾馆建筑。客房需调光的床头灯、床头顶上阅读灯、夜灯、衣柜灯、吧台灯、开门灯、进门过道灯以及卫生间洗浴灯等；

3. 应用于公共建筑的筒、射灯，商店建筑（商场）作重点照明的射灯，博览建筑（博物馆、美术馆等）的射灯；

4. 建筑里视觉条件要求不太高的辅助场所，如走道、卫生间、一般用途的库房、风机、水泵房等；

5. 疏散照明灯、疏散标志灯以及其他标志灯，还有部分备用照明灯（当正常照明采用 HID 灯时）；

6. 局部照明灯，采用安全特低电压（SELV）的检修灯。

3.3　重点关注问题

LED 作为一种新光源，一方面由于其自身的特点与传统光源有所不同，因此亟须开展关于相关评价指标的适用性研究；另一方面由于其产品尚未成熟，在 LED 照明应用中也存在一系列的问题亟待解决：

一是对 LED 照明产品缺乏正确的理解和认识，没能根据其当前的技术指标限定其使用范围，使其应用于实际工程时光环境质量不佳；

二是没有根据照明的特点，充分发挥 LED 的优势，如相对于传统光源，LED 的调光性能更好，具有更好的节能潜力；

三是没有充分认识 LED 与传统光源的区别，缺乏相应的评价指标，在应用中存在一定误区，带来了一些新的问题，如 LED 的光色品质问题。

这些问题的出现，造成了很多不必要的损失，对 LED 行业造成了负面影响。

3.3.1 发光二极管灯显色性评价方法

显色指数是衡量照明光环境和产品性能的重要指标。早在 1948 年国际照明委员会 CIE 就提出了用于光源显色性评价的方法，这是一种基于光谱波段的方法，通过选择已知的显色性好的光源如白炽灯或日光作为参照，在可见光谱的各个波段将待测光源与参照光源进行对比，衡量其显色性。按照这种评价方法进行设计的光源，其能效不高。随后，CIE 在 1965 年提出了基于标准颜色试样的显色性评价方法，即 CRI，并在 1974 年和 1995 年进行了修正。直到现在，CRI 仍然在全世界范围内广泛使用。然而，传统的 CRI 方法在实际应用中存在一些问题，比如当光照使物体色的饱和度增加时，CRI 的数值并不能与视觉的感受相一致，而将传统的显色指数评价方法应用于 LED 时也出现了许多问题。国际照明委员会 CIE 在 2006 年成立了一个新的技术委员会 TC 1-69，研究白光光源的显色性问题，目的是开发并推荐一个新的 CIE 显色指数评价系统，对传统光源和 SSL 光源都适用。在 2010 年普林斯顿会议后，提出了 7 种新的评价方法，即 Color quality scale（CQS），CRI-CAM02UCS, Rank-order based color rendering index (RCRI)，Feeling of contrast index (FCI)，Harmony rendering index (HRI)，Memory CRI (MCRI)，and Categorical color rendering index (CCRI)，除了这 7 种方法外，还有两种方法 CIE CRI ＋ GAI（Gamut Area Index）和一种 Monte Carlo 方法也提交到了该委员会，也就是说到目前为止，提出了 9 种新的方法。

其中由 NIST 开发的 CQS 是一套新的显色指数评价系统，目的是适用于传统光源和 SSL 光源。该方法不仅考虑了颜色的保真，还考虑了颜色分辨和使用者的喜好等因素。和 CRI 类似，该方法也是一种基于标准颜色试样的显色性评价方法，但这些试样和 CRI 方法选择的试样完全不同，CQS 选择的试样饱和度更高，且在色相环中分布较为均匀，如图 3-11 所示。

CQS 还考虑了 CCT 的修正因子，采用的色空间是 CIE LAB 颜色空间，以及 CMCCAT2000 色品位移变换，计算时采用的是均方根而不是算术平均值。利用该方法还可得到颜色保真量值、颜色喜爱指数和全光谱范围指数。美国 NIST 的 Yoshi Ohno 和 Wendy Davis 在其 Rationale of Color Quality Scale 一文中对 CQS 和 CRI 进行了对比，并认为 CQS 成功解决了 CRI 用于 LED 所遇到的问题。从文献调研和实际应用的情况来看，其余的显色性评价方法很少涉及，因此标准编制过程中重点对 CRI 和 CQS 进行对比分析。

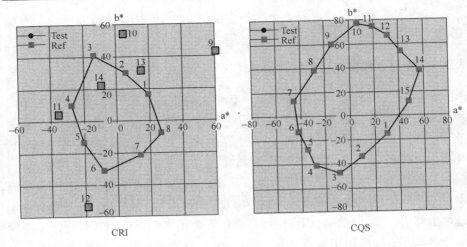

图 3-11　光源显色性试样对比图

1. CRI 和 CQS 评价结果对比

1）传统光源的对比

分别利用 CRI 和 CQS 对传统光源进行评价，结果如下图所示：

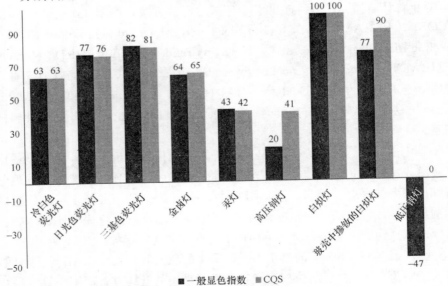

图 3-12　CRI 和 CQS 对传统光源评价结果对比图

可以看到，对于多数传统光源，两者没有显著差别。但两者对于 HPS（高压钠灯）、NEODYMIUM incandescent（玻壳中掺钕的白炽灯）和 LPS（低压钠灯）有较大的差异。

下图给出了 NEODYMIUM incandescent 的特殊显色指数。CQS 考虑了色增强光的补偿，因而其 CQS 评价值较高。

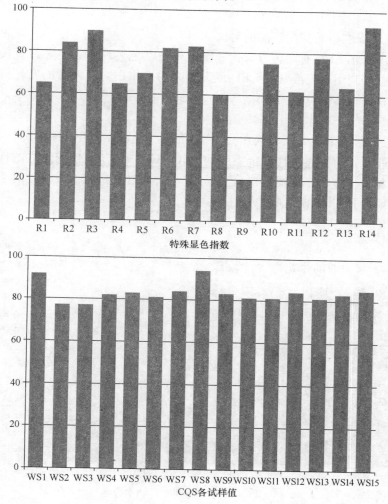

图 3-13　CRI 和 CQS 对 NEODYMIUM incandescent 的
特殊显色指数评价结果对比图

HPS 和 LPS 是以单色辐射占优势的光源，特别是 LPS，CRI 并不完全适用。按照 2009 年欧盟关于灯具产品的要求 COMMISSION REGULA-TION（EC）No 245/2009，白光的色度坐标 x，y 需满足：$0.270 < x < 0.530$，$-2.3172x^2 + 2.3653x - 0.2199 < y < -2.3172x^2 + 2.3653x - 0.1595$。实际上，LPS（$x = 0.5590$，$y = 0.4050$）已经超出了该范围，而 HPS（$x = 0.5190$，$y = 0.4143$）也接近该范围上限，不属于严格意义上的

白光，对其进行显色性的评价意义其实已不大。

从上述分析可知，对于传统光源，CRI 和 CQS 的评价结果基本是一致的。

2）发光二极管照明产品的对比

实现白光 LED 有两种方式：一是混合三基色芯片或者多芯片直接合成白光；二是利用蓝光或紫外 LED 激发荧光粉发出白光。两者的发光机理不同，其特征光谱也有较大差异：

a）荧光 LED

通过对 14 个荧光粉转换白光 LED 光源（色温 2700K～6200K），见图 3-14，进行了两种显色性评价系统的比较。CRI 和 CQS 偏差最大的样品的评价值相差 4 左右（见图 3-15），差异较小。通过分析我们发现，对于荧光 LED，CRI 和 CQS 两者的差异并不大。

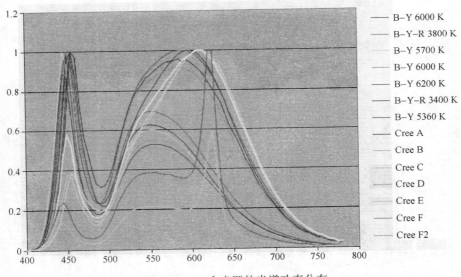

图 3-14　14 个光源的光谱功率分布

b）RGB 型 LED

通过对 6 个 RGB 型的 LED 光源（色温 2700K～6200K），见图 3-16，进行了两种显色性评价系统的比较。可以看到，CRI 和 CQS 的差异较为显著（见图 3-17），且 RGB 型 LED 的显色性随峰值波长变化敏感。

c）总结

然而荧光粉转换型白光 LED 灯也被认为是比混合三基色芯片或者多芯片直接合成白光方法更好的方法，其主要原因包括：

首先，在可见区效率的改进是不平衡的。自 1999 年以来，在 85℃时，

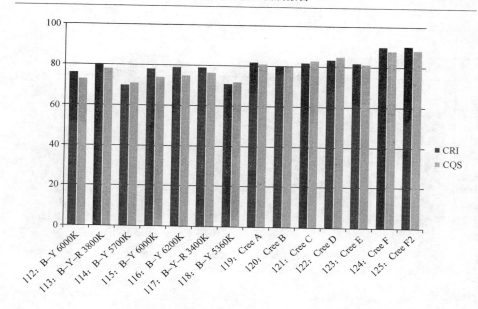

图 3-15 CQS 和 CRI 的差异对比图

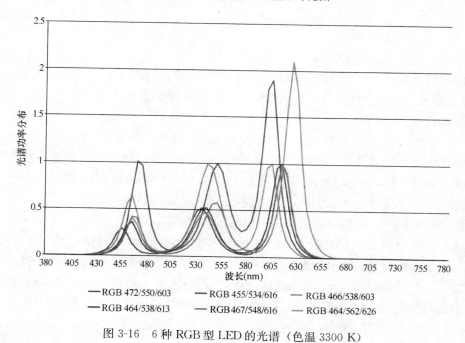

图 3-16 6 种 RGB 型 LED 的光谱（色温 3300 K）

激发荧光粉用的蓝光 LED 的效率提高了 5 倍，而红光、黄光和绿光 LED 的效率只提高了 2～3 倍。

其次，传统照明技术并不需要协调色调，因此利用多色光混光技术的

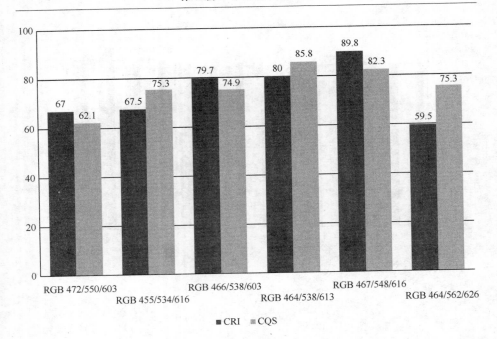

图 3-17 CQS 和 CRI 的差异对比图

优势并未在一般照明中得到有效体现；与此同时，由于人的视觉系统对于白光的色品正确与否是极其敏感的，因此对在室内照明中白光 LED 灯颜色稳定是影响其应用推广的重要因素，而该问题却是混光方法所面临的重要技术瓶颈。

最后，覆盖绿-红波长范围的优质荧光粉已经开发成功，它们的内量子效率极高，而且具有很好的热和环境稳定性。然而，与荧光灯和紧凑型荧光灯相比，PC-LED 所用的粉量是非常少的。因此如果考虑到其他技术的费用的话，荧光粉在 SSL 灯的全部成本中所占的比例或许可以忽略不计，这也大大提高了荧光粉转化型白光 LED 灯的市场竞争优势。

虽然 CRI 方法仍然存在着一定的技术缺陷，但是对于当前国际照明领域所提出的新的光源显色性方法，其主要差别仅是在窄带光谱光源中存在较大差异，而对于其他光源则较为一致。而当前荧光粉转换型白光 LED 灯仍然持续占有市场统治地位，因此在一般照明领域继续使用 CRI 方法，在照明实践中对于窄带光谱的 RGB 型的 LED 光源评价带来的误差可以忽略。

2. 现有标准应用情况

从现有标准的应用情况来看，各国基本上还是采用了 CRI 的评价指标，如表 3-3 所示：

表 3-3 不同国家标准显色性评价方法对比

国家	评价方法	相关标准
中国	CRI	GB 50034 GB/T 5702
日本	CRI	JIS Z 8726 JIS Z 9101
欧盟	CRI	EN 12464-1
美国	CRI	ANSI C78.377
IEC	CRI	IEC/PAS 62722-2-1 IEC/PAS 62717

我国现行的设计标准采用的是 CRI，其详细的计算步骤参照的是《光源显色性评价方法》GB/T 5702。

3. 小结

通过上述对比分析可知，CRI 与 CQS 的主要差别在于对由单色芯片组合的白光 LED 的显色性评价上。而当前荧光粉转换型白光 LED 灯仍然持续占有市场统治地位，因此在一般照明领域中，CRI 方法对于窄带光源显色性评价问题并未得到显著体现。同时由于当前国际上主要标准，包括半导体照明产品标准，仍然采用 CRI 方法，因此我们建议在 GB 50034 中仍采用 CRI 作为光源显色性的评价方法。

3.3.2 发光二极管灯光色度性能要求

利用芯片产生的蓝光或紫外光激发荧光粉产生白光是当前白光发光二极管的主要发光原理。目前功率型白光 LED 封装工艺还很不成熟，散热及荧光粉涂层是两大封装工艺突破重点。用于照明领域的白光功率 LED，其色度性能仍然是制约其在室内照明应用领域推广的主要问题之一，主要体现在以下几个方面：

➤ LED 颜色一致性

➤ 颜色漂移

➤ 颜色空间分布

1. LED 白光定义及一致性

人工作生活中主要使用白光光源进行照明，因此照明产品在建筑照明中应用，首先需要解决的问题就是其光色是否满足白光定义及范围，因此很多国家标准也对白光进行了明确定义。

相同光源间存在较大色差的话势必影响视觉环境的质量。比如传统光源中的金卤灯的光源间光色一致性相比于荧光灯有较大的差距，从而导致金卤灯很难在室内照明应用中得到推广。与金卤灯相似，白光 LED 光源之间也存在着较为明显的色差，根据美国照明研究中心（LRC）的研究表明，很多 LED 光源间的色差甚至超过了 12 倍 MacAdam 椭圆。这样巨大的色差显然影响了 LED 照明产品在室内照明中的应用。因此 LED 照明产品在室内照明应用中，如何去评价其光源间颜色一致性，就成为当前标准制定中的一个重要问题。下面将简单介绍当前国际上关于光源色度性能要求的标准内容。

a）美国 ANSI 标准《半导体照明产品色度要求》C78.377-2011

美国 ANSI_ANSLG C78.377 标准利用偏离黑体普朗克曲线距离 Duv 来定义白光，具体指标见表 3-4：

表 3-4 初始相关色温允许偏差

设计色温 CCT（K）	色温允许测量值（K）	Duv
2700	2725 ± 145	−0.006 to 0.006
3000	3045 ± 175	−0.006 to 0.006
3500	3465 ± 245	−0.006 to 0.006
4000	3985 ± 275	−0.005 to 0.007
4500	4503 ± 243	−0.005 to 0.007
5000	5028 ± 283	−0.004 to 0.008
5700	5665 ± 355	−0.004 to 0.008
6500	6530 ± 510	−0.003 to 0.009

为了保证光源之间的一致性，在此基础上，该标准又对不同标称色温光源的色坐标进行了明确的界定，见表 3-5 及图 3-18：

表 3-5 LED 照明产品色坐标点

设计色温（K）	2700		3000		3500		4000	
	x	y	x	y	x	y	x	y
中心点色坐标	0.4578	0.4101	0.4338	0.403	0.4073	0.3917	0.3818	0.3797
顶点坐标	0.4813	0.4319	0.4562	0.426	0.4299	0.4165	0.4006	0.4044
	0.4562	0.426	0.4299	0.4165	0.3996	0.4015	0.3736	0.3874
	0.4373	0.3893	0.4147	0.3814	0.3889	0.369	0.367	0.3578
	0.4593	0.3944	0.4373	0.3893	0.4147	0.3814	0.3898	0.3716

续表 3-5

设计色温（K）	4500		5000		5700		6500	
中心点色坐标	x	y	x	y	x	y	x	y
	0.3611	0.3658	0.3447	0.3553	0.3287	0.3417	0.3123	0.3282
顶点坐标	0.3736	0.3874	0.3551	0.376	0.3376	0.3616	0.3205	0.3481
	0.3548	0.3736	0.3376	0.3616	0.3207	0.3462	0.3028	0.3304
	0.3512	0.3465	0.3366	0.3369	0.3222	0.3243	0.3068	0.3113
	0.367	0.3578	0.3515	0.3487	0.3366	0.3369	0.3221	0.3261

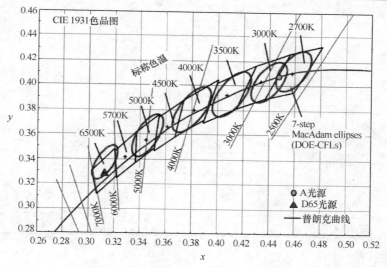

图 3-18　CIE1931 坐标系下 LED 照明产品色坐标点分布图

b）欧盟 COMMISSION REGULATION（EC）No 245/2009

欧盟标准规定白光光源色坐标应满足以下要求：

$$0.270 < x < 0.530$$

$$-2.3172x^2 + 2.3653x - 0.2199 < y < -2.3172x^2 + 2.3653x - 0.1595$$

其具体范围见图 3-19：

c）《一般照明用 LED 模块性能要求》IEC/PAS 62717

该标准对 LED 模块按照其色度性能，根据其偏离对应标准色坐标点的距离划分为四类，从而同时对 LED 模块的白光定义和一致性做出了规定，如表 3-6。

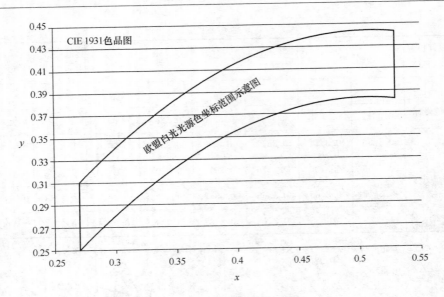

图 3-19 欧盟白光范围示意图

表 3-6 颜色差异性分类表

对应标准色坐标点的 MacAdam 椭圆大小	颜色差异性分类	
	初始值	维持值
3SDCM	3	3
5SDCM	5	5
7SDCM	7	7
>7SDCM	>7	>7

而各模块的色容差可以根据下式计算得出:

$$g_{11}\Delta x^2 + g_{12}\Delta x\Delta y + g_{22}\Delta y^2 = n^2$$

式中 n 为对应的颜色差异分类,而标准色坐标点可见表 3-7。

表 3-7 标准色坐标表

颜　　色	T_c	x	y
F5000	5000	0.346	0.359
F4000	4040	0.380	0.380
F3500	3450	0.409	0.394
F3000	2940	0.440	0.403
F2700	2720	0.463	0.420

而 g_{11}，g_{12}，g_{22} 等系数均可由表 3-8 查得。

表 3-8　MacAdam 椭圆计算系数表

颜　　色	g_{11}	g_{12}	g_{22}
F5000	56×10^4	-25×10^4	28×10^4
F4000	39.5×10^4	-21.5×10^4	26×10^4
F3500	38×10^4	-20×10^4	25×10^4
F3000	39×10^4	-19.5×10^4	27.5×10^4
F2700	44×10^4	-18.6×10^4	27×10^4

而这一方法也应用于双端荧光灯、节能灯及金卤灯等传统光源的颜色一致性评价中。

d)《LED 室内照明评价指标综述》CIE 205-2013

由于当前照明领域关于照明质量的评价指标多是基于荧光灯等传统光源制订的，为了更好地确定这些评价指标对于 LED 在室内照明应用的适用性，CIE 成立了 TC 3-50，该技术委员会整理了当前关于 LED 在室内照明应用的主要文献，从而完成了 CIE 205-2013 号文件《LED 室内照明评价指标综述》，针对光源间颜色一致性问题，该技术文件建议使用 CIE 1976 色度坐标体系进行评价，并认为在 CIE 1976 色坐标体系下 $\Delta u'v' = 0.001$ 大约为 1 倍的 MacAdam 椭圆。而 CIER 2-66 则认为在我们常用的白光区域内，CIE 1976 色度空间中的 MacAdam 椭圆近似为圆形，且 $\Delta u'v' = 0.0011$ 大约为 1 倍的 MacAdam 椭圆。在标准编制过程中，标准编制组对以表 3-7 中各标准色坐标点（转换到 CIE 1976 色度空间中）作为圆心，以 0.0055 半径的圆上各点的色度坐标（CIE 1931 色度空间），并按照表 3-8 计算出各点相较于标准色坐标点间的色容差，见表 3-9。

表 3-9　CIE 1976 色度空间与 MacAdam 椭圆间关系

标称色温	色容差（SDCM）		
	最大值	最小值	平均值
5000	6.1	4.2	4.9
4000	6.1	4.5	5.1
3500	6.2	4.7	5.3
3000	6.2	4.7	5.4

从上表可见，CIE 1976 色度空间还并不是一个真正地均匀色度空间，虽然以标准色坐标点作为圆心，以 0.0055 半径的圆上各点的平均色容差非常接近 5SDCM（特别对于高色温光源），然而其各点间差异较为明显，接

近 2SDCM，显然带来过大的评价误差。

e)《光源显色性评价方法》GB/T 5702 - 2003

与 ANSI C78.377 标准相似，国家标准 GB 5702 中规定，在 1960 色坐标下，一个白光光源的色坐标与标准光源的色坐标 Δc 应小于 5.4×10^{-3}（相当于 $15MK^{-1}$）。

f）小结

为了便于对不同标准之间进行比较，我们将几种标准要求绘制在同一个图中（见图 3-20），可知欧盟关于白光的定义最为宽松，远大于其他标准的应用。同时 ANSI 标准是基于 MacAdam 椭圆方法的 7SDCM 确定的，因此相较于 IEC 标准较为宽松。而针对《LED 室内照明评价指标综述》CIE 205-2013 所提出的利用 CIE 1976 色度坐标体系，由于对于各标准色坐标点下以 0.0055 半径的圆上各点的色度坐标计算出的各点间色容差存在较大差异。同时考虑到我国现行照明产品标准主要是依据 IEC 标准中 MacAdam 椭圆方法评判产品颜色一致性，为了便于不同产品之间的可比性，因此在本标准中仍采用此方法，且规定建筑照明用 LED 照明产品色容差不应大于5SDCM。

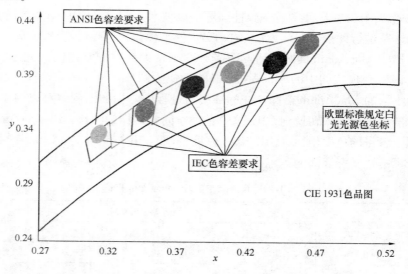

图 3-20　各种光源颜色一致性定义方法对比图

由于采用此方法评判产品色度一致性，其要求比 ANSI 标准中关于偏离黑体普朗克曲线距离 Duv 的要求更加严格（如图 3-21 所示），因此本标准将只规定光源与标准色坐标点之间的色容差，而不再对白光定义做明确要求。

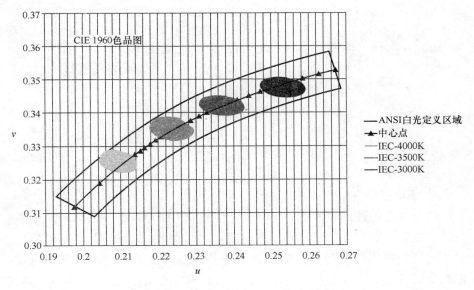

图 3-21 色容差法与 Duv 法对比图

2. LED 颜色漂移

由于随着输入电流的增大，半导体芯片将散发一定热量，进而导致半导体芯片及涂覆其上的荧光粉温度上升，造成 YAG 荧光粉容易发黄和衰减。而当前关于 LED 产品性能稳定性的规定多为光通维持率等要求，因为在多数应用中 LED 光通维持率可能会产生安全问题，而颜色漂移则主要产生美观及心理感受差异。由于当前人在室内工作时间的不断延长，其对室内光环境质量提出了更高的要求，因此 LED 颜色漂移问题成为制约半导体照明产品在建筑照明应用的推广的重要技术问题。因此 LED 照明产品在建筑照明中应用就必须保证其光色的稳定性。然而当前关于 LED 照明产品色漂移规定的标准较少，主要方法为：

➤ 美国能源部 DOE《LED 灯具能源之星认证的技术要求》的规定，要求 LED 光源寿命期内的色偏差应在 CIE 1976（$u'v'$）系统中的 0.007 以内。

➤ IEC/PAS 62717 则仍然采用 MacAdam 椭圆的方法对 LED 照明产品色漂移进行规定。

由于后一种方法需要首先计算任意色坐标点下的 MacAdam 椭圆系数，而这样计算极其复杂。两种方法相比而言，美国能源部的方法更为简单，操作更为方便，因此本标准中拟采用该方法对产品色漂移进行规定。它可在测试灯具不同使用时间后测量灯具平均色坐标之间的最大偏差，并按下式计算得出：

$$\Delta u'v' = \mathop{MAX}\limits_{j=1}^{j=m-1}(\sqrt{(u_0' - u_j')^2 + (v_0' - v_j')})$$

式中：u'_0, v'_0——在国家标准《均匀色空间和色差公式》GB/T 7921 - 2008
规定的 CIE 1976 均匀色度标尺图发光二极管灯的色品坐
标初始值；

u'_j, v'_j——在国家标准《均匀色空间和色差公式》GB/T 7921 - 2008
规定的 CIE 1976 均匀色度标尺图发光二极管灯的色品坐
标的第 j 次测量结果；

m——监测次数。

3. LED 颜色空间分布

利用荧光粉转换的方法实现白光仍是当前 LED 照明产品生产中的主流
方法。由于目前产生白光半导体的主流方案是在蓝光 GaN 基半导体芯片上
涂敷传统的黄色荧光粉。由于涂覆层在各个方向上的厚度很难有效控制，
因此合成的白光在各个方向的颜色会有所差异（光谱不同），这也对室内视
觉环境质量具有重要影响。当前国际上关于 LED 照明产品空间分布均匀性
的主要标准为美国能源部（DOE）《LED 灯具能源之星认证的技术要求》的
规定，要求发光二极管灯在不同方向上的色品坐标与其加权平均值偏差在
CIE 1976（$u'v'$）图中，不应超过 0.004。

各个方向上光的颜色可以通过测量它的光谱后计算得到，目前有色坐
标、相关色温和显色指数三个色参数。因此，产品的空间色均匀性可用空
间不同角度上的色坐标、相关色温和显色指数表示。

光谱的测量必须使用光谱仪，因此，采用加上光谱仪作为探头的分布
光度计是测量这三个参数空间角分布的基本测量仪器设备。由于光谱仪的
采样时间和三个参数的计算需要一定时间，因此整个测量时间一定长于空
间光强分布数据的测量。目前测量的方法和时间视计算程序的编制和计算
机的运算速度而定，有分转停法和连续法两种。

该指标可在不同角度测试被测灯具的色温及色坐标，并根据下列公式
计算灯具的平均色坐标：

$$\overline{T} = \sum_{i=1}^{9} T_i$$

$$\overline{x} = \sum_{i=1}^{9} x(\theta_i) \cdot w_i(\theta_i)$$

$$\overline{y} = \sum_{i=1}^{9} y(\theta_i) \cdot w_i(\theta_i)$$

其中：

$$w_i(\theta_i) = \frac{I(\theta_i) \cdot \Omega(\theta_i)}{\sum_{i=1}^{9} I(\theta_i) \cdot \Omega(\theta_i)}$$

$$\Omega(\theta_i) = \begin{cases} 2\pi\left[\cos(\theta_i) - \cos\left(\theta_i + \frac{\Delta\theta}{2}\right)\right]; for\theta_i = 0^\circ \\ 2\pi\left[\cos\left(\theta_i - \frac{\Delta\theta}{2}\right) - \cos\left(\theta_i + \frac{\Delta\theta}{2}\right)\right]; for\theta_i = 10^\circ, \cdots, 80^\circ \\ 2\pi\left[\cos\left(\theta_i - \frac{\Delta\theta}{2}\right) - \cos(\theta_i)\right]; for\theta_i = 90^\circ \end{cases}$$

$$\Delta\theta = 10^\circ$$

$$\bar{u}' = \frac{4\bar{x}}{-2\bar{x} + 12\bar{y} + 3}$$

$$\bar{v}' = \frac{9\bar{y}}{-2\bar{x} + 12\bar{y} + 3}$$

并在 CIE 1976 色度空间（CIE（u'，v'））下，计算各测量点测得色坐标值与灯具平均色坐标之间的最大偏差。

4. 关于 LED 显色性的规定

目前产生白光半导体的主流方案是在蓝光 GaN 基半导体芯片上涂敷传统的黄色荧光粉的发射光谱主要为黄绿光，红光成分较少，封装的白光半导体照明显色指数低（＜80），且 R_9 多为负数。同时随着输入电流的增大，半导体芯片将散发一定热量，进而导致半导体芯片及涂覆其上的荧光粉温度上升，造成 YAG 荧光粉容易发黄和衰减。该问题成为制约半导体照明产品在建筑照明应用的推广的重要技术问题。为了更好规范 LED 照明产品在建筑照明领域的应用和推广，新编国家标准《建筑照明设计标准》GB 50034 明确规定长期工作或停留的房间或场所使用半导体照明光源应满足：显色指数大于 80，且特殊显色指数 R_9 应大于零。

3.3.3 蓝光危害

国家标准 GB/T 20145-2006（等同采用 CIE S 009/E：2002《灯和灯系统的光生物安全性》）中定义：蓝光危害是由波长主要介于 400nm 与 500nm 的辐射照射后引起的光化学作用，导致视网膜损伤的潜能。如果照射时间超过 10s，这种损害机理起主要作用，而且是热损害机理的数倍之多。目前大多数的研究表明蓝光危害的峰值在 440nm 左右。由于 LED 照明产品具有光谱窄、亮度大等特点，特别是其蓝光峰值与蓝光危害的峰值叠加（见图3-22），因此近年来随着光效、亮度的显著提升，尤其是随着功率型产品的应用，LED 照明产品的蓝光危害日益引起广泛关注。

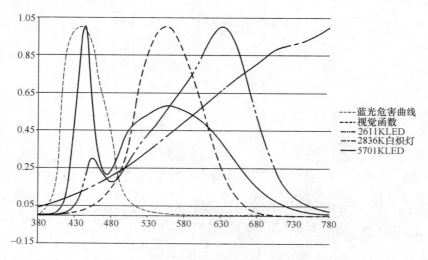

图 3-22　光源光谱与蓝光危害函数对比图

近年来相关研究成果表明，光源光谱成分对于光生物安全特性的影响仅与色温有关，而与光源种类无关。根据 IEC 62788《IEC62471 方法应用于评价光源和灯具的蓝光危害》文件中指出单位光通的蓝光危害效应与光源色温具有较强的相关性，而与光源种类无关，见图 3-23。

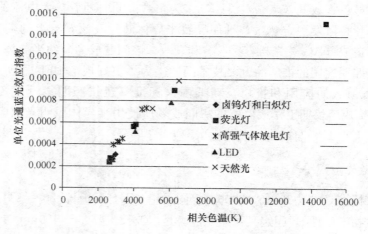

图 3-23　单位光通的蓝光危害效应与光源色温关系

然而由于照明产品的蓝光损害除了受照明产品的光谱影响，还与其亮度等因素有关。而 LED 照明产品具有体积小，发光亮度高等特点，因此 LED 照明产品蓝光危害仍然是一个需要考虑的重要因素。目前关于光生物安全的标准仅有《灯和灯系统的光生物安全性》GB/T 20145－2006，然而该标准对于照明设计人员而言较为复杂，不利于实施。且根据相关研究成果表明，对于 LED 照明产品而言，当色温超过 4000K 就会存在较大生物安全隐患等因素考虑（见图 3-24）。

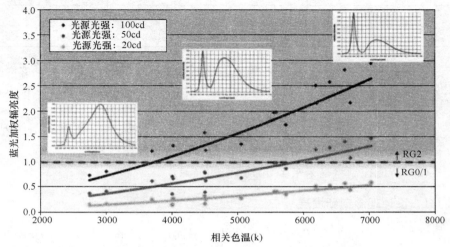

图 3-24　LED 色温与蓝光危害关系图

所以对这个问题不能视而不见，而要加大力度给予广泛的重视。更好地了解 LED 产品蓝光成分对于人眼视网膜的长期损伤，是 LED 技术在未来不伤害人眼视觉的重要保证。而照明应用的安全原则是当某种光源对于人体的不构成潜在损伤的研究数据得到广泛接受之前，都应该假设该光源为有害的。在本标准编制过程中，广泛征求意见普遍认为 4000K 以下色温光源的蓝光危害在可以接受范围内；且根据国内外最新的科学研究，对于易失眠的某些人群，即使是色温范围为 5000K～6500K 的照明产品，也不完全适合于在晚上使用。因此在新编国家标准《建筑照明设计标准》GB 50034 明确规定长期工作或停留的房间或场所中推荐使用 4000K 以下发光二极管光源。

3.4 发展趋势

近年来随着半导体照明技术的快速发展，LED 产品在照明市场份额也将逐步提高，根据美国能源部《半导体照明在通用照明领域的节能潜力（Energy Savings Potential of Solid-State Lighting in General Illumination Applications）》报告预计，发光二极管灯到 2020 年将能逐步成为室内照明应用中的主流照明产品（见表 3-10）。

表 3-10　美国能源部半导体照明市场发展预测分析

半导体照明市场份额（％）	2010 年	2015 年	2020 年	2025 年	2030 年
居住建筑	—	8.1%	37.6%	60.7%	72.3%
公共建筑	—	5.0%	27.8%	52.5%	70.4%
工业建筑	—	8.8%	36.0%	59.2%	72.3%

　　然而当前半导体照明技术正处于快速发展阶段，照明产品还不够成熟，照明应用还在探索之中，根据半导体照明产品易控制，布置灵活等特点，未来我国半导体照明在室内应用的主要方向包括以下两点：

　　（1）基于光环境对于人的工效、主观舒适性以及生理指标影响，并结合半导体照明产品特征，实现室内照明设计的创新发展；

　　（2）智能控制将是未来半导体照明的灵魂。

3.4.1　设计理念创新发展

　　半导体照明作为新兴产业，其在技术层面所取得的不断突破，正在使整个照明行业经历着由传统照明向半导体照明的全面转型，该进程融合了颜色科学、光学、能效设计、调光技术、模组产品、数字控制技术等多个学科。

　　特别是近年来研究成果表明光除了对人体产生视觉功效之外，还具有非常重要的非视觉生物功效。从光照对人体昼夜节律的影响，探讨人工照明如何促进人类身心健康在今天具有一定研究价值，也成国内外研究的热点问题。而由于半导体不同于传统光源与灯具，易于构成特定光谱分布、便于实现智能控制，对于提升人工照明环境改善人体昼夜节律的功效方面，具有无可比拟的优势。当前基于数字控制的半导体动态照明产品已经开始试用，如飞利浦开发的半导体动态照明系统可以根据昼夜时间变化对照明环境的照度以及色温进行相应的调节，满足人体生理和健康的需求。

3.4.2　智能控制将是未来半导体照明的灵魂

　　半导体照明的一大特点是易于控制，但在实际应用中并没有得到足够重视。随着建筑功能的日益复杂，需要营造不同的场景，与天然采光和周围环境进行协调，实现光色的灵活变化等，半导体照明比传统照明具有更大的优势。

　　另一方面，半导体照明更易实现"按需照明"的理念，通过与光感、红外和移动等传感器的结合，在走廊、楼梯间等人员不长期停留的场所，在"部分时间"和"部分空间"提供"适宜的照明"，具有巨大的节能潜力。因此，无论是在家居、商业、办公等不同的空间领域，与智能控制系统的无缝衔接都是未来半导体照明发展的重点。

（注：本文由中国建筑科学研究院王书晓执笔 2013 年）

参考文献

1　Adoption of Light-Emitting Diodes in Common Lighting Applications，DOE，2013. 4

2　SSL Pricing and Efficacy Trend Analysis for Utility Program Planning，DOE，2013. 10

3　照明光源颜色的测量方法 GB/T 7922 - 2008

4　均匀色空间和色差公式 GB/T 7921 - 2008

5　灯和灯系统的光生物安全性 GB/T 20145 - 2006

6　光源显色性评价方法 GB/T 5702 - 2003

7　一般照明用 LED 模块性能要求 IEC/PAS 62717

8　一般照明用 LED 灯具性能要求 IEC/PAS 62722-2-1

9　半导体照明产品色度要求 C78. 377-2011

10　光与照明-工作场所照明-第 1 部分：室内 EN 12464-1

11　欧盟 COMMISSION REGULATION (EC) No 245/2009

12　CIE 13. 3：1995，"Method of measuring and specifying colour rendering properties of light sources，"(1995).

13　Rationale of Color Quality Scale，Yoshi Ohno and Wendy Davis，NIST，June 8，2010

14　COMMISSION REGULATION (EC) No 245/2009

15　Study of various metrics evaluating color quality of light sources，Rupak Raj Baniya，Aalto University (Master's thesis)

16　N. Narendran and L. Deng，"Color rendering properties of LED sources，" Proc. SPIE，vol. 4776，pp. 61-67，2002.

17　P. Bodrogi，P. Csuti，P. Horv'ath，and J. Schanda，"Why does the CIE color rendering index fail for white RGB LED light sources?，" in Proc. CIE Expert Symp. LED Light Sources：Phys. Meas. Visual Photobiol. Assess. ，2004，pp. 24-27

18　Roland Haitz、Jeffrey Y. Tsao 著，周太明 译，半导体照明前 10 年回顾和未来展望

4 照明产品性能发展报告 (2004～2012)

4.1 前　　言

人口、资源和环境是当今经济活动中全球共同关注的三大问题，世界各国都把节约能源，保护环境放在首要位置。对于照明行业，可通过科学、合理的设计方法，积极采用高效照明光源、灯具和电器附件，以达到节约能源，保护环境，建立优质高效、经济舒适、安全可靠，提高人们生活质量和工作效率、保护身心健康的照明环境，实施绿色照明工程，达到保护全球人类生存环境的目的。

目前照明用电量占全国用电总量的 13% 左右，照明节能对我国的节能减排有着积极和重大的贡献。从 2004 版《建筑照明设计标准》实施以来，我国的照明市场在不断提高照明质量的同时，照明节能也已经取得了长足的进步，这归功于科学的照明标准，不断提高的产品性能，专业的照明设计和公众节能环保意识的提高。从 2004 年到 2012 年，效率高、寿命长、安全和性能稳定的照明电器产品（包括电光源、灯用电器附件、灯具以及照明控制设备）的发展，为照明节能提供了坚实的产品保障，在各个产品系列上其性能（包括节能指标）都有了明显的提高。

4.2　光源性能的发展

4.2.1　双端直管型荧光灯从卤粉 T8 到三基色 T8、到 T5 的发展

2004 版《建筑照明设计标准》中明确提出了在人长时间停留工作的场所，其照明的显色指数 R_a 应大于 80，同时也第一次明确提出了照明功率密度 LPD 的要求，因此显色指数 R_a 低于 80 的卤粉 T8 无法满足要求，加速了三基色 T8 光源的推广。随后由于在光效、寿命、光衰、环保等方面的优势，我国双端直管型荧光灯加快了从 T8 光源向更细管径 T5 光源的过渡，最近几年，随着 T5 光源技术的不断发展，其光源的性能不断改进，目前 T5 光源的最高光效已经达到了 116lm/W（飞利浦）。

以下为双端直管型荧光灯技术发展的对比数据（2004）。

2004 版标准开始实施，三基色 T8 开始被大量使用，最常用的 36W T8 双端直管型荧光灯光通量从 2500lm 提高到 3250lm，光效提高 30％。其性能见表 4-1。

表 4-1 普通卤粉 T8 到三基色 T8 的性能提高

类型	T8 普通卤粉	T8 三基色
功率（W）	18/30/36 /58	18/30/36/58
光效（lm/W）	60～85	75～90
色温（K）	2900/4100/6200	2700/3000/4000/6500
显色性	50～75	＞80
平均寿命（h）	10000	15000

2008 年左右，T5 出现并逐步取代 T8，其光效比三基色 T8 又有新的提高。最常用的三基色 36WT8 被 28W T5 取代，光效从 90lm/W 提高到 103lm/W，其光效提高 10％以上。随后 T5 又在不断发展，出现了普通型、优质型和高效型。其性能比较见表 4-2。

表 4-2 普通 T5 与高效 T5 的性能比较

类型	普通 T5	优质 T5	高效 T5
功率（W）	14/21/28	14/21/28/35	24/39/54/49/80
光效（lm/W）	88～95	89～104	84～99
色温（K）	3000/4000/6500	2700/3000/4000/6500	2700/3000/4000/6500
显色性	85	85	＞80
平均寿命（h）	20000	24000	24000

2011 年开始，随着 T5 技术的不断提高，飞利浦研制并生产了 T5 Eco 光源，最常用的 T5 28W 光源被 T5 25W Eco 取代，光效从 104lm/W 提高到 116 lm/W，其光效提高 15％ 左右。

4.2.2 陶瓷金卤灯大量被使用，基本替代了相应功率的石英金卤灯

2004 年前后，建筑照明中大量使用的金卤灯还是石英金卤灯，虽然陶瓷金卤灯作为新产品已逐步投放至照明市场，但由于当时的产品内部结构、生产工艺和销售价格等因素，还是大大制约了陶瓷金卤灯光源的进一步推广。

随着 2004 版《建筑照明设计标准》的发布，照明质量的概念有了新的参照标准，同时绿色照明理念也逐步深入人心，加之照明设备厂家也据此对新的照明产品做出了更大力度的推广，越来越多的用户要求使用显色性

更好、光色更稳定、寿命更长、更加高效的照明产品，陶瓷金卤灯光源渐渐显露出它的技术优势。

2004 年，陶瓷金卤灯系列上市，但种类不多，应用范围较窄，主要替代室内大功率紧凑型荧光灯筒灯。

2008 年，反射型陶瓷金卤灯 Mini 型 CDM-Tm 20W 和反射型 CDM-R111 光源，产品系列得到完善，使陶瓷金卤灯在商业照明中得到广泛应用。同时增加推出 250W 和 400W 光源，拓展了陶瓷金卤灯在室外照明领域的应用。陶瓷金卤灯性能见表 4-3。

表 4-3 陶瓷金卤灯性能一览表

产品型号	普通型	优质型	增强型
功率（W）	50/70/100/150/250/400/1000	50/70/150/250/400	100/150/250/400
光效（lm/W）	68～130	70～120	100～135
色温	2000K	2000 K（50/70W）2150K（150/250/400W）	2000 K
显色性	25	23	23
产品型号	普通型	优质型	增强型
功率（W）	70/100/150/250/400/1000	100/150/250/400	50/70/100/150/250/400/600
光效（lm/W）	86～130	88～120	88～150
色温（K）	2000	2150	2000
显色性	25	23	23

2011 年，随着陶瓷金卤灯技术的不断发展，相继推出了更多种类的陶瓷金卤灯，功率和外形选择越来越多。特别是第二代 CDMElite 光源的推出，不仅光效提高了 10% 以上，还大大延长了产品的寿命。CDM Elite 产品系列性能见表 4-4。

表 4-4 CDM Elite 产品系列性能

产品型号	普通型	优质型	增强型
功率（W）	50/70/100/150/250/400/1000	50/70/150/250/400	100/150/250/400
光效（lm/W）	68～130	70～120	100～135
色温	2000 K	2000 K（50/70W）2150 K（150/250/400W）	2000 K
显色性	25	23	23

续表 4-4

产品型号	普通型	优质型	增强型
功率（W）	70/100/150/250/400/1000	100/150/250/400	50/70/100/150/250/400/600
光效（lm/W）	86～130	88～120	88～150
色温（K）	2000	2150	2000
显色性	25	23	23

从 2004 年到 2012 年间石英金卤灯的光效也在不断提高，但提高幅度不大。

4.2.3　高压钠灯的性能也在不断的提高

作为建筑照明中大量使用的高压钠灯，特别是工业照明的应用，从 2004 年到 2012 年，其性能也被提高了许多。

2004 年，照明市场还是以普通高压钠灯为主，以 400W SON（SON-T）为例，其光源光效为 120 lm/W，而 2008 年左右，增强型高光效高压钠灯 SON Plus（SON-T Plus）推出，400W 钠灯的光源光效提高到 135 lm/W，提高了 12％ 左右。普通高压钠灯与高光效高压钠灯性能比较见表 4-5。

表 4-5　普通高压钠灯与高光效高压钠灯性能比较

产品型号	普通型	优质型	增强型
功率（W）	50/70/100/150/250/400/1000	50/70/150/250/400	100/150/250/400
光效（lm/W）	68～130	70～120	100～135
色温	2000 K	2000 K（50/70W）2150 K（150/250/400W）	2000 K
显色性	25	23	23
产品型号	普通型	优质型	增强型
功率（W）	70/100/150/250/400/1000	100/150/250/400	50/70/100/150/250/400/600
光效（lm/W）	86～130	88～120	88～150
色温（K）	2000	2150	2000
显色性	25	23	23

4.3 镇流器性能的发展

在2004版《建筑照明设计标准》的条文中,明确提出应采用节能型电感镇流器,电子镇流器或高频电子镇流器,同时增加控制接口。根据此要求镇流器应在符合相关标准或规范的前提下,把尽可能减少自身功耗和集成智能化作为其发展方向。

4.3.1 双端直管型荧光灯镇流器由普通电感镇流器向节能电感镇流器、电子镇流器的过渡和普及

2004年普通电感镇流器市场普及率很高,随着节能要求的提高,节能型电感镇流器不断出现,以TLD36W光源的镇流器为例,其自身功耗也从8.8W降到8W,功耗降低10%。直管型荧光灯的普通电感镇流器与节能电感镇流器性能对比见表4-6。

表4-6 直管型荧光灯的普通电感镇流器与节能电感镇流器性能对比

镇流器	BTA18W/220V 普通型	BTA 36W/220V 普通型	BTA36W B2/220V 节能型	BTA36W B2/220V 节能型
光源	TLD 18W	TLD 36W	TLD 18W	TLD 36W
负载光源数量	1	1	2	1
镇流器功耗（W）	8.8	8.8	8	8
系统损耗（W）	26.8	44.8	44	44
电容器（uF）	4	4	4	4
功率因数	>0.85	>0.85	>0.85	>0.85

随着电子镇流器的普及,其节能效果日趋明显,由于荧光灯光源在高频下工作时其发光光效提高约10%,加上电子镇流器本身的功耗的降低,配备电子镇流器的荧光灯系统的系统效率提高15%以上。电子镇流器与电感镇流器的性能对比见表4-7。

表4-7 电子镇流器与电感镇流器的性能对比

比较内容	光源类型		比较结果
	电子镇流器	电感镇流器	
工作频率（Hz）	50	>20000	频率提高利于光效提高
整灯功耗（2×36W）	88	73	整灯降耗19%
预热启动功能	无	有	延长光源寿命20%

4.3.2 单端紧凑型荧光灯镇流器由普通电感镇流器向电子镇流器的过渡和普及方向发展

随着电子镇流器技术的不断发展，电子镇流器在满足光源工作要求的前提下，其自身的功耗和系统功耗在不断降低。

以 18W 紧凑型荧光灯镇流器为例，其功耗从 4~6W 降低到 1.5~2W，节能 50%以上。紧凑型荧光灯电子镇流器性能对比见表 4-8。

表 4-8 紧凑型荧光灯电子镇流器性能对比

镇流器	电子	电感	电子	电感	电子	电感
负载光源数量	1	2	1	2	1	2
镇流器功率（W）	2.5	6	2	5	1.5	4
系统功率（W）	20	39	19	38	18	38
功率因数	0.95	0.95	0.95	0.95	0.95	0.95
预热启动时间（s）	<1.6	<1.6	<2.0	<2.0	0.5	0.5

4.3.3 高强度气体放电灯镇流器由普通电感镇流器向节能电感镇流器过渡，同时小功率陶瓷金卤灯的电子镇流器开始大量出现

以 70W 金卤灯镇流器为例，其功耗从 12.8W 降低到 6W，节能 50%以上。陶瓷金卤灯 CDM 普通电感整流器与电子镇流器性能对比见表 4-9。

表 4-9 陶瓷金卤灯 CDM 普通电感整流器与电子镇流器性能对比

镇流器	普通电感		电子	
光源	CDM70W	CDM150W	CDM70W	CDM150W
负载光源数量	1	1	1	1
镇流器功率（W）	12.8	16.3	6	13
系统功率（W）	84	168	79	160
电容器（uF）	12	18	—	—
功率因数	>0.9	>0.85	>0.95	>0.98

4.4 灯具性能的发展

2004 年版《建筑照明设计标准》对荧光灯灯具相关要求如下：

在满足眩光限制和配光要求条件下，应选用效率高的灯具，并应符合下述规定：荧光灯灯具的效率不应低于表 4-10 所示规定。

表 4-10 荧光灯灯具效率要求

灯具出光口形式	开敞式	保护罩（玻璃或塑料）		格栅
		透明	磨砂、棱镜	
灯具效率	75％	65％	55％	60％

但从 2008 开始，灯具格栅的创新设计和高反射材料的出现，帮助格栅灯具发光效率进一步提高。格栅片的主要作用是为了降低眩光，但为了降低眩光而设置得过多、过密的格栅片是灯具效率较低的主要原因。因此在不影响眩光控制的前提下，重新设计格栅形状，减少格栅片对光源挡光的影响，并采用反射率更高的材料，可以进一步提高荧光格栅灯具的发光效率。

2008 年，推出 OLC（全方位亮度控制）设计，采用 3D 外观设计，而非普通的直边形状，可以达到 360 度水平方向的眩光控制（普通直格栅只有在平行和垂直于光源的两个方向才能达到好的眩光控制的能力），格栅片上部采用菲涅耳镜片，不但可以消除可被观察到的格栅片背部在反射器或灯壳上形成的不舒适亮斑，而且还可以大大地提高光学系统的效率，降低格栅片对效率的负面影响。由于格栅片的阻挡和格栅片形状的限制，普通格栅片会形成一个矩形的阻挡面，反射方向也仅仅是格栅片表面的平面反射。OLC 格栅片的反射面是一个空间弧形，而不是普通的平板类型，具有多方向的均匀反射特性，因此，会在全部的照射范围内形成稳定的均匀的光线输出。另外 OLC 格栅片三维形状的下部，用特殊形状的弧形弯曲提供一个全方位的截光角，这个截光角无论是在中央还是在两侧都会形成数值一样的截光角度，使全方位截光成为现实。

同时使用优秀的欧洲进口高反射铝材作为材质，使格栅照明系统的发光效率提高到 75％以上，如果再配以高反射率的顶部反射器（通常此处为普通白漆板），T5 格栅照明系统的发光效率可以达到 80％以上。

而在紧凑型荧光灯筒灯方面，由于灯具口径尺寸的限制，灯具发光效率始终不高，因此各大照明公司均在努力着重提高单端荧光灯光源的筒灯效率。在 2004～2012 年间推出了三代应用单端荧光灯光源的筒灯产品，主旨即是提升筒灯的灯具效率。其手段主要有：选用更高反射率的反射器材质；优化反射器形状；优化灯具外形尺寸；改善光源在灯具内的热环境；提升筒灯塑光附件的设计精度和品质，从而达到提升灯具效率的目的，同时也细分了产品档次，面向不同的应用环境。

（注：本文依据飞利浦、松下、上海亚明、欧司朗提供资料整理。2012 年）

5 室内不舒适眩光评价方法研究

5.1 前　　言

眩光是一种产生不舒适感或降低观看主要目标的能力的不良视觉感受，或两者兼有。由视野中不适宜的亮度分布、悬殊的亮度差，或在空间中或时间上极端的对比引起。根据对视觉影响的不同，分为不舒适眩光和失能眩光。

不舒适眩光是照明设计中的一个重要指标，多年来人们进行了大量的工作并导出了各自的评价公式，这些公式大部分已在实践中得到应用。当前不舒适眩光的主要评价方法包括：美国的视觉不舒适概率系统（VCP）、英国的眩光指数（Gl）、德国的眩光限制系统（亮度限制曲线）和国际照明委员会 CIE 的眩光指数（GR）和统一眩光值（UGR）。

在原《工业企业照明设计标准》GB 50034-92 和原《民用建筑照明设计标准》GBJ 133-90 中均对室内照明的不舒适眩光做出了明确的规定，并提供了相应的计算方法和图表进行评价。前两个标准中按照当时 CIE 的建议使用亮度限制曲线；《建筑照明设计标准》GB 50034-2004 中则根据 CIE 新的技术文件利用统一眩光值（UGR）方法和眩光指数（GR）方法分别对一般室内空间和体育场的不舒适眩光进行评价。

5.2　不舒适眩光主要评价方法

对不舒适眩光的研究已经有六十年的历史了，针对不同照明条件下有多种判断不舒适眩光产生的方法，这些方法基本采用了一个基本相似的公式计算被测光源的不舒适感觉。对于单独的一个眩光源来讲，可以表示为：

$$眩光感觉 = (L_s^a \cdot \omega^b)/L_b^c \cdot P^d \tag{5-1}$$

式中：L_s——眩光光源的亮度（cd/m²）；

ω——眩光光源的相对于眼睛所张的立体角；

L_b——背景亮度（cd/m²）；

P——位置指数；

a,b,c,d——指数。

每一项的指数在不同公式中是不同的，但如果眩光源的亮度提高、眩光源的立体角增加、背景亮度降低以及视线对眩光源偏离的减少，都将增加该眩光源的不舒适感觉。

5.2.1 英国眩光指数（GI）

GI 系统是英国 Petherbridge 和 Hopkingson 在 20 世纪 50 年代发展出来的，主要是在实验室中，由被试对象呈现在某一背景亮度前的一个亮斑的视觉舒适程度进行主观评价得出来的。后经 CIBSE 采纳作为英国眩光指数系统，编入英国室内照明规范。

此系统对于单独一个眩光源的公式为：

$$眩光感觉\ G = (0.9L_s^{1.6} \cdot \omega^{0.8})/L_b \cdot P^{1.6} \tag{5-2}$$

各符号与之前统一公式意义相同但其背景亮度中不包括眩光源的亮度，P 采用 VCP 系统中的 Guth 位置指数。

对于多个眩光源的综合作用，GI 系统可以变换为：

$$眩光指数\ GI = 10\lg(0.5\Sigma\,G) \tag{5-3}$$

GI 的值在 10～30 之间，10 表示感觉不到眩光，30 表示非常不舒适的眩光。

因为灯具对眼睛所张的立体角的指数不是 1 而是 0.8。试将一个长度为 2m 的灯具看成两个长度各为 1m 的灯具时，计算出来的 GI 值与一个 2m 长的灯具的 GI 值不同。但实际上人们不舒适眩光的感觉程度是相同的。因此 GI 系统这一缺陷导致其计算结果与人主观感受出现差别，为了消除这种情况，只要将 ω 和 L_b 取相同的幂指数就可以了。

5.2.2 美国视觉不舒适概率系统（VCP）

VCP 法是 20 世纪 60 年代 IESNA 根据 Guth 的工作提出的。

对于单独眩光源的公式为：

$$眩光感觉\ M = (0.5L_s^6 \cdot Q)/P \cdot F^{0.44} \tag{5-4}$$

式中：L_s——眩光光源的亮度（cd/m²）；

$Q = (20.4W_s + 1.52W_s^{0.2} - 0.075)$，其中 W_s 为眩光源对眼睛所张的立体角；

F——视野（包括眩光源）的平均亮度（cd/m²）；

P——Guth 位置指数，眩光源相对于视线的位置。

对于多个眩光源产生的眩光感觉，是用综合起来评价的不舒适眩光评价（DGR）

$$DGR = (\Sigma M^n)^a \tag{5-5}$$

式中：$a = n^{-0.0914}$

　　　n——眩光源的数量。

　　于是再将 DGR 转换成 VCP，即视觉舒适概率。就是有多少百分比的人认为可以接受 DGR 所代表的眩光条件，可根据下式计算得出：

$$VCP = \frac{100}{\sqrt{2\pi}} \int_{-\infty}^{6374-1.3227\ln DGR} e^{\frac{-t^2}{2}} dt \qquad (5-6)$$

　　为便于将 DGR 转换成 VCP，IESNA 提供了一个图表供设计人员使用。

　　此外，如果照明装置满足下列三个条件时，一致同意就不存在不舒适眩光问题：

➤ VCP 等于 70 或以上；

➤ 当在室内纵向或横向看时，灯具于与垂线成 45°、55°、65°、75°和 85°角处的灯具最亮的 6.5cm^2 部分的平均亮度与平均灯具亮度之比不超过5：1。

➤ 灯具横向和纵向最大亮度不超过表 5-1 中的值：

表 5-1　不产生不舒适眩光的各角度亮度限值

与垂线成的角度（°）	最大亮度（cd/m²）
45	7710
55	5500
65	3860
75	2570
85	1695

　　建立 VCP 方法的主要研究是基于荧光灯光源开展，因此该方法针对应用荧光灯进行照明的场所是有效的。虽然从理论上说该方法也适用于各种光源和灯具的组合，然而由于光源和灯具的亮度分布存在差异，因此该方法的适用性不需要通过实例数据进一步验证。

5.2.3　欧洲眩光限制曲线系统

　　上面两种方法中多个眩光源的影响，都是将单个眩光源的眩光感觉累计起来的，人们对此做法感到不满。因此德国 Bodmann 等人用 1：3 比例的办公室模型，以不同配光的荧光灯灯具进行评价试验。试验中以七点量表来评价不舒适程度，量表中：0＝无眩光，1＝介于不存在眩光至不显著的眩光之间，2＝显著的眩光，3＝介于显著的眩光至讨厌的眩光之间，4＝讨厌的眩光，5＝介于讨厌的至不能忍受之间，6＝不能忍受的眩光。他们从试验中发现只有四个因素显著地影响眩光评价，即灯具亮度、房间长度和灯具的悬挂高度、适应亮度以及灯具的类型，特别是有否亮的边。他们将对于一组为水平面恒定地提供 1000lx 照度的、规则排列的、安装在顶棚表面的相同的灯具观察的结果，绘制成图（图 5-1），表示与这组灯具中央一只灯的法线和灯具至观察者之间连线之间的夹角与眩光评价等级的函数。每根曲线相当于一个眩光评价等级。对于不同灯具的影响考虑采用一个系数来修正，此系数为：

$$\Delta G = 1.16 \lg(E/1000) \tag{5-7}$$

式中：ΔG 为与 1000lx 额定照度得到的眩光评价等级提高或降低的量，而 E 则为实际的水平照度。后经过 Sollner 和 Fisher 的发展，从而成为欧洲眩光限制曲线系统，CIE 采用它作为眩光评价的暂行推荐方法。但是这种方法具有实际的缺陷，即平均眩光评价只能由于灯具的亮度分布的改变而改变，而之前两种方法却能同时预计由室内表面反射率的改变对眩光产生的影响。就是说 GI、VCP 反应的是整个光环境对于不舒适眩光的影响，而亮度限制曲线系统只是针对灯具本身所产生的不舒适眩光。

通过 Manabe 计算研究了对于不同类型灯具组成的照明设施的 VCP、GI 亮度限制曲线的平均眩光评价值。得出结论为：VCP 与 GI 相关系数为 −0.67，VCP 与亮度限制曲线的平均眩光评价值的相关系数是 −0.31，GI 与亮度限制曲线的均眩光评价值的相关系数是 0.32，很明显三种方法的一致性很差。

5.2.4 CIE 眩光指数（GR）

Van Bommel 等人对室外运动场地的眩光进行了研究，研究目的是寻找眩光与各种客观照明参数间的关系，通过在主观眩光评价和测得的光度数据之间找出定量的关系，建立眩光评价的方法，从而可对室外运动场地的不舒适眩光进行定量的计算和评价，并能对室外运动场地的眩光进行预测和限定。

发现承受的眩光程度与灯具引起的光幕亮度和环境反射光相关。与眩光评估有关的光度量包括灯具的光幕亮度 L_{vl} 和视场中的光幕亮度 L_{ve}，对所有获得的数据进行回归分析后，眩光评价与上述照明参数之间的关系可用公式描述：

$$GF = 7.3 - 2.4\lg \frac{L_{vl}}{L_{ve}^{0.9}} \tag{5-8}$$

GF 代表泛光灯具的眩光控制指数，它与已给出的九点评估尺度相对应。GF 值取决于公式中的两变量 L_{vl} 和 L_{ve} 值，GF 值与观察者给出的平均评价之间符合得很好，如下图所示：

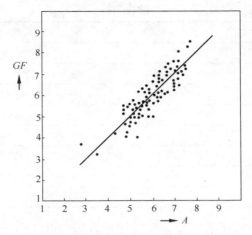

图 5-1 *GF* 计算值和各位置的主观评价值 *A* 的关系

正如上图所示，GF 与主观评价对应的很好。但是，GF 值随 L_{ve} 的变化不很灵敏。例如，L_{ve} 有 10% 的变化引起 GF 小于 0.1 的变化，L_{ve} 有 50% 的变化产生 GF 的变化不大于 0.4。

后续的研究表明，在杆和线状布置（主要在屋顶下檐）结合的照明中进行的评估表明该公式对于后者的布置也是有效的。

CIE 的 112 号文献《室外体育场地照明眩光评价系统》在 Van Bommel 等人的研究基础上对室外体育场的眩光评价方法进行了论述。为了用由 0 到 100 的数表示眩光，CIE 技术委员会 TC5-04 调整眩光公式，用眩光指数 GR 表示眩光程度，GR 与 GF 之间的关系为：

$$GR = 10 \times (10 - GF) \tag{5-9}$$

即 GR 可用下式表示：

$$GR = 27 + 24\log(L_{vl}/L_{ve}^{0.9}) \tag{5-10}$$

GR 数值越高，则表明眩光越大。

式中：L_{vl}——灯具在观察者眼睛上产生的光幕亮度，单位 cd/m^2；

L_{ve}——环境反射光产生的光幕亮度，单位 cd/m^2。

利用上述的公式，只要得到 L_{vl} 和 L_{ve} 值，即可算出 GR 值。GF 和 GR 评价尺度分九级，GF 为 1 至 9，GR 为 10 至 90。其对应的眩光评价尺度如下表所示。

表 5-2 *GR*、*GF* 与对应的眩光评价级别

GR	GF	说明
90	1	不能忍受

续表 5-2

GR	GF	说明
80	2	介于之间
70	3	干扰
60	4	介于之间
50	5	刚好允许
40	6	介于之间
30	7	允许
20	8	介于之间
10	9	无察觉

根据 CIE 推荐的室外场地的眩光评价方法，可以用一个公式来叙述不舒适眩光与室外体育场泛光照明有关的光度数据之间的定量关系。该评价方法指明了在一特殊情况下怎么不舒适，以及不舒适的程度，因而可以对各种照明设计的眩光进行定量的评价和比较。

根据上表的评价尺度，CIE 对室外运动场地的眩光指数最大值进行了限制：

表 5-3　室外运动场地的眩光限制值

场地类型	GR_{max}
训练	55
比赛（包括电视转播）	50

但是，CIE 对室内体育场所的照明眩光未作论述。CIE 提供的室外眩光评价方法是否适用于室内场地，需要进一步的验证，从而造成缺少关于体育馆不舒适眩光的评价方法。

5.3　统一眩光值（UGR）的提出与发展

5.3.1　统一眩光值的起源

根据不舒适眩光的研究和实践，在 CIE 第 55 号出版物《室内工作场所不舒适眩光》（1983）中提出了下列 CIE 眩光指数（CGI）公式：

$$CGI = 8 \lg 2 \left[\frac{1 + E_d/500}{E_d + E_i} \cdot \sum \frac{L^2 \omega}{P^2} \right] \tag{5-11}$$

式中：E_d——所有光源在眼睛处的直接垂直照度（lx）；

　　　E_i——在眼睛处的间接照度（lx）；

L——在观测者眼睛方向，每个灯具发光部件的亮度（cd/m²）；

ω——在观测者眼睛方向，每个灯具发光部件的立体角（sr）；

P——每个单个灯具的古斯位置指数，它与其视线移动有关。

当时，此公式曾被认为是各国不舒适眩光计算公式中最科学的方法。然而在此后该公式的应用过程中才发现它仍存在一定的问题。

在 CIE 第 55 号出版物中推荐的 $f_{房间}$ 因数包含了在眼睛处的间接照度和直接照度的描述。在眼睛处的间接照度用来表示观察眩光光源时房间中各表面反射所产生的背景亮度。眩光源的直接效应是通过眼睛处的直接照度形成适应或相互变化的容许限量，由于眩光感觉的变化是随灯具尺寸大小或灯具数量多少而变化的。

然而由于 CIE 无法找到有效而简单的方法计算、测量所有光源在眼睛处的直接垂直照度；且从实践的需要，在一般的照明环境中，取消光源垂直照度对于计算不舒适眩光的精度的影响可以忽略。

5.3.2　统一眩光值（UGR）

由于不舒适眩光的计算公式均可以表示为如下形式：

$$眩光等级 = C_1 \lg(C_2 \cdot f_{房间} \Sigma f_{灯具}) \tag{5-12}$$

式中：C_1 和 C_2——常数；

$f_{房间}$——与房间和背景亮度有关的因数；

$f_{灯具}$——与灯具及其位置有关的因数。

CIE 117 号出版物《室内照明的不舒适眩光》（1995）对 CGI 方法进行了进一步完善，提出了 CIE 统一眩光值（UGR）计算公式，在新的公式中：

仍采用 CGI 计算公式中的 $f_{灯具}$ 因数 $\dfrac{L^2\omega}{p^2}$；

$f_{房间}$ 由 $\dfrac{1}{L_b}$ 或 $\dfrac{\pi}{E_i}$ 代替原公式的 $\dfrac{1+E_d/500}{E_d+E_i}$；

C_1 和 C_2 常数由霍普金森（Hopkinson）原先提出的公式并用于英国眩光指数形式选取。

即公式可以写为：

$$UGR = 8\lg\frac{0.25}{L_b}\Sigma\frac{L_a^2 \cdot \omega}{P^2} \tag{5-13}$$

式中：L_b——背景亮度（cd/m²）；

L_a——观察者方向每个灯具的亮度，（cd/m²）；

ω——每个灯具发光部分对观察者眼睛所形成的立体角（sr）；

P——每个单独灯具的位置指数。

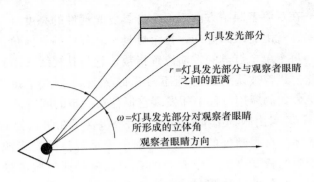

图 5-2 统一眩光值计算参数示意图

1. 背景亮度 L_b 应按下式确定：

$$L_b = \frac{E_i}{\pi}$$

式中：E_i——观察者眼睛方向的间接照度（lx）；此计算一般用计算机完成。

2. 灯具亮度 L_α 应按下式确定：

$$L_\alpha = \frac{I_\alpha}{A \cdot \cos \alpha}$$

式中：I_α——观察者眼睛方向的灯具发光强度（cd）；

$A \cdot \cos\alpha$——灯具在观察者眼睛方向的投影面积（m²）；

α——灯具表面法线与观察者眼睛方向所夹的角度（°）。

3. 立体角 ω 应按下式确定：

$$\omega = \frac{A_p}{r^2}$$

式中：A_p——灯具发光部件在观察者眼睛方向的表观面积（m²）；

r——灯具发光部件中心到观察者眼睛之间的距离（m）。

4. 位置指数 P 应按下图生成的 H/R 和 T/R 的比值由下表确定。

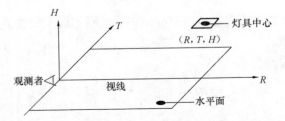

图 5-3 以观察者位置为原点的位置指数坐标系统 $(R，T，H)$，
对灯具中心生成 H/R 和 T/R 的比值

表 5-4　位 置 指 数 表

H/R \ T/R	0.00	0.10	0.20	0.30	0.40	0.50	0.60	0.70	0.80	0.90	1.00	1.10	1.20	1.30	1.40	1.50	1.60	1.70	1.80	1.90
0.00	1.00	1.26	1.53	1.90	2.35	2.86	3.50	4.20	5.00	6.00	7.00	8.10	9.25	10.35	11.70	13.15	14.70	16.20	—	—
0.10	1.05	1.22	1.45	1.80	2.20	2.75	3.40	4.10	4.80	5.80	6.80	8.00	9.10	10.30	11.60	13.00	14.60	16.10	—	—
0.20	1.12	1.30	1.50	1.80	2.20	2.66	3.18	3.88	4.60	5.50	6.50	7.60	8.75	9.85	11.20	12.70	14.00	15.70	—	—
0.30	1.22	1.38	1.60	1.87	2.25	2.70	3.30	3.90	4.60	5.45	6.45	7.40	8.40	9.50	10.85	12.10	13.70	15.00	—	—
0.40	1.32	1.47	1.70	1.96	2.35	2.80	3.30	3.90	4.60	5.40	6.40	7.30	8.30	9.40	10.60	11.90	13.20	14.60	16.00	16.00
0.50	1.43	1.60	1.82	2.10	2.48	2.91	3.40	3.98	4.70	5.50	6.40	7.30	8.30	9.40	10.50	11.75	13.00	14.40	15.70	—
0.60	1.55	1.72	1.98	2.30	2.65	3.10	3.60	4.10	4.80	5.50	6.40	7.35	8.50	9.40	10.50	11.70	13.00	14.10	15.40	—
0.70	1.70	1.88	2.12	2.48	2.87	3.30	3.78	4.30	4.88	5.60	6.50	7.40	8.60	9.50	10.50	11.70	12.85	14.00	15.20	—
0.80	1.82	2.00	2.32	2.70	3.08	3.50	3.92	4.50	5.10	5.75	6.60	7.50	8.60	9.50	10.60	11.75	12.80	14.00	15.00	—
0.90	1.95	2.20	2.54	2.90	3.30	3.70	4.20	4.75	5.30	6.00	6.75	7.70	8.70	9.65	10.75	11.80	12.90	14.00	15.00	16.00
1.00	2.11	2.40	2.75	3.10	3.50	3.91	4.40	5.00	5.60	6.20	7.00	7.90	8.80	9.75	10.80	11.90	12.95	14.00	15.00	16.00
1.10	2.30	2.55	2.92	3.30	3.72	4.20	4.70	5.25	5.80	6.55	7.20	8.15	9.00	9.90	10.95	12.00	13.00	14.00	15.00	16.00
1.20	2.40	2.75	3.12	3.50	3.90	4.35	4.85	5.50	6.05	6.70	7.50	8.30	9.20	10.00	11.02	12.10	13.10	14.00	15.00	16.00
1.30	2.55	2.90	3.30	3.70	4.20	4.65	5.20	5.70	6.30	7.00	7.70	8.55	9.35	10.20	11.20	12.25	13.20	14.00	15.00	16.00
1.40	2.70	3.10	3.50	3.90	4.35	4.85	5.35	5.85	6.50	7.25	8.00	8.70	9.50	10.40	11.40	12.40	13.25	14.05	15.00	16.00
1.50	2.85	3.15	3.65	4.10	4.55	5.00	5.50	6.20	6.80	7.50	8.20	8.85	9.70	10.55	11.50	12.50	13.30	14.05	15.02	16.00
1.60	2.95	3.40	3.80	4.25	4.75	5.20	5.75	6.30	7.00	7.65	8.40	9.00	9.80	10.80	11.75	12.60	13.40	14.20	15.10	16.00
1.70	3.10	3.55	4.00	4.50	4.90	5.40	5.95	6.50	7.20	7.80	8.50	9.20	10.10	10.85	11.85	12.75	13.45	14.20	15.10	16.00
1.80	3.25	3.70	4.20	4.65	5.10	5.60	6.10	6.75	7.40	8.00	8.65	9.35	10.15	11.00	11.90	12.80	13.50	14.20	15.10	16.00
1.90	3.43	3.86	4.30	4.75	5.20	5.70	6.30	6.90	7.50	8.17	8.80	9.50	10.20	11.00	12.00	12.82	13.55	14.05	15.10	16.00
2.00	3.50	4.00	4.50	4.90	5.35	5.80	6.40	7.10	7.70	8.30	8.90	9.60	10.40	11.10	12.00	12.85	13.60	14.30	15.10	16.00
2.10	3.60	4.17	4.65	5.05	5.50	6.00	6.60	7.20	7.82	8.45	9.00	9.75	10.50	11.20	12.10	12.90	13.70	14.35	15.15	16.00
2.20	3.75	4.25	4.72	5.20	5.60	6.10	6.70	7.35	8.00	8.55	9.15	9.85	10.60	11.30	12.10	12.90	13.70	14.40	15.20	16.00
2.30	3.85	4.35	4.80	5.25	5.80	6.22	6.80	7.40	8.10	8.65	9.30	9.90	10.70	11.40	12.20	12.95	13.70	14.40	15.20	16.00
2.40	3.95	4.40	4.90	5.35	5.80	6.30	6.90	7.50	8.20	8.80	9.40	10.00	10.80	11.50	12.25	13.00	13.75	14.45	15.20	16.00
2.50	4.00	4.50	4.95	5.40	5.85	6.40	6.95	7.55	8.25	8.85	9.50	10.05	10.85	11.55	12.30	13.00	13.80	14.50	15.25	16.00
2.60	4.07	4.55	5.05	5.47	5.95	6.45	7.00	7.65	8.35	8.95	9.55	10.10	10.90	11.60	12.32	13.00	13.80	14.50	15.25	16.00
2.70	4.10	4.60	5.15	5.53	6.00	6.50	7.05	7.70	8.40	9.05	9.65	10.16	10.92	11.63	12.35	13.00	13.80	14.50	15.25	16.00
2.80	4.15	4.62	5.17	5.56	6.05	6.55	7.08	7.73	8.45	9.10	9.65	10.20	10.95	11.65	12.35	13.00	13.80	14.50	15.25	16.00
2.90	4.20	4.65	5.17	5.60	6.07	6.57	7.12	7.75	8.50	9.10	9.70	10.23	10.95	11.65	12.35	13.00	13.80	14.50	15.25	16.00
3.00	4.22	4.67	5.20	5.65	6.12	6.60	7.15	7.80	8.55	9.12	9.70	10.23	10.95	11.65	12.35	13.00	13.80	14.50	15.25	16.00

统一眩光值方法是将 Einhorn 和 Hopkinson 等人公式，及 Guth 位置指数有机结合的一种眩光评价方法。就可操作性和实践操作而言，该方法可以被看作是集合了当前主要不舒适眩光计算方法优点。在某种意义上说统一眩光值成功地用数学来处理人的感觉。Manabe 对一些照明装置用 GI、VCP 和亮度限制曲线的计算结果与主观评价的比较。纵坐标为主观评价（用 GI 单位），横坐标为这三种系统的计算结果。主观评价与计算结果之间的相关系数为：与 VCP 的为 0.64，与 GI 的为 0.64，与亮度限制曲线的平均眩光评价值的相关系数为 0.52。这些相关系数意味着 GI 和 VCP 说明了平均主观评价的 41%，而亮度限制曲线的平均眩光评价只解释了 27%。作为预计不舒适眩光系统来讲似乎这三种方法都不太理想。至于主观评价与 UGR 的关系，另由 Akashi 进行了一次评价试验，请 56 个非照明专家作被试，对一间使用一种有亮边灯具的办公室进行评价，并考查了平均主观评价与计算的 UGR 值之间的相关关系，得到的相关系数为 0.89。虽然与主观评价仍然有一些偏差，但这样高的相关系数令人惊奇。可以这么说，到目前为止 UGR 是预计室内不舒适眩光感觉能得到的最佳方法。

5.3.3 统一眩光值扩展

然而统一眩光值仅限于发光部分面积为 $1.5m^2 > S > 0.005m^2$ 时有效，用 UGR 预计小光源（$<0.005m^2$）时其预计的结果往往太严重，而对于大的光源（$>1.5m^2$）又是太宽松。此外，对于实际的灯具如何确定眩光源的亮度和大小。例如抛物面灯具，这是使用最广的荧光灯灯具，它不具备边界明确的均匀亮度，更确切地说它们的亮度是不均匀的。这就使得很难确定眩光源的面积，也就是立体角的大小。对于这类灯具的处理需作进一步考虑。其次一个问题是紧靠着眩光源周边的亮度，这部分亮度是在眩光源亮度和背景亮度之间，它产生降低眩光感觉的作用。但是没有一个眩光预计的方法考虑了它的作用。还有，关于眩光源大小的问题，特别是大的眩光源例如发光顶棚，因为它们的面积大到足以与适应亮度产生交互作用，以及介于一般光源和发光顶棚之间的过渡光源。

针对统一眩光值存在的以上问题，CIE 于 2002 年发布研究报告 CIE147 号文件《小光源、特大光源及复杂光源的眩光》，就这些问题提出了相应的解决方法。

1. 小光源眩光

目前所有预计眩光的方法中的小光源都被认为是：透明白炽灯泡中的亮度极高的灯丝，然而一般建筑师和室内设计师通常采用的都是乳白或磨砂的灯泡，并且人们也不是直接盯着它看的。德国 Karlsruhe 大学的研究支持这种观点，并认为对于偏离视线的很小光源的眩光是由光强而非亮度决定的。同时，南非 Cape Town 大学的研究表明在室内照明的距离内，光源的大小用投影面积比用立体角来表示更为明确。故我们可将小的眩光源的定义适应这种实际，将小光源的定义调整为：其投影面积 $A_p < 0.005m^2$，相当于一个 80mm 直径的圆片。这个小光源的位置偏离视线超过 5°，眩光感觉是由其到达眼睛的光强决定的。而其 UGR 计算公式可以改写为：

$$UGR = 8\lg \frac{0.25}{L_b} \Sigma \frac{200 I_\alpha^2}{r^2 \cdot P^2} \qquad (5\text{-}14)$$

式中：L_b——背景亮度（cd/m^2）；

$\quad\quad I_\alpha$——观察者眼睛方向的灯具发光强度（cd）；

$\quad\quad r$——每个灯具发光部分与观察者眼睛之间的距离（m）；

$\quad\quad P$——每个单独灯具的位置指数。

设有一 150W 裸露透明的白炽灯泡，位于眼睛高度以上 2m 与眼睛水平距离 4m 处。假定其环境亮度为 30cd/m^2，灯泡的光强为 160cd，其灯丝亮度为 $4 \times 10^6 cd/m^2$，在眼睛方向实际投影面积为 $4 \times 10^{-5} m^2$，位置系数 $P = 2.9$。如果用传统方法表示，则：

$$UGR = 8\lg \frac{0.25}{L_b} \Sigma \frac{L_\alpha^2 \cdot \omega}{P^2} = 8\lg \frac{0.25}{30} \times \frac{(4 \times 10^6)^2 \times 4 \times 10^{-5}}{2.9^2 \times (4 + 16)} = 36$$

$$(5\text{-}15)$$

UGR$=36$ 表示是一种无法忍受的眩光，这与实际感觉相差甚为悬殊。如果改用：当光源的投影面积 $A_p < 0.005m^2$，位置偏离视线超过 5°，因此按照小光源 UGR 计算公式可算得，

$$UGR = 8\lg \frac{0.25}{L_b} \Sigma \frac{200 I_\alpha^2}{r^2 \cdot P^2} \qquad (5\text{-}16)$$

求得 UGR 为 19.2 意味着这个光源有些不舒适的感觉，如果考虑到它的闪闪发光的效果，可以为人们所接受。这样的评价比较接近于事实，从而也证明它的实用性。

2. 大光源（发光顶棚，均匀的间接照明）

相关研究表明，利用传统方法评价发光顶棚或较为均匀的间接照明的不舒适眩光，往往过于宽松，从而产生极其严重的眩光。为了限制眩光，一个发光顶棚或均匀的间接照明在某一要求的 UGR 值下提供的照度，不能超过下列值：

➤ 当 UGR 限值为 13 时，300lx；

➤ 当 UGR 限值为 16 时，600lx；

➤ 当 UGR 限值为 19 时，1000lx；

➤ 当 UGR 限值为 22 时，1600lx；

如果需要较高的照度但是较低的 UGR 值时，可以通过很好地遮蔽的局部照明来解决，如果采用适当控制亮度的发光顶棚（如格栅顶棚）也可获得较好的效果。

3. 介于小光源和大光源之间的一般光源

从光源与顶棚面积的比 CC＝ 0.15～1 之间的光源的眩光评价不能直接应用 UGR 公式，而需加以修改，使它能在要求的精度内两头都与该种光源的评价方法得出的结果一致。CIE 147 将修改后的眩光评价法称之为 GGR，即 GREAT SOURCEGLARE RATING（ 大光源眩光评价）。此公式为：

$$GGR = UGR + \left(1.18 - \frac{0.18}{CC}\right) \cdot 8 \cdot \lg \left[\frac{2.55\left(1 + \frac{E_d}{220}\right)}{1 + \frac{E_d}{E_i}}\right] \quad (5\text{-}17)$$

4. 不均匀的间接照明

对于非均匀的间接照明，由于其立体角、被照亮顶棚面积等参数均无法计算或测量，因此 CIE147 号文件给出了一个基于照度限值的简单近似公式。为了限制眩光，由非均匀的间接照明所产生的平均照度值，不应超过：

$$E_{av} = 1500 - \left(2.1 - \frac{1.5}{RI} - 1.4R_w\right) \cdot L_s \quad (5\text{-}18)$$

式中：L_s ——间接照明所产生亮斑的平均亮度（cd/m^2）；

RI ——室形指数；

R_w ——墙壁反射比；

E_{av} ——平均水平照度。

上述公式适用于要求 UGR＝ 19 的情况，对于 UGR 的其他数值，E_{av} 需乘以下列系数：

➤ 当 UGR 限值为 13 时，乘以 0.3；

➤ 当 UGR 限值为 16 时，乘以 0.6；

➤ 当 UGR 限值为 22 时，乘以 1.6。

这是一个近似方法并不要求太高的精度，其误差可能在 1 个 UGR 单位上下。L_s 是间接照明光斑较亮的一半区域的亮度平均值，它大约是峰值亮度的 75%～95%，取决于顶棚的亮度分布。如果该数值无法确定，则可取峰值的 85%。假设顶棚反射率为 0.7，地板反射率为 0.2。

上述照度限制规则也可适用于大型均匀漫射灯具和在面板间有暗条的漫射型发光顶棚，它们的亮度为 L_s。

5. 复杂光源

镜面光源，使用镜面反射器以及镜面格栅，其亮度在实际投影面上有相当变化，呈现一些很亮的闪亮点被很暗的条或片所隔开。对于此类灯具利用灯具出光口面积作为灯具发光面积，并利用下式计算灯具亮度：

$$L_\alpha = \frac{I_\alpha}{A \cdot \cos \alpha} \tag{5-19}$$

则必然导致对灯具亮度的低估。因 CIE TC 3.04 在 1975 年关于眩光的报告中提出：所有具有低于 500cd/m^2 亮度的区域，其眩光可以忽略不计。因此对于此类灯具的眩光评价中，更需关注灯具上亮斑对于人眩光的影响。我们可以简单地假设灯具亮斑在所有方向具有相同的亮度，然而灯具的投影面积会随着角度变化而变化，相应的灯具光强也会发生变化。

因此 CIE 147 号文件提出

$$L = \frac{I_{\max}}{A_0 \cdot \cos \alpha_{\max}} \tag{5-20}$$

式中：$I_{\max}$ ——灯具发光强度最大值（cd）；

L ——灯具亮斑亮度（cd/m^2）；

A_0 ——灯具出光口面积（m^2）；

α ——灯具表面法线与观察者眼睛方向所夹的角度（°）。

因灯具在不同角度亮斑的亮度值不变，仅其投影面积发生变化又因：

$$E = L \cdot \omega$$

式中：E ——灯具在眼睛处产生的垂直照度（lx）；

ω ——灯具上亮斑在观察者眼睛方向所成的立体角；

对于观测位置灯具亮斑所形成的立体角可根据下式得出：

$$\omega = E/L = (I/r^2)/L = \frac{I}{L \cdot r^2} \tag{5-21}$$

式中：r ——灯具到观测者眼睛处的距离（m）。

因此此类复杂光源的统一眩光值计算公式就可以写为：

$$UGR = 8\lg \frac{0.25}{L_b} \Sigma \frac{L_\alpha^2 \cdot \omega}{P^2} = 8\lg \frac{0.25}{L_b} \Sigma \frac{L \cdot I}{r^2 \cdot P^2}$$

$$= 8\lg \frac{0.25}{L_b} \Sigma \frac{I_{\max} \cdot I}{r^2 \cdot A_0 \cdot \cos \alpha_{\max} \cdot P^2} \tag{5-22}$$

对于半镜面材料生产的灯具，其统一眩光值的计算则可以取复杂光源统一眩光值和一般光源统一眩光值的平均值来表示。

5.4 眩光指数（GR）在室内体育馆应用的研究

日本学者 Kohji Kawakami 等人对 CIE 提出的室外 GR 眩光评价系统用于室内眩光评价的适用性进行了研究。在这 4 个体育馆中选择了 55 个观察方向。对数据进行统计分析后表明，55 个观察方向的眩光主观评价值与 GR 计算值符合的很好，从而认为，GR 计算公式可以应用于室内照明设施而无须任何修改。然而他们的研究仍留下了两个问题：

1. 室外场地的眩光评价方法有效，可以应用于室内，但是两者的眩光评价尺度和最大眩光限制值是否有差别，值得研究。

2. 在日本学者的研究中，提出了 GR 公式，由于只选择了 4 个体育馆中的 55 份评价数据，该公式是否具有普遍的意义，与 CIE 推荐的室外 GR 公式相比，哪个更适用于室内眩光评价，这也是值得研究的问题。

3. 中国建筑科学研究院在 CIE 112 号文献及日本学者对于室内外眩光评价所做工作的基础上，2006～2007 年开展了关于分析室外体育场所照明设施的眩光评价方法能否应用于室内场馆的评价的研究。该研究通过进行现场调查、评价、测量以及对调研数据的分析统计，对室内场馆的眩光评价进行了研究。通过现场的主观评价，并与实际测量的眩光指数进行对比，从而确定室内场馆照明眩光的评价方法。

通过对所有数据的分析、回归，可得到 GR 与 GF 有如下的关系：

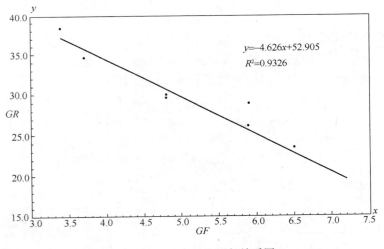

图 5-4　GR 与 GF 回归关系图

证明 CIE 推荐的室外眩光评价方法可以用于室内场地的眩光评价，即室内眩光程度可以用眩光指数表示：

$$GR = 27 + 24\lg(L_{vl}/L_{ve}^{0.9}) \tag{5-23}$$

及室外场地的眩光评价方法也适用于室内，但是室内场馆与室外场地的眩光评价尺度存在差异，室外和室内场馆的眩光评价尺度如下表所示。

表 5-5　室外体育场与室内体育馆眩光评价尺度

GR（室外）	GR（室内）	GF	说明
90	50	1	不能忍受
70	40	3	干扰
50	30	5	刚好允许
30	20	7	允许
10	10	9	无察觉

从人的主观感受来说，GR 不大于 35 时是可以接受的，但已经能感受到很强的眩光。根据实测和调查的经验，室内场馆的 GR 值都能控制在 35 以内，而用于比赛的场馆 GR 值多数也能控制在 30 以内；同时考虑到训练和比赛要求有所区别。因此，参照人的主观感受和眩光评价尺度，对于室内体育场馆，其最大眩光指数应满足下表要求：

表 5-6　室内场地眩光限制值

场地类型	GR_{max}
训练	35
正式比赛（包括电视转播）	30

5.5　2013 版标准中关于不舒适眩光的规定

根据此前关于不舒适眩光相关研究的总结，并结合我国照明设计实践的需要我们可以得出以下结论：

1. 由于平均主观评价与计算的 UGR 值之间的相关关系，得到的相关系数为 0.89，因此到目前为止 UGR 是预计室内不舒适眩光感觉能得到的最佳方法。且当前国际上主要国家的照明标准如欧洲标准《光和照明，工作场所照明：第一部分：室内工作场所》12464-1-2011 等均采用 UGR 作为不舒适眩光的评价方法，因此在本次标准修订中仍采用此方法；

2. 关于小光源眩光评价方法，由于当前筒灯等照明产品在室内照明中广泛应用，而传统统一眩光值计算方法对于小光源的计算不准确，从而导致无法对此类光源所产生的不舒适眩光进行判定。CIE147 文件中关于小光源的界定基本覆盖此种光源，填补了这一空白，因此本标准中补充了此公式，从而保证了标准体系的完整性；

3. 对于发光顶棚及间接照明，从照明节能角度考虑，本标准不推荐使用以上两种照明方式，因此在标准中也不采纳关于此类照明方式的眩光评价方法；

4. 关于复杂光源的评价方法，由于如果采用此类方法势必会增加判断灯具种类的复杂程度，从而导致计算更加复杂，不利于标准的具体实施和操作；考虑到目前主要标准均未采用此计算方法，因此在标准中将暂不采纳此计算方法；

5. 在本标准中进一步采用眩光指数（GR）的方法来评价体育馆的不舒适眩光，但是眩光评价尺度与室外体育场地评价尺度不同。

（注：本文由中国建筑科学研究院王书晓执笔 2012 年）

参考文献

1　CIE 第 55 号出版物《室内工作场所不舒适眩光》(1983)

2　CIE 的 112 号文献《室外体育场地照明眩光评价系统》(1994)

3　CIE 117 号出版物《室内照明的不舒适眩光》(1995)

4　CIE147 号出版物《小光源、特大光源及复杂光源的眩光》(2002)

5　欧洲标准，《光和照明，工作场所照明：第一部分：室内工作场所》12464-1-2011

6　IESNA，《北美照明手册(第九版)》(2000)

7　中国建筑科学研究院研究报告，《室内体育馆照明系统眩光评价研究报告》，2007 年

8　博士论文，《Subjective impression of discomfort glare from sources of non-uniform luminance》，内布拉斯加大学，2008

9　硕士论文，《Maximum luminance and luminance ratios and their impact on user discomfort glare perception and productivity in daylit office》，威灵顿大学，2008。

6 照明功率密度（LPD）专题研究

6.1 前 言

《建筑照明设计标准》GB 50034-2004 是我国第一部系统的照明节能设计标准，其颁布实施对于改善各类建筑的光环境以及开展低碳经济和实施绿色照明起了巨大促进作用。标准采用房间或场所一般照明的照明功率密度值（LPD）作为照明节能的评价指标，主要规定了居住、办公、商业、旅馆、医院、学校和工业等七类建筑 108 种常用房间或场所的 LPD 限值。除居住建筑外，其他六类建筑的 LPD 限值为强制性标准，必须严格执行。LPD 限值的规定为有关主管部门、节能监督部门、设计图纸审查部门提供了明确的、容易检查和实施的标准，便于对照明设计进行有效的监督和管理。

现行标准已实施七年，随着照明技术的发展，有关 LPD 的条文有待进一步完善和提高，主要体现在：一是产品性能以及设计技术的不断提高，使得 LPD 有进一步降低的可能；二是目前标准中只规定了七类建筑，其他类型的建筑和场所的节能要求也有待规定；三是由于灯具的利用系数与房间的室形指数密切相关，导致在不同室形指数下，满足 LPD 要求的难易度也不相同，LPD 需要考虑针对室形指数的修正问题。

为此，我们围绕上述三个问题进行了相关研究，以便为标准相关条文的修订提供技术和数据支撑。

6.2 国 内 外 现 状

考虑到近年来对于照明节能的关注日益提高，通过世界主要国家的照明标准进行了比较对于进一步完善照明标准的节能部分具有重要意义。为了保证标准编制的科学性和合理性，编制组首先搜集了不同国家现行国家照明建议的资料。在本报告中收集了 6 个不同国家或地区的照明节能标准，包括：

➤ 美国 ASHRAE 标准 90.1-2010：建筑（不含低层居住建筑）照明节能标准（SI 版本）

➤ 日本照明基准准则 JIS Z 9110
➤ 新加坡建筑设备及运行节能标准 SS 530：2006
➤ 台湾地区建筑照明节能评估法
➤ 香港地区建筑照明节能规范
➤ 加州建筑照明节能规范（2008 年）

6.2.1 美国 ASHRAE 标准 90.1-2010

其照明节能规范为美国暖通空调学会与照明学会共同制定的 ANSI/ASHRAE/IES 90.1（Energy Standard for Buildings Except Low-rise Residential Buildings），该标准经过多次修订，目前最新的为 2010 年版。在该标准中，提出了两种方法，一是按房间类型给出 LPD，二是按建筑类型给出 LPD。前者是一种简化方法，而后者更为详细和具体，具有更大的灵活性。该标准给出了医院、旅馆、图书馆、博物馆、交通建筑、体育建筑、仓库以及办公室、教室等建筑场所的 LPD 限值。

1. 各建筑类型对应照明功率密度限值

通过建筑场所分类法按照下列步骤来确定室内照明功率限值：

1）从表 6-1 中确定适当的建筑场所类型以及允许的 LPD 值（W/m²）。对于没有列举出的建筑场所的类型，允许合理选择类似的类型。

2）确定该类型建筑场所总的受照地面面积（m²）。

3）将该类型建筑场所的总受照地面面积乘以 LPD 值。

4）建筑的室内照明功率限值是所有类型建筑场所照明功率限值之和。允许不同类型建筑场所间进行权衡，进一步规定，总的室内照明安装功率不超过室内照明功率限值。

表 6-1 各建筑类型对应照明功率密度限值

建筑场所的类型*	LPD（W/m²）
汽车场所	8.8
会展中心	11.6
法院大楼	11.3
餐饮：高级酒吧/休闲	10.7
餐饮：咖啡馆/快餐	9.7
餐饮：家庭	9.6
集体宿舍	6.6
训练中心	9.5
消防站	7.6

续表 6-1

建筑场所的类型 *	LPD（W/m²）
体育馆	10.8
医疗诊所	9.4
医院	13.0
旅馆	10.8
图书馆	12.7
生产设施	11.9
汽车旅馆	9.5
电影院	8.9
多户	6.5
博物馆	11.4
办公室	9.7
室内停车场	2.7
监狱	10.4
表演艺术剧场	15.0
警局	10.3
邮局	9.4
宗教建筑	11.3
商店	15.1
中小学/高校	10.7
体育场	8.4
市政厅	9.9
交通建筑	8.3
仓库	7.1
车间	2.9

注： * 当一般场所类型和特殊场所类型同时在表中列出时，采用特殊场所的 LPD 值。

2. 各房间类型对应功率密度限值

通过空间逐一分类法按照下列步骤来确定室内照明功率限值：

1）从表 6-2 中确定适当的场所类型。对于没有列举出的场所类型，允许合理选择类似的类型；

2）室内房间是指由高度超过房间吊顶高度 80% 的隔墙围合空间，其面积，通过测量隔墙中心，包括阳台或其他的地面面积。其中零售空间不是必须遵守该要求；

3) 通过空间逐一分类法在表 6-2 中指定的列确定室内照明功率限值。将空间的地面面积乘以最能代表空间使用特征的空间类型对应的 LPD 限值。该乘积就是空间的照明功率限值。对于没有列举出的空间类型，允许合理选择类似的类型。

表 6-2 各房间类型对应功率密度限值

普通场所类型*		LPD（W/m²）	RCR**
中庭			
	13m 及以下高度	每 1m 高，0.10	N/A
	13m 以上高度	每 1m 高，0.07	N/A
观众席（固定座席区）			
	礼堂	8.5	6
	表演艺术剧场	26.2	8
	电影院	12.3	4
教室/讲堂/训练		13.3	4
会议室/多功能用房		13.2	6
走廊/场所交汇区		7.1	宽度<2.4m
用餐场所		7.0	4
	酒吧/休闲餐厅	14.1	4
	家用餐厅	9.6	4
表演艺术剧场更衣场所		4.3	6
电力、机械场所		10.2	6
备餐区		10.7	6
实验室		13.8	6
	教室	13.8	6
	医疗/工业/科研建筑	19.5	6
厅		9.675	4
	候梯厅	6.88	6
	表演艺术剧场大厅	21.5	6
	电影院大厅	5.6	4
运动场所更衣室		8.1	6
休息厅/等候厅		7.9	4
办公室			
	封闭式	11.9	8
	开放式	10.5	4
洗手间		10.5	8

续表 6-2

普通场所类型*	LPD（W/m²）	RCR**
商店	18.1	6
楼梯	7.4	10
仓库	6.8	6
车间	17.1	6
汽车用房		
服务/修理	7.2	4
银行		
业务区	14.9	6
会展中心		
观众区	8.8	4
陈列区	15.6	4
宿舍		
生活区	4.1	8
消防站		
工作区	6.0	4
生活区	2.7	6
体育馆/健身房		
健身区	7.8	4
体育馆观众席	4.6	6
比赛场所	12.9	4
医院		
走廊/场所交汇区	9.6	宽度<8 ft
急诊区	24.3	6
检查/治疗	17.9	8
洗衣房	6.5	4
休息大厅/候诊厅	11.5	6
医疗供给	13.7	6
保育室	9.5	6
护士站	9.4	6
手术室	20.3	6
病房	6.7	6
药房	12.3	6
体疗	9.8	6
放射/CT	14.2	6
康复区	12.4	6

续表 6-2

普通场所类型*	LPD（W/m²）	RCR**
饭店/高速公路寄宿区		
饭店餐厅	8.8	4
饭店客房	11.9	6
饭店大厅	11.4	4
高速公路寄宿区餐厅	9.5	4
高速公路寄宿区客房	8.1	6
图书馆		
编目区	7.8	4
阅览区	10	4
书架	18.4	4
工业		
走廊/场所交汇区	4.4	宽度<2.4m
精细制造	13.9	4
设备房	10.2	6
超高空间（楼面距顶棚高>15.2m）	11.3	4
较高空间（7.6～15.2m）	13.2	4
较低空间（<7.6m）	12.8	4
博物馆		
陈列区	11.3	6
修复室	11.0	6
室内停车场		
停车区	2.0	4
宗教建筑		
观众席	16.5	4
活动大厅	6.9	4
讲道坛	16.5	4
销售		
更衣室/试衣间	9.4	8
购物中心	11.8	4
售卖区	18.1	6
交通场所		
机场/火车/公交—行李房	8.2	4
机场—集散广场	3.9	4
座席区	5.8	4
售票柜台	11.6	4

续表 6-2

普通场所类型 *	LPD（W/m²）	RCR **
仓库		—
小物体储藏	10.2	6
中等/大物件储藏	6.2	4

注：1. * 当一般场所类型和特殊场所类型同时在表中列出时，采用特殊场所的 LPD 值。

2. ** 当场所计算得到的 RCR 大于表中的 RCR 时，LPD 应作相应提高，提高部分用以下公式计算：LPD＝基准值 LPD（表中给的数值）×0.20。

场所 RCR 计算公式：RCR＝2.5×室空间高×房间周长/房间面积

式中：室空间高＝灯具安装高度－工作面高度

6.2.2 日本照明节能之及照明能耗系数 CEC/L

日本在 1993 年 7 月 29 日颁布之《有关建筑物内能源使用之合理化》法令，并自 1994 年 8 月 1 日执行，有关建筑物照明节能规范则以日本照明学会及照明学者所订出照明能源耗费系数 CEC/L（coefficient of energy consumption for lighting）作为建筑物照明设计之规定。CEC/L 定义如下：

$$CEL/L = \frac{\text{全年照明设备实际消耗能源量}}{\text{全年照明设备消耗能源量的标准值}} = \frac{\Sigma(W_T \times A \times T \times F)}{\Sigma(W_S \times A \times T \times Q_1 \times Q_2)}$$

$$(6\text{-}1)$$

式中：W_S——照明消耗功率基准值（单位面积功率）（W/m²），见表 6-3；

W_T——照明设备实际消耗功率（W/m²）；

A——各室面积；

T——各室全年间照明点灯时间，基准时间见表 6-4；

Q_1——依照明设备种类产生的修正系数；

Q_2——依照明设备照度产生的修正系数；

F——依照明设备控制系统产生的修正系数。

表 6-3　单位面积功率基准值

编号	一　般　场　所	特殊场所	单位面积功率（W/m²）
1	入口大厅	手术室、产房	55
2	开放式办公室（政府机关、银行、证券、金融、保险、贸易、建筑等）、绘图室、设计室	紧急联络房	40
3	休息室、接待室、控制室、展示空间、监控室、百货公司	检查室、药房、宴会厅、游乐场、卡拉 OK 娱乐厅	30

续表 6-3

编号	一 般 场 所	特殊场所	单位面积功率（W/m²）
4	自动扶梯、办公室、会议室、图书室、档案室、资料室、印刷室、阅览室、教室、培训师、语言实验室、商店、售票柜台、餐馆、茶室、厨房	一般体育赛事、化验、治疗室、重症监护、制剂室、护士站、康复室、理疗室、幼儿园、更衣室、候车室、美容美发	20
5	盥洗室、厕所、浴室、吸烟区、食堂、更衣室、休息室、午休室、门卫值班室	运动休闲、客房、影视工作室	15
6	走廊楼梯、仓库、装卸区	养老院、福利院、观众席（体育场、体育馆、剧院、电影院、讲堂等）、教堂	10
7	停车场、车道、仓库（小型的）、电气室	俱乐部座椅、舞池、酒吧	5

表 6-4 年度标准照明时间

年 工 作 日	每日使用时间					
	24 小时	16 小时	12 小时	8 小时	4 小时	2 小时
365 天	9000	6000	4500	3000	1500	700
310 天（每周休息一天）	7500	5000	3750	2500	1250	600
248 天（周末和节假日休息）	6000	4000	3000	2000	1000	500
偶尔间歇性使用	24×天数	16×天数	12×天数	8×天数	4×天数	2×天数

建筑物的 CEL/L 基准值见表 6-5。

表 6-5 建筑物的 CFL/L 基准值

单 位	一般基准值	奖励基准值
事务所、学校、医院	$CEL/L \leqslant 1.0$	$CEL/L \leqslant 0.9$
饭店、商店	$CEL/L \leqslant 1.2$	$CEL/L \leqslant 1.1$

饭店、商店的判断基准值的特别规定为 1.2，主要考虑到这些建筑物的照明必须为顾客创造一种舒适、明亮的照明环境。当建筑物满足 CEL/L 基准值时，根据节能、再利用支持法，其照明设备系统中的高效率照明设备可以享受低利贷款，以鼓励建筑物采用高效率照明设备。

6.2.3 新加坡建筑设备及运行节能标准（SS 530：2006）

该标准同样采用照明用电密度，即功率密度进行评价照明节能。表6-6为新加坡规定单位面积照明用电密度 UPD，可供照明设计用电量之参考。

表6-6 新加坡照明用电密度 UPD 值之标准

场所类型	UPD（W/m²）
办公室	20
教室	20
礼堂/讲堂	25
商店/超级市场/百货店	30
餐厅	25
大厅	10
楼梯	10
停车场	5
工厂	20
仓库	15
走廊	20

6.2.4 台湾地区建筑照明节能评估法

台湾建筑照明系统之节能评估法是以提高灯具效率与照明功率密度为主，其照明系统合格判断如下式所示：

$$EL = IER \times IDR \times (1 - \beta_1 - \beta_2 - \beta_3) \qquad (6-2)$$

式中所有居室灯具效率系数 IER 与主要作业空间照明功率系数 IDR 计算公式如下：

$$IER = (\sum n_i \times w_i \times B_i \times C_i \times D_i)/(\sum n_i \times W_i \times B_i \times r_i) \qquad (6-3)$$

$$IDR = \sum sw_j/(\sum UPD_j \times A_j)$$

式中：EL —— 照明系统节能效率，无单位；

IER —— 所有居室灯具效率系数，无单位；

IDR —— 主要作业空间照明功率系数，无单位；

n_i —— 某 i 类灯具数量；

w_i —— 某 i 类灯具功率（W）；

r_i —— 某 i 类光源之效率比；

B_i —— 镇流器效率系数；

C_i —— 照明控制系数；

D_i ——灯具效率系数；

β_1 ——20.0×再生能源节能比例 R_r；

β_2 ——建筑能源管理系统效率；

β_3 ——如光导管、光纤等集光装置等其他特殊采光照明节能优待系数，由申请者提出计算值，经认定后采用。

sw_j ——主要作业空间之照明总功率（W），为该空间灯具功率之和；

A_j ——主要作业空间楼地面面积（m²）；

UPD_j ——主要作业空间照明功率密度基准；

IER ——实际总用电功率与总用电功率基准之比；

IDR ——主要作业空间之设计照明功率密度与照明功率密度基准之比。

建筑照明节能评估范围须有空间的基准值，至于储藏室、停车场、仓库、楼梯间、茶水间、厕所等非居室空间，与住宅、宿舍、疗养院、旅馆客房等属于较私密的住宿空间，以及手术室、工厂生产线、实验室、音乐厅、娱乐场所、展览场、商场等商业展示及特殊照明需求之空间，并不列入评估范围。

6.2.5 香港地区建筑照明节能规范

照明装置节能规定的意义：

1）限定照明功率密度，减少照明能耗；

2）合理的照明控制，减少照明能耗。

下表给出了一些场所的照明功率密度（LPD）限值。除非场所内全部固定的照明装置的总功率不超过 100W 时表 6-7 不适用。

表 6-7 各场所的 *LPD* 限值

场所类型	LPD 限值
层高大于 5m 的中庭、大厅	20
吧台、休息室	15
餐厅（banquet room）、多功能室、球馆	23
食堂（canteen）	13
停车场	6
教室、训练房、讲堂	15
诊所	15
会议室	16
走廊	10
宿舍	10

续表 6-7

场所类型	LPD 限值
入口大厅	20
展览厅、陈列室	15
客房	15
体育馆、健身房	15
厨房	15
实验室	15
图书馆一阅览区、书架、音视频中心	13
汽车升降梯	13
电梯前厅	12
装卸区	11
办公室	15
病房、护理房	15
机房、控制室	12
公共交通空间	15
火车站 层高小于5m 的大厅、站台、入口、楼梯 层高大于5m 的大厅、站台、入口、楼梯	 15 20
餐馆	20
零售店	20
剧院、电影院、礼堂、音乐厅观众席	12
运动休闲房	17
楼梯	8
储藏室、干洗店	11
卫生间、浴室	13
制作修复间	14

同时该标准对办公室照明控制开关的数量进行了限制，见表6-8。

表 6-8 办公室照明控制开关的数量

办公室面积	照明控制开关的数量
$15 \times (N-1) < A \leqslant 15 \times N$	$0 < N \leqslant 10$
$30 \times (N-6) < A \leqslant 30 \times (N-5)$	$10 < N \leqslant 20$
$50 \times (N-12) < A \leqslant 50 \times (N-11)$	$N > 20$

注：N—开关数量（个）。

6.2.6　加州建筑照明节能规范（2008 年）

该规范对加州所有建筑的功率密度进行了规定：

1. 建筑类型法允许的 LPD 等于表 6-9 的 LPD 值乘以整栋建筑的面积。该方法不适用于零售批发店、旅馆和高层住宅建筑。

注：当用建筑类型法计算停车场的允许 LPD 时，而停车场仅是建筑的一部分，则停车场和建筑的其他部分应根据表 6-9 的建筑用途分类分别采用该方法计算分析。

2. Tailored 法仅适用于建筑类型法不适用的主要功能区域允许的 LPD 的计算。

根据表 6-10 第 1 栏功能区域的分类，计算允许的 LPD。

一般照明允许的 LPD 计算方法如下：

1）当功能类型表 6-10 第 1 栏未列出时，参照 IESNA 照明手册；

2）确定主要功能区域的面积；

3）确定各主要功能区域的室形指数（RCR），公式如下：

矩形房间的室形指数：$RCR = \dfrac{5 \times H \times (L+W)}{L \times W}$

非矩形房间的室形指数：$RCR = \dfrac{2.5 \times H \times P}{A}$

式中：L——房间长度；

$\quad\quad W$——房间宽度；

$\quad\quad H$——工作面到灯具的垂直距离；

$\quad\quad P$——房间周长；

$\quad\quad A$——房间面积。

4）根据下表的 RCR 和照度分级找出对应的照明功率密度，再乘上面积就是该区域允许的功率值。

表 6-9　建筑类型法照明功率密度值

建 筑 分 类		允许照明功率（W/m²）
礼堂		1.5
课堂		1.1
商用和工业用储藏类建筑		0.6
会展中心		1.2
金融研究所		1.1
一般性商业、工业办公建筑	安装高度大于等于 25 英尺（7.62m）的灯具	1.0
	安装高度低于 25 英尺（7.62m）的灯具	1.0

续表 6-9

建　筑　分　类	允许照明功率（W/m²）
百货商店	1.5
图书馆	1.3
医疗建筑	1.1
办公建筑	0.85
室内停车场	0.3
宗教建筑	1.6
餐馆	1.2
学校	1.0
剧院	1.3
所有其他	0.6

表 6-10　各房间类型对应功率密度限值

房间类型		功率密度限值（W/m²）	房间类型		功率密度限值（W/m²）
礼堂		16.1	实验室		15.1
汽车修理		9.7	洗衣处		9.7
理发		18.3	图书馆	阅览区	12.9
教室、职业培训室		12.9		书架	16.1
非冷藏的仓库		6.5	大堂	酒店大堂	11.8
冷藏的仓库		7.5		主入口大堂	16.1
会议室、多功能厅		15.1	更衣室		8.6
走廊、卫生间、楼梯及其他辅助空间		6.5	休息室		11.8
餐厅		11.8	商场		12.9
机电控制室及电话站		7.5	医疗用房		12.9
健身中心、体育馆		10.8	办公室	大于250平方英尺	9.7
展览馆及博物馆的展厅		21.5		小于等于250平方英尺	11.8
金融交易		12.9	车库	停车场	2.2
生产厂房及手工艺品制作等	低空间	9.7		弯道和入口	6.5
	大空间	10.8	宗教场所		16.1
	精细作业	12.9	批发零售		17.2
食品销售		17.2	剧院	电影	9.7
宾馆功能空间		16.1		文艺表演	15.1
厨房、食品准备		17.2	交通功能空间		12.9
除大堂外的等候区		11.8	其他空间		6.5

6.3 制定的原则和依据

在 2004 版的标准中，依据大量的照明重点实测调查和普查的数据结果，并参考了国际上一些发达国家的照明节能标准，结合我国照明产品性能指标，经过论证和综合经济分析后制定了 LPD 限值的标准，并根据照明产品和技术的发展趋势，同时给出了目标值。

经过多年的工程实践，我们认为实行目标值的时机已经成熟，因此在新标准中，拟将 2004 版标准中的目标值作为基础，结合对各类建筑场所进行广泛和大量的调查，同时参考国外相关标准，以及对现有照明产品性能分析，确定新标准中的 LPD 限值。

除了现行标准中的七类建筑外，编制组拟在新标准中增加博览建筑、会展建筑、交通建筑、金融建筑等的照明节能要求。这几类建筑各场所的 LPD 限值，则参照已有建筑中同类场所（照明要求及空间特点相同）的指标并结合实际调研数据制定。

在标准修订之初，编制组开展了对现行标准实施情况的调查。完成标准修订征求意见，共收集全国各地设计单位意见近 300 条；召开专题讨论会议 8 场；完成标准修订前期的普查工作，共计完成 540 个应用场所 LPD 现状分析。标准征求意见稿完成后组织各大设计院对 13 类建筑共 398 个案例的 LPD 进行了测算分析与论证，为制订标准提供了基础数据。

6.4 降低 LPD 限值的可行性分析

6.4.1 国外标准的趋势

随着照明产品性能和照明设计技术的提高，为了实现进一步节能，降低 LPD 限值是行之有效的措施。以美国的 ANSI/ASHRAE/IES 90.1 标准为例，在历次修订中，各建筑场所的 LPD 变化情况如表 6-11 所示：

表 6-11 不同时期 90.1 标准规定的 *LPD* 限值要求

建筑类型	ASHRAE/IES 90.1 标准规定的 *LPD* 限值 (W/m²)		
	1999	2004	2010
汽车生产间	16.1	9.7	10.6
会展中心	15.1	12.9	11.6

续表 6-11

建筑类型	ASHRAE/IES 90.1 标准规定的 LPD 限值 (W/m²)		
	1999	2004	2010
法院	15.1	12.9	11.3
餐厅	16.1	14.0	10.7
自动餐厅、快餐店	19.4	15.1	9.7
家庭餐厅	20.5	17.2	9.6
集体宿舍	16.1	10.8	6.6
运动中心	15.1	10.8	9.5
体育馆	18.3	11.8	10.8
保健门诊	17.2	10.8	9.4
医院	17.2	12.9	13.0
旅馆	18.3	10.8	10.8
图书馆	16.1	14.0	12.7
制造间	23.7	10.8	9.5
汽车旅馆	21.5	10.8	9.5
电影院	17.2	12.9	8.9
多户家庭	10.8	7.5	6.5
博物馆	17.2	11.8	11.4
办公室	14.0	10.8	9.7
室内停车场	3.2	3.2	2.7
监狱	12.9	10.8	10.4
演剧院	16.1	17.2	15.0
警局、消防站	14.0	10.8	10.3
邮政局	17.2	11.8	9.4
宗教场所	23.7	14.0	11.3
商店	20.5	16.1	15.1
学校/大学	16.1	12.9	10.7
运动场	16.1	11.8	8.4
市政厅	15.1	11.8	9.9
交通空间	12.9	10.8	8.3
仓库	12.9	8.6	7.1
车间	18.3	15.1	12.9

该标准近 10 年来进行了两次修订，每次修订其 LPD 限值平均约降低

20%。这个趋势基本和我国现行标准中现行值和目标值的情况一致。

6.4.2 照明产品性能分析

随着技术的发展，照明产品的性能不断提高，这为进一步降低 LPD 奠定了基础。以最常用的管形荧光灯为例，其光效变化情况如表 6-12 所示：

表 6-12 管形荧光灯光效变化情况

光源功率	光源光效（lm/W）		光效提高比例
	GB 19043－2003（2005 年的目标能效限定值）	GB/T 10682－2010（初始光效要求）	
14-21W	53	55	3.8%
22-35W	57	69	21.1%
36-65W	67	74	10.4%

可以看到，光源光效均有不同程度的提高，采用能效较高的光源，在维持相同照度的情况下，可以有效降低 LPD。同时，相应的灯具效率和镇流器效率也都有所提高，比如镇流器的能效提高了 4%～8%。因此，照明产品性能的提高为降低 LPD 限值提供了可能性。

6.5　LPD 修正方法的研究

6.5.1　问题的提出

考虑到灯具的利用系数与房间的室形指数密切相关，不同室形指数的房间，满足 LPD 要求的难易度也不相同，LPD 需要考虑针对室形指数的修正问题。以下以两个办公室为例来进行说明：

1. 办公室 A，面积 100m²，室形指数为 2.17，共安装某灯具 19 套，该灯具输出光通为 3300lm（36W），安装高度为 3.0m，在该房间条件下的光通利用率（灯具效率与利用系数的乘积）为 0.6；

2. 办公室 B，面积 15m²，室形指数为 0.92，共安装同类灯具 4 套，灯具安装高度为 2.8m，在该房间条件下的光通利用率为 0.44。

经计算，办公室 A 的平均照度为 301lx，LPD 为 6.84W/m²；而办公室 B 的平均照度为 310lx，LPD 为 9.6W/m²。这里维护系数取 0.8，LPD 限值为 9W/m²。

可以看到，对于办公室 A，很容易就满足了 LPD 的节能指标；而对于 B，虽然采用了同样的灯具，却不满足 LPD 的限值要求。同时，在实践中也发现，对于各类房间或场所的面积很小，或灯具安装高度大，而导致利用系数过低时，LPD 限值的要求确实不易达到。因此，当室形指数 RI 低于一定值时，应考虑根据其室形指数对 LPD 限值进行修正。

为此，我们从 LPD 的基本公式出发，结合大量的计算分析，确定合理的 LPD 修正方法。

6.5.2 LPD 的计算公式

LPD 的主要应用是流明法概算室内平均照度。早在 1916 年，Harrison 和 Anderson 提出了影响平均水平照度的四个因素是：房间的比例、表面反射比、灯具位置和灯具配光。流明法可用下式表示：

$$\overline{E}_{\text{maint ained}} = \frac{n \cdot \eta_{\text{lamp}} \cdot UF \cdot MF \cdot P_{\text{lamp}}}{S}$$

$$= \frac{n \cdot \eta_{\text{lamp}} \cdot U \cdot LOR \cdot MF \cdot P_{\text{lamp}}}{S} \tag{6-4}$$

式中：$\overline{E}_{\text{maint ained}}$——计算表面的维持平均照度；

$\quad\quad n$——房间中灯具的数量；

$\quad\quad \eta_{\text{lamp}}$——灯具的系统光效；

$\quad\quad P_{\text{lamp}}$——灯具消耗的功率；

$\quad\quad UF$——光通利用率；

$\quad\quad LOR$——灯具的效率；

$\quad\quad U$——灯具的利用系数；

$\quad\quad MF$——维护系数；

$\quad\quad S$——计算平面的面积。

因此，LPD 可用下式表示：

$$LPD = \frac{n \cdot P_{\text{lamp}}}{S} = \frac{\overline{E}_{\text{maint ained}}}{\eta_{\text{lamp}} \cdot UF \cdot MF}$$

$$= \frac{\overline{E}_{\text{maint ained}}}{\eta_{\text{lamp}} \cdot U \cdot LOR \cdot MF} \tag{6-5}$$

对于某种类型的房间，其维护系数和维持平均照度标准是给定的。而对于给定的灯具，灯具效率和光效是一定的，LPD 与利用系数呈现反比的关系。

6.5.3 利用系数与室形指数的关系

从（6-5）式来看，LPD 关键在于利用系数，而灯具的利用系数与室形指数是密切相关的，图 6-1 给出了来自于不同厂商的 34 种常用灯具的室形指数与利用系数的关系。

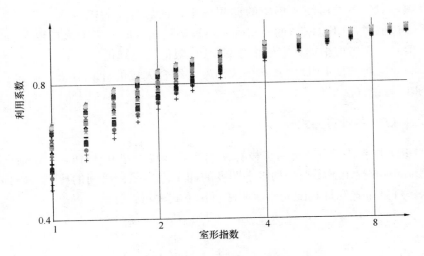

图 6-1　利用系数与室形指数之间的关系

可以看到，随着室形指数的增加，利用系数也在增加。经分析，当室形指数为 10 时，其利用系数与室形指数为 0.3 时差异很大。这里用 $U_{10}/U_{0.3}$ 来表示两者之间的比例关系，其中，U_{10} 代表室形指数为 10 时的利用系数，$U_{0.3}$ 代表室形指数为 0.3 时的利用系数。

比值最小为 4.03，最大则达到了 6.73。在不同的室形指数条件下，利用系数有着较大的差异。

6.5.4　LPD 修正方法

通过上述分析可知，由于室形指数的不同，造成利用系数的差异较大。这说明对于采用相同灯具，要达到相同的照度，室形指数较大的房间相对于室形指数小的房间而言，消耗的照明功率更低。也就是说，如果采用同样的 LPD 限值，对于室形指数较大的房间是较为容易达到的，而对于室形指数较小的房间则有一定的困难。从公平和有利于标准实施的角度而言，有必要进行 LPD 的修正。修正的方法是对于每种类型的场所，以某种或某几种常用的室形指数下的 LPD 限值为基础，其他室形指数时的 LPD 限值乘以相应的修正系数，如下式所示：

$$LPD_{design} = LPD_{ref} \cdot AF \tag{6-6}$$

式中：LPD_{design} ——实际设计的场所的 LPD 限值；

$\quad\quad LPD_{ref}$ ——标准给出的参考 LPD 限值；

$\quad\quad AF$ ——修正系数，可按表 6-13 取值。

表 6-13　修改后的 *LPD* 修正系数表

调整系数		房间实际室形指数		
		≤1	1<*RI*≤2	>2
房间室形指数	≤1	1.00	1.28	—
	1<*RI*≤2	0.78	1.00	1.15
	>2	—	0.87	1

　　上表中标注为"—"的情况不常见，同时也不利于节能的要求，故未作规定。同时考虑到在设计实践中便于操作，对于大室形指数的情况建议不进行修正。在 2004 版的标准中，对 LPD 的修正方法为：房间或场所的室形指数值等于或小于 1 时，照明功率密度值可增加 20%。

6.6　LPD 校核及论证

6.6.1　实测调研

　　标准编制组组织各大设计院对 13 类建筑共 540 个实际工程案例进行了统计分析，这些案例选择了近年来的新建建筑，反映了当前的照明产品性能和照明设计水平。通过对这些案例的调研和统计分析，了解当前照明节能的现状，并为制定标准提供参考和依据。

　　图 6-2 是调研案例中各类型场所所占的比例：

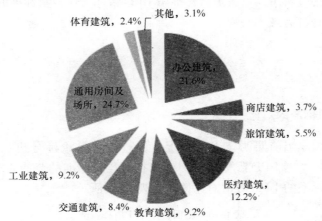

图 6-2　调研建筑的类型和比例

6.6.2　调研结果汇总

　　我们对调研的这些案例进行了计算和校核，并根据新标准和现行标准对其 LPD 是否达标也进行了判定，详细汇总结果见附件 1。

6.6.3　统计分析结果

经过分析和统计，所调研的各类场所 LPD 达标情况如表 6-14 所示：

表 6-14　LPD 计算校核

建筑类型	在新标准下的达标比例		在现行标准下的达标比例
	修正前	修正后	
图书馆	87.5%	87.5%	—
办公	69.2%	70.2%	91.3%
商店	84.2%	94.7%	100%
旅馆	78.6%	78.6%	92.9%
医疗	67.7%	79.0%	91.9%
教育	78.7%	80.8%	97.9%
会展	100%	100%	—
交通	88.4%	90.7%	—
工业	91.5%	93.6%	93.6%
通用房间	82.9%	86.5%	96.4%

可以看到，通过合理设计及采用高效照明器具，各类场所在多数情况下都能够满足新标准中 LPD 限值的要求。而如果考虑对室形指数较小的房间进行修正后，达标率更高，多数都能在 80% 以上。因此，从调研结果来看，新标准中的 LPD 指标是切实可行的。

经过上述分析可知，将现行标准中 LPD 目标值作为新标准的 LPD 限值是合理的，在现有技术条件下也是可行的。

6.7　2013 版标准的节能预期

6.7.1　新旧标准的对比

课题组根据当前照明技术的情况，通过上述的论证分析和实测调研，确定了各类场所的 LPD 限值。与旧标准相比，新标准的节能要求有了较大提高。新旧标准的 LPD 限值对比情况如表 6-15 所示：

表 6-15　新旧标准的 LPD 对比

建筑类型	LPD 降低比例	
	范围	平均值
居住	14.3%	14.3%
办公	15.4%~18.2%	17.1%
商店	15.0%~16.7%	15.7%

续表 6-15

建筑类型	LPD 降低比例	
	范围	平均值
旅馆	16.7%～53.3%	32.5%
医疗	16.7%～25.0%	19.1%
教育	16.7%～18.2%	17.8%
工业	0%～11.1%	7.3%
通用房间	12.5%～25.0%	18.1%

详细的统计结果见附件 2。

图 6-3 更直观的说明了不同类型建筑 LPD 限值调整的比例：

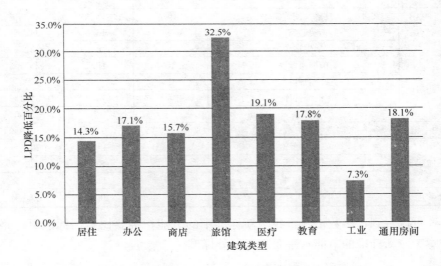

图 6-3　新标准相对老标准 LPD 降低的百分比

从对比结果来看，经过此次修订，节能指标有了显著的提高，民用建筑的 LPD 限值降低了 14.3%～32.5%（平均值约为 19.2%），这意味着新标准的实施将在老标准的基础上再节能 19%，为实现进一步的照明节能奠定了良好的基础。

6.7.2　国内外标准对比

编制组还对新标准中的节能指标与国外同类标准进行了对比。国际上采用 LPD 的国家和地区有美国、日本、新加坡、中国香港等，其中美国标准的 LPD 限值最低，节能要求最高。因此，我们将新标准（2013 版）中的节能指标与 ANSI/ASHRAE/IES 90.1-2010 进行了对比，表 6-16 给出了一些常用场所的 LPD 限值对比的情况：

表 6-16　新标准与国外标准对比情况

建筑类型	场　　　所	LPD 新标准	90.1-2010	差异
办公	普通办公室	9	10.5	14.3%
	会议室	9	13.2	31.8%
商店	高档商店营业厅	16	18.1	11.6%
旅馆	客房	7	11.9	41.2%
	多功能厅	13.5	13.2	−2.3%
医疗	治疗室、诊室	9	9.8	8.2%
	化验室	15	17.9	16.2%
	病房	5	6.7	25.4%
	药房	15	12.3	−22.0%
教育	教室、阅览室	9	13.3	32.3%
	实验室	9	13.8	34.8%
	学生宿舍	5	4.1	−22.0%
通用房间	精细实验室	15	19.5	23.1%
	一般件库	4	6.2	35.5%
	精细件库	7	10.2	31.4%
	车库	2.5	2	−25.0%
图书馆	一般阅览室、开放式阅览室	9	10	10.0%
交通建筑	一般展厅	9	11.3	20.4%
	行李认领	9	8.2	−9.8%
	中央大厅、售票	9	11.6	22.4%
金融建筑	营业大厅	9	14.9	39.6%

可以看到，多数情况下我国新标准中的节能指标要比美国标准更严格，这意味着新标准的节能水平要高于国外标准。

6.8　结　　　论

通过以上分析，结合实际调研结果，可以得到以下结论：

1. 室形指数对 LPD 的影响较大，对于室形指数较小的房间（$RI<1$），需要对 LPD 限值进行修正；

2. 新标准中拟规定的 LPD 限值是合理可行的，在现有的技术条件下能够达到；

3. 与国际先进标准相比，新标准中的节能水平更高；

4. 新标准的 LPD 限值比旧标准有显著的降低，新标准的实施将在老标准的基础上再节能约 19%，为实现进一步的照明节能奠定了良好的基础。

（注：本文由中国建筑科学研究院赵建平、王书晓、罗涛执笔 2012 年）

参考文献

1 《建筑照明设计标准》GB 50034 – 2004

2 Energy Standard for Buildings Except Low-rise Residential Buildings，ANSI/ASHRAE/IES 90.1 – 2010

3 GB/T 10682 – 2010 双端荧光灯 性能要求

4 GB/T 17262 – 2011 单端荧光灯 性能要求

5 GB 19043 – 2003 普通照明用双端荧光灯能效限定值及能效等级

6 GB 19044 – 2003 普通照明用自镇流荧光灯能效限定值及能效等级

7 P Hanselaer. C Lootens，WR Ryckaert. 2007. Power density targets for efficient lighting of interior task areas. Lighting Res. Technol. 39，2 (2007) 171-184

8 Wouter R. Ryckaert，Catherine Lootens. 2010. Criteria for energy efficient lighting in buildings. Energy and Buildings 42 (2010) 341-347

9 IESNA. 2000. IESNA Lighting Handbook，9th ed. New York：Publication Department IESNA

10 Pramod Bhusal. Energy-Efficient Electric Lighting for Buildings in Developed and Developing Countries. Doctor Dissertation. Helsinki University of Technology. 2009

附件 1 LPD 详细论证分析结果

编制组对各类建筑的调研结果进行了计算和统计分析，如下列各表所示：

附表 6-1 办公建筑 LPD 论证分析表

房间或场所	面积 (m²)	灯 具	灯具计算高度 (m)	室形指数 RI	设计照度值 (lx)	LPD实际值 (W/m²)	LPD 标准值 (W/m²)	
							新标准	现行值
办公室 1	9.9	格栅灯盘 T5 荧光灯	3.1	0.70	294	9.1	9	11
办公室 2	25.3	—	2.8	0.71	360	5.7	9	11
办公室 3	24.4	格栅灯盘	2.4	0.97	283	7.4	9	11
办公室 4	22.8	格栅灯盘 T5 荧光灯	3.0	1.06	257	7.7	9	11
办公室 5	24.6	单管间接照明灯具 T8 高频 1×45W	3.0	1.07	496	11.2	15	18
办公室 6	19.5	格栅灯 T5 荧光灯	2.7	1.08	504	13.0	15	18
办公室 7	24.8	普通灯盘	2.3	1.10	283	7.8	9	11
办公室 8	26.2	双管格栅灯盘 T5 荧光灯	3.0	1.11	291	7.4	9	11

续附表 6-1

房间或场所	面积（m²）	灯 具	灯具计算高度（m）	室形指数 RI	设计照度值（lx）	LPD实际值（W/m²）	LPD标准值（W/m²）新标准	现行值
办公室 9	32.4	直接型（三基色荧光灯）	2.4	1.20	375	7.9	9	11
办公室 10	25.6	—	2.1	1.20	314	9.3	9	11
办公室 11	17.8	—	2.4	1.24	550	24.0	15	18
办公室 12	21.4	双管节能带罩支架 T5 荧光灯	1.8	1.26	299	11.8	9	11
办公室 13	39.0	单管下开放灯具 T8 高频 1×45W	3.2	1.27	515	10.5	15	18
办公室 14	18.9	—	2.4	1.29	720	14.6	15	18
办公室 15	38.3	格栅灯盘 T5 荧光灯	2.3	1.30	276	9.2	9	11
办公室 16	40.8	直接型（三基色荧光灯）	2.4	1.30	352	10.6	9	11
办公室 17	35.9	3×18W 电子镇流器格栅灯盘	2.8	1.43	291	10.1	9	11
办公室 18	36.4	直接型（嵌入式格栅灯）	2.4	1.46	626	12.2	15	18
办公室 19	40.2	—	2.4	1.50	282	7.1	9	11
办公室 20	32.0	—	2.4	1.50	330	10.0	9	11
办公室 21	80.0	—	2.4	1.50	297	9.4	9	11
办公室 22	55.0	—	2.4	1.50	537	13.0	15	18
办公室 23	76.0	—	2.4	1.50	308	10.6	9	11
办公室 24	72.0	—	2.4	1.50	275	6.7	9	11
办公室 25	23.0	—	2.4	1.50	285	7.0	9	11
办公室 26	60.8	—	2.4	1.50	308	8.6	9	11
办公室 27	52.2	—	2.4	1.50	326	9.2	9	11
办公室 28	695.0	—	2.4	1.50	251	7.6	9	11
办公室 29	42.0	格栅灯（双管 T8、嵌顶安装）	2.0	1.52	223	8.2	9	11
办公室 30	42.0	格栅灯（双管 T5、嵌顶安装）	2.0	1.52	260	6.4	9	11
办公室 31	42.0	方型格栅灯	2.0	1.52	235	6.4	9	11
办公室 32	48.0	双管格栅灯 T5 荧光灯	2.3	1.52	308	8.4	9	11
办公室 33	54.0	嵌入式荧光灯 ALF-240	2.4	1.53	287	9.0	9	11

续附表 6-1

房间或场所	面积 (m²)	灯具	灯具计算高度 (m)	室形指数 RI	设计照度值 (lx)	LPD 实际值 (W/m²)	LPD 标准值 (W/m²) 新标准	现行值
办公室 34	49.6	飞利浦 TLD18W/29	2.3	1.53	311	9.0	9	11
办公室 35	56.8	格栅灯	3.0	1.69	500	13.0	15	18
办公室 36	75.5	3×28W 嵌入式灯盘	3.2	1.80	500	14.4	15	18
办公室 37	65.6	—	3.0	1.80	328	10.1	9	11
办公室 38	36.0	松下 T8 高频灯	2.4	1.82	462	7.8	15	18
办公室 39	68.0		3.0	1.82	620	10.5	15	18
办公室 40	80.2	格栅灯	3.0	1.96	295	7.5	9	11
办公室 41	292.5	方形白色格栅灯具 T8 高频 2×23W	5.0	1.99	325	8.5	9	11
办公室 42	39.6	三基色荧光灯	2.4	1.90	617	9.7	15	18
办公室 43	66.2		2.7	2.08	310	10.1	9	11
办公室 44	66.2		2.7	2.08	481	15.9	15	18
办公室 45	345.4		4.0	2.51	195	8.2	9	11
办公室 46	79.2	—	2.4	2.58	530	18.2	15	18
办公室 47	155.2	长形格栅灯具 T8 三基色 2×36W	2.7	2.95	323	3.7	9	11
办公室 48	140.0		2.5	2.96	320	10.3	9	11
办公室 49	227.7	3×18W 电子镇流器格栅灯盘	2.8	3.27	285	8.4		11
办公室 50	227.7	4×14W 电子镇流器格栅灯盘	2.8	3.27	329	6.5		11
办公室 51	289.0	格栅灯盘 T5 荧光灯	2.5	4.40	335	9.0		11
办公室 52	379.4	三基色荧光灯	2.4	5.90	415	12.2	15	18
办公室 53	379.4	松下 T8 高频灯	2.4	5.90	630	9.2	15	18
高档办公室 1	101.3	格栅灯 T5 荧光灯	3.6	1.72	542	12.9	15	18
高档办公室 2	56.8	直接型(嵌入式格栅灯)与直接型(筒灯)	2.4	1.80	577	12.1	15	18
高档办公室 3	223.0	3×28W 格栅灯盘	4.0	2.12	450	11.3	15	18
高档办公室 4	518.4	直接型	2.4	3.41	492	9.7	15	18

续附表 6-1

房间或场所	面积 （m²）	灯 具	灯具计 算高度 （m）	室形 指数 RI	设计照 度值 （lx）	LPD 实际值 （W/m²）	LPD标准值 （W/m²）	
							新标准	现行值
高档办公室5	453.6	下开放型荧光灯具 T8 高频 1×45W	2.8	3.55	497	7.9	15	18
高档办公室6	740.0	直接型	2.4	3.66	485	9.5	15	18
会议室1	20.5	方形白色格栅灯具 T8 高频 2×23W	5.0	0.50	300	13.5	9	11
会议室2	15.8	嵌入式单管 T8 高频 1×45W 荧光灯	3.0	0.88	310	11.6	9	11
会议室3	30.5	长形格栅灯具 T8 三基 色 2×36W	3.7	0.91	329	9.4	9	11
会议室4	16.5	3×14W 格栅灯盘	3.0	0.90	515	17.1	15	18
会议室5	19.9	2×28W 格栅灯盘/1× 26W 单端荧光灯光源筒灯	2.8	1.05	284	9.5	9	11
会议室6	19.9	2×28W 格栅灯盘	2.8	1.05	284	9.5	9	11
会议室7	23.0	嵌入式单管 T8 高频 1×45W 荧光灯	3.0	1.06	324	10.6	9	11
会议室8	44.8	管吊式双管荧光灯 T5 直管荧光灯	3.6	1.15	321	8.3	9	11
会议室9	15.8	三基色荧光灯	2.4	1.19	250	5.6	15	18
会议室10	27.7	1×32W 单端荧光灯光 源筒灯	2.8	1.28	304	7.5	9	11
会议室11	46.8	双管格栅灯盘 T5 荧 光灯	2.6	1.28	296	8.4	9	11
会议室12	60.1	双管格栅灯盘 T5 荧 光灯	3.6	1.31	307	8.7	9	11
会议室13	59.8	双管格栅灯盘 T5 荧 光灯	3.6	1.36	307	8.7	9	11
会议室14	21.6	三基色荧光灯	2.4	1.36	407	8.9	15	18
会议室15	37.0	—	2.4	1.50	304	9.0	9	11
会议室16	42.0	方形格栅灯 T5 荧光灯	2.0	1.52	376	9.6	9	11
会议室17	42.0	格栅灯 T8 荧光灯	2.0	1.52	334	12.3	9	11

续附表 6-1

房间或场所	面积 (m²)	灯 具	灯具计算高度 (m)	室形指数 RI	设计照度值 (lx)	LPD 实际值 (W/m²)	LPD 标准值 (W/m²) 新标准	LPD 标准值 (W/m²) 现行值
会议室 18	131.4	双管格栅灯盘 T5 荧光灯	3.7	1.53	200	5.9	7	8
会议室 19	50.4	—	3.0	1.56	515	11.4	15	18
会议室 20	28.8	三基色荧光灯	2.4	1.62	347	13.3	9	11
会议室 21	28.8	松下 T8 高频灯	2.4	1.62	775	10.9	15	18
会议室 22	28.8	松下 T8 高频灯	2.4	1.62	597	10.8	15	18
会议室 23	52.4	直接型（嵌入式格栅灯）	2.4	1.75	402	6.4	9	11
会议室 24	69.4	3×14W 格栅灯盘	3.0	1.85	508	13.5	15	18
会议室 25	51.4	双管 T5 节能带罩支架	1.8	2.04	325	9.8	9	11
会议室 26	86.4	直接型（嵌入式格栅灯）、直接型（筒灯）与间接型（暗槽灯）	2.4	2.05	508	8.2	9	11
会议室 27	90.1	3×28W 格栅灯盘	3.0	2.07	493	12.0	15	18
会议室 28	969.6	双管乳白面板灯 T8 高频2×32W LED 多颗粒筒灯 1×10.7W	4.7	2.22	298	10.9	9	11
会议室 29	84.0	双管 T8 格栅灯	2.0	2.34	252	8.2	9	11
会议室 30	84.0	T5 方形格栅灯	2.0	2.34	263	6.4	9	11
会议室 31	108.0	2×26W 单端荧光灯光源筒灯	2.8	2.38	307	10.0	9	11
会议室 32	142.5	—	3.0	2.59	415	10.8	15	18
会议室 33	136.3	4×14W 格栅灯盘	3.0	2.59	518	13.7	15	18
会议室 34	150.0	—	2.1	2.93	373	8.0	15	18
设计室 1	27.1	4×14W 格栅灯盘	3.0	1.11	557	13.7	15	18
设计室 2	193.6	直接型（嵌入式格栅灯）	2.4	3.05	694	13.5	15	18
设计室 3	879.3	4×14W 格栅灯盘	3.0	4.21	465	11.7	15	18
设计室 4	254.2	3×28W 格栅灯盘	3.0	2.72	494	11.7	15	18

续附表 6-1

房间或场所	面积 (m²)	灯 具	灯具计算高度 (m)	室形指数 RI	设计照度值 (lx)	LPD 实际值 (W/m²)	LPD 标准值 (W/m²) 新标准	现行值
设计室 5	193.6	直接型（三基色荧光灯）	2.4	4.70	512	12.8	15	18
文印室 1	25.8	双管格栅灯盘 T5 荧光灯	3.3	0.90	272	7.7	9	11
文印室 2	25.8	双管格栅灯盘 T5 荧光灯	3.2	0.93	272	7.7	9	11
营业厅 1	57.6	2×18W 明装单端荧光灯光源筒灯	3.0	1.58	318	12.2	11	13
营业厅 2	57.6	1×32W 嵌入式单端荧光灯光源筒灯	3.0	1.58	399	10.8	11	13
档案室 1	131.4	双管格栅灯盘 T5 荧光灯	3.7	1.60	208	5.1	7	8
档案室 2	253.5	三基色荧光灯	2.4	2.51	296	7.3	7	8

附表 6-2 商店建筑 LPD 论证分析表

房间或场所	面积 (m²)	灯 具	灯具计算高度 (m)	室形指数 RI	设计照度值 (lx)	LPD 实际值 (W/m²)	LPD 标准值 (W/m²) 新标准	现行值
一般商店营业厅 1	13.5	直接型金卤灯	—	0.58	321	11.4	10	12
一般商店营业厅 2	25.1	格栅直管荧光灯		0.98	335	10.9	10	12
一般商店营业厅 3	45.6	直管荧光灯	—	—	284	9.5	10	12
一般商店营业厅 4	178.1	4×14W 格栅灯盘	3.0	2.34	335	9.4	10	12
高档商店营业厅 1	64.3	直接型三基色荧光灯		1.03	501	16.5	16	19
高档商店营业厅 2	748.0	单管 T8 高频 1×45W 荧光灯	2.4	5.22	549	9.8	16	19

续附表 6-2

房间或场所	面积 (m^2)	灯 具	灯具计算高度 (m)	室形指数 RI	设计照度值 (lx)	LPD实际值 (W/m^2)	LPD 标准值 (W/m^2)	
							新标准	现行值
高档商店营业厅 3	680.0	单管 T8 高频 1×45W 荧光灯	2.4	5.36	546	9	16	19
高档商店营业厅 4	920.0	单管 T8 高频 1×45W 荧光灯	2.5	5.96	540	8.5	16	19
高档商店营业厅 5	1113.0	单管 T8 高频 1×45W 荧光灯	2.5	6.14	545	10.4	16	19
高档商店营业厅 6	1140.0	单管 T8 高频 1×45W 荧光灯	2.3	7.45	539	9.6	16	19
高档商店营业厅 7	32.0	双管荧光灯	—	—	496	15	16	19
高档商店营业厅 8	80.0	直接型金卤灯		1.43	520	14.4	16	19
一般超市营业厅 1	237.2	双管荧光灯		—	287	8.1	11	13
一般超市营业厅 2	614.0	直接型		2.70	389	8.6	11	12
一般超市营业厅 3	60.7	直接型		1.58	280	7.5	11	13
一般超市营业厅 4	455.8	双管荧光灯	4.0	—	309	7.7	11	13
高档超市营业厅	3572.0	荧光灯	3.3	10.61	1084	15.4	17	20
仓储超市 1	412.2	2×58W 三防灯	2.8	4.74	316	7.9	11	13
仓储超市 2	256.0	双管荧光灯	—	—	340	8.6	11	13

附表 6-3 旅馆建筑 LPD 论证分析表

房间或场所	面积 （m²）	灯　　具	灯具计算高度 （m）	室形指数 RI	设计照度值 （lx）	LPD实际值 （W/m²）	LPD标准值 （W/m²）	
							新标准	现行值
客房 1	16.2	直接、半直接灯具紧凑型荧光灯	—	0.84	53	3.2	7	15
客房 2	19.6		2.7	1.13	50	3.3	7	15
客房 3	24.1	双管荧光灯	—	—	278	11.9	7	15
中餐厅 1	42.0	T5 荧光灯	2.6	1.17	221	6.2	7	15
中餐厅 2	44.0		2.4	1.20	430	3.6	10	13
中餐厅 3	45.5		3.0	1.50	185	10.8	10	13
中餐厅 4	135.0	单管控照 T8 高频 1×28W 荧光灯	4.0	1.73	209	7.4	10	13
中餐厅 5	61.5		3.0	1.74	500	75.0	10	13
中餐厅 6	252.0	直接灯具紧凑型荧光灯	—	1.87	194	7.7	10	13
中餐厅 7	418.8	直接型（三基色荧光灯）	—	2.36	188	11.4	10	13
中餐厅 8	200.0	金卤筒灯，吸顶组合灯，壁灯	—	2.41	220	6.9	10	13
中餐厅 9	175.4		3.0	2.94	250	29.0	10	13
中餐厅 10	245.0	三基色荧光灯	—	3.09	210	6.9	10	13
中餐厅 11	184.9	双管 T5	1.8	3.88	218	6.0	10	13
中餐厅 12	754.0	双管荧光灯	—		323	8.9	10	13
中餐厅 13	243.4	双管荧光灯	—		324	6.6	10	13
中餐厅 14	56.9	双管荧光灯	—		201	6.3	10	13
中餐厅 15	204.0	T8 荧光灯	—		194	5.9	10	13
西餐厅	415.0	荧光灯	—		109	4.8	6	
多功能厅 1	710.0	节能筒灯、暗藏荧光灯带	—	3.69	—	14.8	15	18
多功能厅 2	50.5	双管荧光灯	2.8		318	8.1	15	18
多功能厅 3	669.0		7.0	1.83	338	12.7	15	18
多功能厅 4	247.0	双管荧光灯	—		185	6.5	15	18
多功能厅 5	409.0	双管荧光灯	—		215	10.5	15	18
多功能厅 6	60.8	双管荧光灯	—		321	11.8	15	18
客房走廊	38.7		3.0	0.55	68	2.6	4	5
大堂 1	178.4		11.0	0.51	96	6.6	11	13
大堂 2	245.0	金卤筒灯，吊灯	—	2.03	337	9.1	11	13

附表 6-4 医疗建筑 LPD 论证分析表

房间或场所	面积 （m²）	灯　具	灯具计算高度 （m）	室形指数 RI	设计照度值 （lx）	LPD实际值 （W/m²）	LPD标准值（W/m²）新标准	现行值
治疗室 1	12.6	3×14W 格栅灯盘	4.3	0.49	331	14.9	9	11
治疗室 2	12.2	直接灯具三基色荧光灯	—	0.61	323	9.7	9	11
治疗室 3	14.8	直接灯具三基色荧光灯	—	0.69	379	16.1	9	11
治疗室 4	12.9	方形格栅灯具 T8 高频 2×23W	3.0	0.72	331	11.4	9	11
治疗室 5	11.9	方形格栅灯具 T8 高频 2×23W	3.0	0.77	293	8.2	9	11
治疗室 6	12.8	双管格栅灯盘 T5 荧光灯	2.3	0.78	283	8.0	9	11
治疗室 7	12.8	双管格栅灯盘 T5 荧光灯	2.3	0.78	283	8.0	9	11
治疗室 8	14.2	—	—	0.90	322	10.2	9	11
治疗室 9	36.9	3×28W 格栅灯盘	4.0	0.92	310	9.8	9	11
治疗室 10	15.1	直接、间接灯具三基色荧光灯		0.95	396	10.6	9	11
治疗室 11	15.6	—	—	0.96	311	9.3	9	11
治疗室 12	29.3	2×28W 格栅灯盘	3.0	1.18	313	8.2	9	11
治疗室 13	22.4	双管带反射罩支架 T5 高效节能荧光灯	1.8	1.28	285	10.0	9	11
治疗室 14	32.3			1.28	326	8.9	9	11
治疗室 15	33.4	3×28W 格栅灯盘	3.0	1.28	373	10.8	9	11
诊室 1	11.8	格栅灯盘 T5 荧光灯	2.7	0.62	301	8.2	9	11
诊室 2	16.4	3×14W 格栅灯盘	4.0	0.62	337	11.5	9	11
诊室 3	14.4	飞利浦 T5-35WT5 荧光灯	2.3	0.84	372	10.9	9	11
诊室 4	21.1	荧光灯	1.7	1.32	347	8.5	9	11
化验室 1	21.8	4×14W 格栅灯盘	3.0	1.04	485	17.1	15	18

续附表 6-4

房间或场所	面积（m²）	灯 具	灯具计算高度（m）	室形指数 RI	设计照度值（lx）	LPD实际值（W/m²）	LPD标准值（W/m²）新标准	现行值
化验室 2	30.1	荧光灯	1.7	1.51	502	12.3	15	18
化验室 3	25.5	荧光灯	1.7	1.52	592	14.1	15	18
化验室 4	116.0	—	—	2.49	531	11.2	15	18
化验室 5	162.7	—	—	3.05	533	10.6	15	18
化验室 6	66.1	荧光灯		1.98	503	10.9	15	18
候诊室 1	10.3	荧光灯	2.9	0.55	204	5.9	6	8
候诊室 2	40.0	直接灯具三基色荧光灯	—	1.11	184	5.9	6	8
候诊室 3	28.0	—	—	1.23	189	5.2	6	8
候诊室 4	104.8	—	—	2.33	190	4.1	6	8
候诊室 5	187.1	—	—	2.44	202	4.2	6	8
候诊室 6	1060.1	2×28W 三防灯	5.0	3.55	201	4.5	6	8
挂号厅 1	34.4	飞利浦 T5-28WT5 荧光灯	2.3	1.21	237	7.4	6	8
挂号厅 2	331.7	直接灯具三基色荧光灯	—	2.25	215	4.3	6	8
挂号厅 3	181.5	格栅荧光灯		1.64	208	4.3	6	8
病房 1	27.3	1×28W 密闭散光罩灯盘	4.0	0.62	96	3.4	5	6
病房 2	28.2	飞利浦 T5-28WT5 荧光灯	2.3	1.15	108	3.4	5	6
病房 3	20.3	方形乳白板灯具 T8 高频 2×23W 下开放筒灯 1×18W	3.0	0.73	109	5.8	5	6
病房 4	25.9	方形乳白板灯具 T8 高频 2×23W 下开放筒灯 1×18W	3.0	0.76	107	5.1	5	6
病房 5	30.5	1×28W 空间平衡照明灯盘 / 1×13W 小筒灯	3.0	0.88	113	4.1	5	6
病房 6	22.0	间接灯具三基色荧光灯		0.81	95	5.3	5	6

续附表 6-4

房间或场所	面积 (m²)	灯　具	灯具计算高度 (m)	室形指数 RI	设计照度值 (lx)	LPD实际值 (W/m²)	LPD标准值 (W/m²)	
							新标准	现行值
病房 7	21.3	—	—	0.81	98	3.4	5	6
病房 8	21.9	—	—	0.82	95	3.3	5	6
病房 9	33.9	双管格栅灯盘(带磨砂罩)荧光灯	3.1	0.88	104	3.6	5	6
病房 10	33.9	双管格栅灯盘(带磨砂罩)荧光灯	2.3	1.17	104	3.6	5	6
病房 11	56.7	荧光灯	—	1.34	95	2.5	5	6
护士站	25.5	双管格栅灯盘荧光灯	2.1	1.02	272	7.7	9	11
重症监护室 1	20.4	2×28W 格栅灯盘	4.0	0.68	313	11.8	—	11
重症监护室 2	22.6	双管格栅灯盘荧光灯	2.3	1.00	309	8.7	—	11
重症监护室 3	34.4	3×28W 格栅灯盘	3.0	1.28	389	10.5	—	11
重症监护室 4	84.0	荧光灯	—	1.67	295	6.9	—	11
重症监护室 5	114.2	荧光灯	—	1.94	312	6.9	—	11
重症监护室 6	156.5	荧光灯	—	1.98	314	6.9	—	11
药房 1	60.0	飞利浦 T5-35WT5 荧光灯	2.3	1.71	535	15.7	17	20
药房 2	48.4	3×18W 电子镇流器格栅灯盘	4.0	0.97	536	22.3	17	20
药房 3	25.5	双管格栅灯盘荧光灯	2.1	1.06	272	7.7	17	20
药房 4	22.4	T5 双管节能 带罩支架 T5 荧光灯	1.8	1.28	468	16.0	17	20
药房 5	119.0	3×28W 格栅灯盘	4.0	1.53	488	13.6	17	20
药房 6	104.8	4×14W 格栅灯盘	3.0	2.24	528	14.8	17	20
药房 7	118.0	—	—	2.45	526	11.0	17	20
药房 8	137.9	—	—	2.55	531	11.0	17	20
药房 9	355.6	—	—	4.47	515	9.7	17	20
药房 10	37.5	—	—	2.9	1.05	499	12.0	17	20

附表 6-5　教育建筑 LPD 论证分析表

房间或场所	面积（m²）	灯　　具	灯具计算高度（m）	室形指数 RI	设计照度值（lx）	LPD实际值（W/m²）	LPD标准值（W/m²）	
							新标准	现行值
教室 1	67.3	直管荧光灯	4.2	1.19	294	10.4	9	11
教室 2	68.0	直接型三基色荧光灯	—	1.44	315	9.0	9	11
教室 3	68.4	直接型（控照型支架灯）三基色荧光灯		1.61	320	6.6	9	11
教室 4	93.1	3×28W 格栅灯盘	3.5	1.75	308	8.7	9	11
教室 5	409.5	格栅灯 T5 荧光灯	5.8	1.76	224	5.3	9	11
教室 6	95.0	2×28W 吊装格栅灯盘	3.5	1.77	310	7.7	9	11
教室 7	66.7	直接型（嵌入式格栅灯）三基色荧光灯		1.83	397	8.8	9	11
教室 8	409.5	格栅灯 T5 荧光灯	4.8	2.13	238	5.3	9	11
教室 9	228.9	3×28W 格栅灯盘	4.0	2.33	308	7.9	9	11
教室 10	96.0	不带罩支架 T5 荧光灯	1.9	2.59	392	9.1	9	11
教室 11	69.5	管吊 2.8 米直管荧光灯	—	2.60	313	7.6	9	11
教室 12	80.6	嵌入式荧光灯 ALF-240 直管荧光灯	2.4	1.84	308	9.0	9	11
教室 13	343.0	嵌入式荧光灯 ALF-240 直管荧光灯	2.4	3.71	299	8.0	9	11
教室 14	409.5	格栅灯 T5 荧光灯	5.8	1.76	273	6.7	9	11
教室 15	68.0	荧光灯	—	—	305	10.6	9	11
教室 16	61.0	荧光灯	—	—	284	9.5	9	11
阅览室 1	148.4	直接型三基色荧光灯		1.98	301	7.6	9	11
阅览室 2	148.4	方形嵌入式灯具 T8 高频 2×23W	3.0	1.98	302	9.3	9	11
阅览室 3	77.3	荧光灯	—	—	224	8.4	9	11
阅览室 4	138.7	直接灯具三基色荧光灯		2.40	404	8.2	9	11
实验室 1	13.5	直接型三基色荧光灯		0.80	318	11.9	9	11
实验室 2	68.0	直接灯具三基色荧光灯		1.80	339	8.7	9	11

续附表6-5

房间或场所	面积 (m²)	灯具	灯具计算高度 (m)	室形指数 RI	设计照度值 (lx)	LPD实际值 (W/m²)	LPD标准值 (W/m²) 新标准	LPD标准值 (W/m²) 现行值
实验室3	99.0	直接灯具三基色荧光灯	—	1.94	264	7.1	9	11
实验室4	125.0	嵌入式荧光灯 ALF-240 直管荧光灯	2.7	1.87	312	9.4	9	11
实验室5	94.0	荧光灯	—	—	245	9.2	9	11
美术教室1	75.8	2×28W 二次反射灯盘/1×18W 单端荧光灯筒灯	3.5	1.58	462	13.8	15	18
美术教室2	75.8	2×28W 二次反射灯盘	3.5	1.58	490	14.5	15	18
美术教室3	92.0	荧光灯	—	—	525	17.4	15	18
美术教室4	116.7	格栅荧光灯 PAK-B05-236-BI	2.2	2.40	291	8.2	15	18
美术教室5	43.0	荧光灯	—	—	493	15.3	15	18
艺术教室	78.5	直接灯具三基色荧光灯	—	1.55	476	14.7	15	18
史地教室	91.0	荧光灯	—	—	324	9.3	15	18
技能活动室	93.0	荧光灯	—	—	341	10.6	15	18
体操教室	108.0	荧光灯	—	—	365	9.3	15	18
大学活动中心室	299.0	直接型灯具荧光灯	—	2.40	510	10.7	15	18
活动室	255.0	荧光灯	—	—	345	10.0	15	18
多媒体教室1	60.8	3×28W 格栅灯盘	3.0	1.73	334	8.9	9	11
多媒体教室2	142.8	直接灯具三基色荧光灯	—	2.60	318	6.4	9	11
计算机教室1	246.3	4×14W 格栅灯盘	3.0	3.46	539	13.6	15	—
计算机教室2	125.0	嵌入式荧光灯 ALF-240 直管荧光灯	2.7	1.87	302	9.3	15	—
电子阅览室1	648.0	单管间接照明灯具 T8 高频 1×45W LED 多颗粒筒灯 1×10.7W	3.8	4.17	485	9.9	15	—

续附表 6-5

房间或场所	面积 （m²）	灯　具	灯具计 算高度 （m）	室形 指数 RI	设计照 度值 （lx）	LPD 实际值 （W/m²）	LPD 标准值 （W/m²）	
							新标准	现行值
学生宿舍	19.8	单管荧光灯	—	—	83	3.5	6.5	
体育活动中心	1080.0	金卤灯	9.3	1.77	307	11.1	—	
休息区	54.0	荧光灯			112	4.9		
餐厅	723.6	金卤灯			139	5.0		
健身馆	780.0	荧光灯			270	7.0		
食堂加工间	60.0	吸顶直管荧光灯		1.00	218	7.2		

附表 6-6　会展建筑 LPD 论证分析表

房间或场所	面积 （m²）	灯　具	室形 指数 RI	设计照 度值 （lx）	LPD 实际值 （W/m²）	LPD 标准值 （W/m²）	
						新标准	现行值
宴会厅	214	62W×2×20	—	305	11	15	—
一般展厅 1	9976		4.82	289	2.06	9	—
一般展厅 2	1108	250W×26		210	5.9	9	—
一般展厅 3	1402	150W×31		110	3.3	9	—
高档展厅	143	方形嵌入式灯具 T8 高 频荧光灯	1.67	312	7	15	—
高档展厅	169	方形嵌入式灯具 T8 高 频荧光灯	1.6	302	9	15	—

附表 6-7　交通建筑 LPD 论证分析表

房间或场所	面积 （m²）	灯　具	灯具计 算高度 （m）	室形 指数 RI	设计照 度值 （lx）	LPD 实际值 （W/m²）	LPD 标准值 （W/m²）	
							新标准	现行值
候车厅 1	56.0	节能灯筒灯＋T5 荧光 灯灯带	6.0	0.62	208	8.9	9	—
候车厅 2	2266.0	—		0.92	210	4.3	9	—
候车厅 3	2879.6	节能灯	19.7	1.23	168	4.8	9	—
候车厅 4	352.3	双管乳白面板灯 T8 高频 2×45W LED 多颗粒筒灯 1× 10.7W	3.8	2.20	214	7.2	9	—

续附表 6-7

房间或场所	面积 (m²)	灯　具	灯具计算高度 (m)	室形指数 RI	设计照度值 (lx)	LPD实际值 (W/m²)	LPD标准值 (W/m²)	
							新标准	现行值
候车厅 5	163.2	格栅荧光灯 PAK-B05-236-BI	2.7	2.08	140	3.9	9	—
候车厅 6	1608.0	长形格栅灯具 T8 高频 2×45W	6.0	3.53	243	4.3	9	—
候机大厅 1	468.0	筒灯＋金卤灯＋荧光灯带	16.4	0.64	154	11.3	9	—
候机大厅 2	468.0	筒灯＋金卤灯＋荧光灯带	16.4	0.65	213	11.3	9	—
候机大厅 3	648.0	金卤灯	11.0	1.10	210	9.9	9	—
候机大厅 4	648.0	金卤灯	11.0	1.10	150	9.9	9	—
候机大厅 5	2688.0			1.85	190	5.9	9	—
候机大厅 6	846.0			—	208	6.1	9	—
售票大厅	331.1			0.87	215	7.6	10	—
行李认领 1	144.0	—		1.15	280	7.8	9	—
行李认领 2	253.8	长形格栅灯具 T8 高频 2×45W	6.0	1.18	194	3.5	9	—
行李认领 3	1365.0	筒灯＋金卤灯＋荧光灯带	12.2	1.26	180	8.6	9	—
行李认领 4	285.0	筒灯＋荧光灯带	6.5	1.28	160	6.9	9	—
行李认领 5	349.9	长形格栅灯具 T8 高频 2×45W	6.0	1.46	193	3.6	9	—
行李认领 6	2541.5	—	5.0	3.71	209.5	5.9	9	—
到达大厅 1	92.2	筒灯＋荧光灯带	6.5	0.73	184	9.8	9	—
到达大厅 2	1881.6			—	210	6.1	9	—
出发大厅 1	2136.6	低频无极灯	23.0	0.80	174	4.7	9	—
出发大厅 2	414.0	金卤灯	10.0	1.00	180	7.2	9	—
地铁站厅 1	400.0	金卤灯＋金卤灯＋节能灯	6.5	1.53	180	7.2	9	—
地铁站厅 2	552.0	1×36W 二次反射灯盘/1×36W 荧光灯支架	3.1	3.79	189	6.2	9	—

续附表 6-7

房间或场所	面积 （m²）	灯 具	灯具计 算高度 （m）	室形 指数 RI	设计照 度值 （lx）	LPD 实际值 （W/m²）	LPD 标准值 （W/m²）	
							新标准	现行值
地铁站厅 3	588.7	1×36W 二次反射灯盘/ 1×28W 荧光灯控罩支架	3.1	3.81	190	6.0	9	—
地铁站厅 4	770.7	1×36W 二次反射灯盘	3.1	3.97	99	3.4	5	—
地铁站厅 5	744.1	1×28W 密闭散光罩灯 盘/1×28W 荧光灯支架	3.1	4.26	115	3.5	5	—
地铁站厅 6	1389.6	1×36W 二次反射灯盘	3.1	4.91	192	6.3	9	—
地铁站厅 7	1701.1	1×36W 二次反射灯盘/ 1×28W 荧光灯控罩支架	3.1	5.23	200	6.0	9	—
地铁站厅 8	1701.1	1×36W 二次反射灯盘	3.1	5.23	111	3.5	5	—
地铁站厅 9	1357.6	1×28W 密闭散光罩灯 盘/1×36W 荧光灯支架	3.1	5.45	186	6.1	9	—
地铁进出站 门厅 1	60.4	1×28W 密闭散光罩 灯盘	3.1	1.14	194	5.7	9	—
地铁进出站 门厅 2	292.7	1×28W 下开放式灯盘 或控罩支架	3.1	1.29	158	5.1	6.5	—
地铁进出站 门厅 3	168.6	1×28W 密闭散光罩 灯盘	3.1	1.44	160	4.5	6.5	—
地铁进出站 门厅 4	837.6	1×28W 荧光灯控罩 支架	3.1	1.69	206	5.9	9	—
地铁进出站 门厅 5	132.3	1×28W 密闭散光罩 灯盘	3.1	1.76	212	5.9	9	—
地铁进出站 门厅 6	245.1	1×28W 密闭散光罩 灯盘	3.1	1.84	149	3.9	6.5	—
地铁进出站 门厅 7	3100.0	—	3.0	5.90	150	6.0	6.5	—
海关	264.0	—	—	2.22	550	12.3	—	—
办票岛	222.0	节能灯＋T5 荧光灯	2.3	2.30	283	10.4	—	—
有棚站台 1	90.0	节能灯＋金卤灯	6.0	0.65	40	2.6	—	—
有棚站台 2	5400.0	—	—	1.11	85	3.1	—	—

附表6-8 图书馆建筑LPD论证分析表

房间或场所	面积 (m²)	灯 具	灯具计算高度 (m)	室形指数 RI	设计照度值 (lx)	LPD实际值 (W/m²)	LPD标准值 (W/m²) 新标准	现行值
图书信息加工	82.6	飞利浦 TLD36W/840	3.3	1.38	325	8.0	11	—
密集书库	244.7	荧光灯 PAK-TLW11W-827	3.3	1.84	69	1.6	5	—
老年阅览室	59.9	三管 T5 荧光灯带罩支架	1.8	2.16	520	16.0	15	—
网络中心	218.9	飞利浦 TLW28-2300	3.3	2.28	540	13.8	15	—
校史馆	480.5	飞利浦 TLW28-2300	3.3	3.09	308	6.3	11	—
一般阅览室	1541.7	荧光灯 PAK161121-28-2600	3.3	3.84	561	6.1	15	—
珍善本、舆图阅览室	33.7	飞利浦 TLW28-2300	3.3	4.16	662	14.9	15	—
资料阅读室	237.0	荧光灯	—	—	311	8.1	11	—

附表6-9 通用房间和场所LPD论证分析表

房间或场所	面积 (m²)	灯 具	灯具计算高度 (m)	室形指数 RI	设计照度值 (lx)	LPD实际值 (W/m²)	LPD标准值 (W/m²) 新标准	现行值
变电所	302.4	—	4.0	0.24	208	7.1	8	8
走廊	12.9		2.7	0.61	43	2.6	4	5
电梯间	24.0		2.3	0.83	100	21.2	5	—
走廊	12.9		2.3	0.71	16	1.6	4	5
安保指挥中心	46.0				460	14.0	16	18
泵房	205.9			0.81	200	6.8	4	5
泵房	38.0	直接灯具三基色荧光灯		0.93	120	3.4	4	5
泵房	100.0	直接型 T5 荧光灯		1.09	106	2.6	4	5
变电所	184.5	—		1.25	224	4.7	8	8
变电所	120.0	管吊式 T5 荧光灯	4.5	1.23	195	4.7	8	8
变配电房	225.5	直接灯具三基色荧光灯	—	2.10	—	5.2	8	8

续附表 6-9

房间或场所	面积 (m²)	灯 具	灯具计算高度 (m)	室形指数 RI	设计照度值 (lx)	LPD 实际值 (W/m²)	LPD标准值 (W/m²) 新标准	LPD标准值 (W/m²) 现行值
变配电站(配电装置室)	137.5	双管控照灯具 T8 高频 2×45W	4.3	1.31	200	5.2	8	8
仓库	192.0	洁净灯具 T8 高频 2×45W	3.7	2.32	354	7.0	7	8
仓库(半成品库)	3064.7	2×54W 控罩格栅荧光灯支架	7.0	4.34	148	3.3	6	5
仓库(半成品库)	1029.9	2×36W 电子镇流器三防灯	7.0	2.52	97	4.5	6	5
仓库(半成品库)	21546.0	四管控照灯具 T8 高频 4×45W	8.0	10.01	179	3.3	6	5
仓库(一般件库)	305.0	单管控照灯具 T8 高频 1×45W	6.2	1.50	101	2.1	5.5	5
仓库(一般件库)	17664.0	四管控照灯具 T8 高频 4×45W	7.0	9.01	164	3.3	5.5	5
车道	139.1	格栅灯盘 T5 荧光灯	3.7	1.45	92	3.5	4	5
车道	176.7	—	3.5	1.55	110	2.7	4	5
车库	64.8	直接型(吸顶)三基色荧光灯	—	1.18	60	2.2	4	5
车库	61.5		—	1.40	110	4.7	4	5
车库	64.8	直接型(管吊)三基色荧光灯	—	1.43	75	2.2	4	5
车库	100.0	双管控照荧光灯 T8 高频 1×32W	3.6	1.75	48	1.3	4	5
车库	324.0	荧光灯	4.2	2.10	35	2.1	4	5
车库	200.0	—	2.5	2.67	78	2.1	4	5
车库	356.4	—	2.5	3.73	50	2.0	4	5
车库	1920.0	管吊荧光灯	—	—		1.8	4	5
车库	1619.8	管吊式 T5 单管荧光灯	4.0	3.78	65	1.7	4	5
车库	45.0				75	6.4	4	5
车库	10000.0	1×28W 普通荧光灯支架	4.0	12.50	53	1.2	4	5

续附表 6-9

房间或场所	面积 (m²)	灯 具	灯具计算高度 (m)	室形指数 RI	设计照度值 (lx)	LPD实际值 (W/m²)	LPD标准值 (W/m²)	
							新标准	现行值
地下车库	544.0	—	3.0	3.70	65	1.7	4	5
地下车库	88.0	—	—	—	70	2.0	4	5
电话/数据机房	95.0	—	—	—	501	15.9	16	18
电话数据机房	65.0	—	—	—	520	15.0	16	18
电梯前室	13.3	—	3.3	0.55	106	4.0	5	—
电梯厅	6.6	节能灯筒灯	3.0	0.42	129	5.2	5	—
电梯厅	21.6	节能筒灯	3.7	0.52	146	5.6	5	—
电梯厅	31.2	三管格栅灯盘 T5 荧光灯	3.3	0.74	164	6.8	5	—
电梯厅	38.4	三管格栅灯盘 T5 荧光灯	3.0	1.00	168	5.8	5	—
动力站(风机房)	74.8	双管控照荧光灯 T8 高频 2×32W	3.2	1.76	101	3.4	4	5
发电机室	24.5	防水防尘灯 T8 高频 2×45W	2.5	1.41	212	7.0	7	8
防火分区变电所	285.3	—	4.4	1.94	216	5.8	7	8
防火分区变电所变压器室	74.5	—	5.1	0.73	103	3.4	4	5
防火分区柴油发电机房	69.0	—	5.1	0.81	158	6.0	7	8
防火分区车库	616.0	—	5.1	2.30	77	2.4	4	5
防火分区车库	3350.7	—	4.8	6.00	78	2.2	4	5
防火分区锅炉房	133.1	—	5.1	1.09	138	4.6	5	5
防火分区空调机房	192.1	—	5.1	1.34	105	3.5	4	5
防火分区冷冻机房	332.6	—	4.3	2.14	164	4.4	6	8
服务间	16.0	普通灯盘 T5 荧光灯	3.7	0.53	71	2.0	4	5
服装库房	120.0	—	—	—	102	3.3	5	5

续附表 6-9

房间或场所	面积 （m²）	灯 具	灯具计 算高度 （m）	室形 指数 RI	设计照 度值 （lx）	LPD 实际值 （W/m²）	LPD 标准值 （W/m²）	
							新标准	现行值
更衣间	28.0	—	—	—	142	4.3	8	8
工卡站	195.0	—	—	—	305	9.8	11	11
公共走道	210.0		2.5	2.05	181	5.4	5	5
锅炉操作层	692.3	—	—	0.82	160	4.3	5	5
锅炉房	74.5	单管防水防尘支架 T5 荧光灯	2.5	1.68	93	3.0	5	5
锅炉房	128.0	—	—	—	103	3.7	6	6
换热站	121.0	—	—	—	105	3.0	5	5
计算机房	226.5		4.0	0.23	510	12.1	16	18
计算机站	151.2	双管白钢板格栅灯具 T8 高频 2×32W	2.8	2.79	523	8.9	16	18
监控室	96.0	—	—	—	480	15.0	16	18
空调机房	24.5	直接型 T5 荧光灯	—	1.00	106	3.9	4	5
空调机房	33.6	悬挂式 T5 荧光灯	2.8	1.03	140	3.7	4	5
空调机房	85.0				97		4	5
空调机房	40.0				100	4.0	4	5
空调机房	175.0				105	2.7	4	5
空调机房	2675.0		6.0		101	1.9	4	5
空调机房	464.0		6.2	0.15	99	2.7	4	5
空调机房	226.0		4.0		165	4.0	4	5
控制室	30.4		—	0.66	580	14.2	16	18
控制室/一般 控制室	26.6	3×14W 格栅灯盘	3.0	1.14	335	10.6	9.5	11
控制室/主 控制室	58.0	3×28W 格栅灯盘	3.0	1.69	523	14.2	16	18
库房	18.9	普通灯盘 T5 荧光灯	3.0	0.72	126	3.6	4	5
库房	60.8	—	—	—	128	4.0	5	5
库房	210.0		7.4	0.13	314	9.5	7	8
冷冻站	219.7	直接型 T5 荧光灯	—	0.71	167	4.3	6	8
冷冻站	311.0	密闭式 T5 双管荧光灯	4.5	1.92	169	4.7	6	8

续附表 6-9

房间或场所	面积 (m²)	灯 具	灯具计算高度 (m)	室形指数 RI	设计照度值 (lx)	LPD实际值 (W/m²)	LPD标准值 (W/m²) 新标准	LPD标准值 (W/m²) 现行值
排风机房	118.9	—	6.2	0.14	98	2.7	5	5
配电房	68.3	直接型 T5 荧光灯	—	1.16	214	6.4	7	6
配电装置室	63.1	防水防尘灯 T8 高频 1×45W	3.0	1.76	204	4.3	7	6
弱电控制室	23.0		—	—	345	10.4	16	18
实验室	54.0	下开放型荧光灯具 T8 高频 2×45W	2.8	1.76	731	13.3	16	18
实验室	76.8	下开放型荧光灯具 T8 高频 2×45W	2.0	2.09	761	14.0	24	27
实验室	29.5	下开放型荧光灯具 T8 高频 2×45W	2.0	2.12	583	12.2	16	18
试验室/精细 1	36.6	3×14W 格栅灯盘	3.0	1.25	514	12.8	16	18
试验室/精细 2	38.7	4×14W 格栅灯盘	3.0	1.29	524	12.8	16	18
试验室/精细 3	206.2	3×28W 格栅灯盘	4.0	2.20	519	13.1	16	18
数据机房	476.0	T5 荧光灯	3.2	4.40	512	14.5	15	18
水疗设备间	120.0	—	—	—	110	3.3	5	5
停车库	378.0	—	2.5	3.88	167	2.0	4	5
停车位区域	178.2	格栅灯盘 T5 荧光灯	3.7	1.77	44	1.4	4	5
消防监控中心	103.0		—	—	488	15.0	16	18
消防控制室	10.5	双管 T5 带反射罩支架	1.8	0.91	479	17.0	16	18
消防控制室	30.2	格栅灯 T5 荧光灯	3.0	1.20	548	12.3	16	18
消防水泵房	43.5	防水密闭型双管 T5 灯盘	3.0	1.05	118	3.3	4	5
消防水泵房	91.0		—	—	102	3.2	4	5
消防值班室	95.0		—	—	557	16.8	16	18
消防值班室	103.0		—	—	462	14.7	16	18
消防中心	70.0	—	3.0	1.83	712	15.1	16	18
新风机房	19.2	普通灯盘荧光灯	2.9	0.76	126	3.6	4	5
行李间	3.5	普通灯盘 T5 荧光灯	—	—	103	2.9	4	5
杂物间	5.3	节能灯筒灯	3.7	0.31	85	3.4	4	5

续附表 6-9

房间或场所	面积 （m²）	灯 具	灯具计 算高度 （m）	室形 指数 RI	设计照 度值 （lx）	LPD 实际值 （W/m²）	LPD 标准值 （W/m²）	
							新标准	现行值
值班室	27.0	—	3.0	0.27	302	8.0	9.5	11
制冷机房	341.0	半直接灯具三基色荧光灯	—	2.00	—	3.5	6	8
制冷机房	290.0				141	4.4	6	8
制冷站	330.0				140	4.4	6	8
主机房	333.0				540	13.2	16	18
走道	29.7	节能灯筒灯	3.6	0.42	85	3.4	4	5
走廊	30.0		3.0	0.59	116	3.9	4	5
走廊	77.3		2.3	0.74	61	1.5	4	5

附表 6-10 工业建筑 LPD 论证分析表

房间或场所	面积 （m²）	灯 具	灯具计 算高度 （m）	室形 指数 RI	设计照 度值 （lx）	LPD 实际值 （W/m²）	LPD 标准值 （W/m²）	
							新标准	现行值
钣金	16692.0	—	10.0	6.35	311	6.5	11	12
钣金、钳焊厂房	9984.0	—	12.0	4.16	315	8.5	11	12
半物理仿真试验室	630.0		4.0	3.09	319.3	10.0	11	12
成品常温库	850.0		6.0	—	196	5.6	11	12
冲压、剪切	11880.0	四管控照灯具 T8 高频 4×45W	10.0	5.42	302	5.7	11	12
发动机车间	5488.0	—	—	—	312	9.1	11	12
粉体厂房	2376.0		14.0	1.66	320	9.3	11	12
复合材料厂房	3456.0		4.5	6.40	1012	30.0	18	19
工程测量间	436.8		4.5	1.61	516	11.1	15	20
工装厂房	9024.0		10.5	3.64	302	7.3	11	12
机电、仪表装配/精密 1	233.1	3×28W 密闭乳白胶片灯盘	3.0	3.22	488	15.1	17	19

续附表 6-10

房间或场所	面积 (m²)	灯 具	灯具计算高度 (m)	室形指数 RI	设计照度值 (lx)	LPD 实际值 (W/m²)	LPD 标准值 (W/m²)	
							新标准	现行值
机电、仪表装配(特精密)	5430.0	四管控照灯具 T8 高频 4×45W	11.0	3.43	763	19.7	24	27
机加大厅	681.0	—	4.5	2.52	320.7	8.2	12	13
机库大厅	9198.6		22.0	2.12	511.4	11.7	19	20
机库大厅	3996.0		12.0	2.60	525.5	13.6	19	20
机库大厅	16000.0			—	518	10.2	19	20
机械粗加工	268.2	控照型荧光灯 T8 高频 2×32W	4.2	2.36	224	3.8	7.5	8
机械加工/粗加工 1	73.8	2×28W 三防灯	3.0	1.91	217	7.3	7.5	8
机械加工(精密加工)	2370.0	四管控照灯具 T8 高频 4×45W	6.5	3.33	742	15.7	17	19
机械加工(精密加工)	5184.0	四管控照灯具 T8 高频 4×45W	6.0	6.33	533	8.3	17	19
机械加工(精密加工)	5568.0	单管控照灯 T8 高频 1×45W 荧光灯	3.6	12.69	526	7.6	17	19
机械加工(一般加工)	22680.0	四管控照灯具 T8 高频 4×45W	8.0	10.22	319	5.6	11	12
精密机加	360.0		7.4	1.25	509	10.5	17	19
流量间	337.0	—	4.0	2.20	527.6	13.5	19	20
抛光/精细 1	39.3	3×28W 密闭乳白胶片灯盘		1.39	502	20.6		20
抛光 /一般装饰性 1	401.9	2×36W 电子镇流器三防灯	4.0	2.57	306	8.4	12	13
喷漆/精细 1	30.1	3×28W 密闭乳白胶片灯盘	3.0	1.08	504	23.4	25	25
喷漆/一般 1	323.1	2×54W 密闭乳白胶片灯盘	8.0	0.98	283	17.1	15	15
喷漆干燥检验间	729.0	—	7.5	1.80	2085	60.0	25	25

续附表 6-10

房间或场所	面积 （m²）	灯　具	灯具计算高度 （m）	室形指数 RI	设计照度值 （lx）	LPD实际值 （W/m²）	LPD标准值 （W/m²）	
							新标准	现行值
喷漆机库	2554.0	—	15.0	—	800	18.2	25	25
喷漆机库	2345.0	—	25.0	—	500	10.9	25	25
喷漆间	3344.0	—	10.0	2.65	304	7.2	15	15
清洗间	82.3	洁净灯具 T8 高频 2×45W	3.0	1.93	303	13.1	15	15
热处理	1092.0	—	15.0	1.05	220	8.0	8	9
热处理工段	1909.4	—	8.0	2.57	213.7	6.5	8	9
三坐标	108.0	—	6.5	0.75	450	15.5	18	20
生产厂房 （印刷车间）	750.0	深照型工厂灯	20.0	0.60	322	9.0	11	12
数控加工厂房	30240.0	—	11.0	7.90	323	7.0	11	12
酸洗/腐蚀/ 清洗 1	791.3	2×36W 电子镇流器 三防灯	8.0	1.75	290	9.3	14	15
梯密度离心间	97.9	—	3.5	—	298	6.6	11	12
线圈绕制 （精细线圈）	2256.0	四管控照灯具 T8 高频 4×45W	5.5	4.02	718	11.1	24	27
整机类/装配 厂房 1	21632.6	6×54W 密闭透明胶 片灯盘	7.0	11.76	347	7.0	11	12
转载测试厂房	236.0	—	3.0	—	224	3.2	11	12
转载测试厂房 电测间	151.0	—	3.0	—	316.8	5.9	11	12
准备、喷漆、 干燥间	651.0	—	9.5	1.32	470	13.5	25	25
总装厂房	14744.0	—	12.0	4.55	532	9.5	11	12
总装厂房	20064.0	—	23.0	2.36	506	10.4	11	12

附件 2 新旧标准的节能指标对比

附表 6-11 新旧标准的节能指标对比表

建筑 类型	场 所		LPD 标准值 (W/m²)		降低 比例
			新标准 (2013版)	旧标准 (2004版)	
居住	住宅		6	7	14.3%
办公	普通办公室		9	11	18.2%
	高档办公室、设计室		15	18	16.7%
	会议室		9	11	18.2%
	服务大厅		11	13	15.4%
商店	一般商店营业厅		10	12	16.7%
	高档商店营业厅		16	19	15.8%
	一般超市营业厅		11	13	15.4%
	高档超市营业厅		17	20	15.0%
	专卖店营业厅		11	—	—
	仓储超市		11	—	—
旅馆	客房		7	15	53.3%
	中餐厅		9	13	30.8%
	西餐厅		6.5	—	—
	多功能厅		13.5	18	25.0%
	客房层走廊(待定)		4	5	20.0%
	大堂		10	15	33.3%
	会议室		9	—	—
医疗	治疗室、诊室		9	11	18.2%
	化验室		15	18	16.7%
	候诊室、挂号厅		6.5	8	18.8%
	病房		5	6	16.7%
	药房		15	20	25.0%
教育	教室、阅览室		9	11	18.2%
	实验室		9	11	18.2%
	美术教室		15	18	16.7%
	多媒体教室		9	11	18.2%
	计算机教室、电子阅览室		15	—	—
	学生宿舍		6.5	—	—
通用房 间和 场所	试验室	一般	9	11	18.2%
		精细	15	18	16.7%
	检验	一般	9	11	18.2%
		精细,有颜色要求	23	27	14.8%
	计量室、测量室		15	18	16.7%
	控制室	一般控制室	9	11	18.2%
		主控制室	15	18	16.7%

续附表 6-11

建筑类型	场 所			LPD标准值（W/m²）		降低比例
				新标准（2013版）	旧标准（2004版）	
通用房间和场所	电话站、网络中心、计算机站			15	18	16.7%
	动力站	风机房、空调机房		4	5	20.0%
		泵房		4	5	20.0%
		冷冻站		6	8	25.0%
		压缩空气站		6	8	25.0%
		锅炉房、煤气站的操作层		5	6	16.7%
	仓库	大件库		2.5	3	16.7%
		一般件库		4	5	20.0%
		半成品库		6	—	—
		精细件库		7	8	12.5%
	车库			4	—	—
	车辆加油站			5	6	16.7%
工业建筑	1. 机、电工业					
	机械加工	粗加工		7.5	8	6.3%
		一般加工		11	12	8.3%
		精密加工		17	19	10.5%
	机电仪表装配	大件		7.5	8	6.3%
		一般件		11	12	8.3%
		精密		17	19	10.5%
		特精密		24	27	11.1%
	电线、电缆制造			11	12	8.3%
	线圈绕制	大线圈		11	12	8.3%
		中等线圈		17	19	10.5%
		精细线圈		24	27	11.1%
	线圈浇注			11	12	8.3%
	焊接	一般		7.5	8	6.3%
		精密		11	12	8.3%
	钣金			11	12	8.3%
	冲压、剪切			11	12	8.3%
	热处理			7.5	8	6.3%
	铸造	熔化、浇铸		9	9	0.0%
		造型		13	13	0.0%
	精密铸造的制模、脱壳			17	19	10.5%
	锻工			8	9	11.1%
	电镀			13	13	0.0%
	喷漆	一般		15	15	0.0%
		精细		25	25	0.0%
	酸洗、腐蚀、清洗			15	15	0.0%
	抛光	一般装饰性		12	13	7.7%
		精细		18	20	10.0%

续附表 6-11

建筑类型	场　所		LPD标准值（W/m²）		降低比例
			新标准（2013版）	旧标准（2004版）	
工业建筑	复合材料加工、铺叠、装饰		17	19	10.5%
	机电修理	一般	7.5	8	6.3%
		精密	11	12	8.3%
	2.电子工业				
	整机类	整机厂	11	—	—
		装配厂房	11	—	—
	元器件类	微电子产品及集成电路	18	20	10.0%
		显示器件	18		
		印制线路板	18	20	10.0%
		光伏组件	11	—	—
		电真空器件、机电组件等	18	20	10.0%
	电子材料类	半导体材料	11	—	—
		光纤、光缆	11	—	—
	酸、碱、药液及粉配制		13	14	7.1%

7 关于应急照明的研究

7.1 应急照明的定义

应急照明（emergency lighting）——在正常照明因电源失效而熄灭的情况下，供人员疏散、保障安全或继续工作用的电气照明。

应急照明是现代建筑中的一项重要的安全设施。在建筑发生火灾、电源故障断电或其他灾害时，应急照明对人员疏散、消防和救援工作，保障人身、设备安全，进行必要的操作和处置或继续维持生产、工作都有重要作用。

7.2 应急照明的分类

应急照明按功能分为三类，即疏散照明、安全照明、备用照明，其分类定义见表 7-1。疏散照明则必须保证在其持续时间内人员能够撤离至安全区域；安全照明应注重于控制照明中断时间；而备用照明应注重于满足继续工作的照度水平。

表 7-1　应急照明的分类定义

中国 (GB)	其他国家 (BS、EN、IEC、NFPA、AS)	定　义
疏散照明 (含疏散指示标志)	疏散照明 (Emergency escape lighting)	用于确保疏散通道被有效地辨认和使用的照明
	应急标志 (Safety signs)	用于指示安全区域或疏散方向并缓解人员的焦虑情绪
安全照明	防恐慌照明 (Anti panic lighting)	用于防止因视觉失能而引起恐慌并使人员到达疏散路径的照明
	高危险区域照明 (High risk task area lighting)	用于确保处于潜在危险之中的人员安全的照明
备用照明	备用照明 (Standby lighting)	用于确保正常活动继续进行的照明

注：GB 为中国国家标准；BS 为英国标准；EN 为欧盟标准；IEC 为国际电工委员会标准；
　　NFPA 为美国标准；AS 为澳洲标准。

7.3 应急疏散照明

疏散照明——在正常照明因电源失效或因灾害熄灭时，为了在紧急情况下能安全撤离，确保疏散走道能得到有效的辨认和使用而设置的应急照明。因此，疏散照明包括用于照亮疏散通道的照明灯具和用于明确指示通向安全区域及其路径的疏散标志指示灯。

疏散照明的设置应根据建筑的层数、规模大小、复杂程度，建筑物内停留和流动人员多少，以及这些人对建筑物的熟悉程度、建筑物内的生产或使用特点、火灾危险程度等多种因素综合确定。

7.3.1 一般情况下列建筑物应设置疏散照明

1. 疏散距离超过 25m 的所有公共建筑（如办公建筑、旅馆饭店、会堂、影剧院、体育场馆、博展建筑、商场超市、交通建筑、科研院校及医院等）；

2. 所有高层建筑（含建筑高度超过 24m 的居住建筑）；

3. 疏散距离超过 25m 的所有地下建筑（如人防设施、地下铁道车站、地下车库和地下娱乐场等）；

4. 大面积无天然采光的建筑；

5. 特别重要的、人员众多的大型工业厂房。

7.3.2 疏散照明应设置在以下场所

1. 除单、多层住宅建筑外，民用建筑的封闭楼梯间、防烟楼梯间及其前室、消防电梯间的前室或合用前室、避难走道、避难层（间）；

2. 观众厅、展览厅、多功能厅和建筑面积大于 200m² 的营业厅、餐厅、演播室；

3. 建筑面积大于 100m² 的地下或半地下公共活动场所；

4. 高层居住建筑长度超过 20m 的内走道和公共建筑内的疏散走道；

5. 对于 1～4 款所述场所，并应在各安全出口处和疏散走道设置应急标志灯具（表示出口和指示疏散方向）；

6. 室内最远点至房门距离超过 15m 的房间门，应设置表示出口的应急标志灯具。

7.3.3 疏散照明灯具的设置位置

疏散照明灯具的设置应使下列地点的照度高于其周边区域的照度：

1. 紧急情况下使用的每个出口；

2. 靠近楼梯或台阶处，保证每个楼梯、每一步台阶可以被直接照射；

3. 指定的紧急出口和安全标志；

4. 散路线中每个行进方向改变处；

5. 每个内连走廊的连接处；

6. 最后一个安全出口的外面及其附近区域；

7. 每个灭火器具和报警按钮处。

7.3.4 疏散标志指示灯的形状与颜色

应急疏散标志包括指示出口、疏散路径和安全区域的标志、疏散路线中指示方向的标志、显示当前区域的标志、指示救生器具和灭火器具存放位置的标志以及为视力残疾人士设置的发声型指示标志等。

疏散标志指示灯的图形应符合《消防安全标志》GB 13495 的规定。疏散标志指示灯的颜色应由绿色和白色组合而成。如图 7-1、图 7-2 所示，安全出口疏散标志灯的人物形状为绿色，箭头为白色。走廊通道、室内通道疏散照明灯的标志为绿色。

图 7-1 安全出口疏散标志灯　　　　图 7-2 通道疏散标志灯

7.3.5 疏散标志指示灯的设置要求

应急标志灯具应设置在不易被遮挡的醒目位置，且不应设置在门、窗或其他可移动的物体上，并应根据应用场所选择规格适宜的标志灯具。

1. 表示出口的应急标志灯具的设置应符合下列要求：

1）表示出口的应急标志灯具应设置在出口门的内侧上方居中位置，其标志面应朝向建筑物内的疏散通道，底边离门框距离不大于 200mm；顶棚高度较低时应设置在门的两侧，但不能被门遮挡，侧边离门框距离不大于 200mm；在大空间场所的安全出口处宜吊装在出口门的上方居中位置；

2）当安全出口在疏散走道侧边时，应在安全出口前方的顶部设置标志平面垂直于疏散走道的应急标志灯具；

3）指示楼层的应急标志灯具应设置在楼梯间内朝向楼梯的正面墙上；地面层应同时设置指示地面层和指示安全出口方向的应急标志灯具；地下

室至地面层的楼梯间，指示出口的应急标志灯具应设置在地面层出口内侧。

2. 指示疏散方向的应急标志灯具的设置应符合下列要求：

1）应设置在下列部位或场所：

a）疏散走道转角处；

b）地下室疏散楼梯间；

c）超过 20m 的直行走道、超过 10m 的袋形走道；

d）人防工程；

e）避难间、避难层及其他安全场所。

2）设置在疏散走道的顶部时，两个标志灯具间距离不应大于 20m（人防工程不大于 10m），其底边距地面高度宜为 2.2～2.5m；

3）设置在疏散走道的侧面墙上时，设置高度宜底边距地 1m 以下，标志灯具设置间距不应大于 10m，灯具突出墙面部分的尺寸不宜超过 20mm，且表面平滑；

4）指示疏散方向的应急标志灯具在地面设置时，灯具表面高于地面距离不应大于 3mm，灯具边缘与地面垂直距离高度不应大于 1mm，标志灯具设置间距不应大于 3m；

5）地面设置的应急标志灯具防护等级应不低于 IP65，室外地面设置的应急标志灯具防护等级应不低于 IP67。

3. 人员密集的大型场所设置应急标志灯具时还应满足下列要求：

1）在疏散路线的上方设置应急标志灯具，其疏散方向应指向固定的安全出口，设置间距不应大于 20m；

2）室内净高为 3.5～4.5m 的场所应设置指示疏散方向的中型应急标志灯具，高度超过 4.5m 的场所应设置指示疏散方向的大型应急标志灯具，设置间距不应大于 60m，灯具底边距地面高度宜大于 3m；

3）展览厅、商场设置的中、大型应急标志灯具的间距不宜大于 40m。

7.3.6 疏散照明的控制

疏散照明系统的控制应用技术有电源监测、系统巡检、导向控制等。不仅可以有效地监测供电电源的状态和系统中各器件的运行状态，同时为避免或减少疏散人群在大型公共建筑物中面对多条疏散路线并存引起的困惑和迟滞，可以灵活地改变部分原有的指示方向，明确地指引建筑物中央的疏散人群有秩序地沿安全的疏散路线到达安全区域。

7.4 应急安全照明

安全照明——在正常照明因电源失效而熄灭时，为确保处于潜在危险中的人员的安全而设的应急照明。

7.4.1 下列场所应设置安全照明

1. 工业厂房中的正常照明因电源故障而熄灭时，在黑暗中可能造成人员挫伤、灼伤等严重危险的区域，如安装有刀具裸露而无保护措施的圆盘锯的厂房等；
2. 部分体育比赛的正常照明因电源故障而熄灭时，在黑暗中可能造成正处于运动过程中的运动员摔伤的场所，如跳水比赛馆、体操和蹦床比赛馆等；
3. 正常照明因电源故障熄灭时，使危重患者的抢救工作不能及时进行，延误急救时间而可能危及患者生命的场所，如医院的手术室、危重患者的抢救室等；
4. 正常照明因电源故障而熄灭后，由于众多人员聚集，且不熟悉环境条件，容易引起惊恐而可能导致人身伤亡的场所；
5. 人们难以与外界联系的封闭场所，如金库、文物库、保温库等和电梯内。

7.4.2 安全照明的设置应符合下列要求

1. 医院手术室、重症监护室应维持不低于正常照明照度标准值的 30%；
2. 其他场所不应低于该场所一般照明照度标准值的 10%，且不应低于 15lx；
3. 应与正常照明的照射方向一致或相类似并避免眩光；
4. 当光源特性符合要求时，宜利用正常照明灯具的部分作为安全照明；
5. 应保证人员活动区获得足够的照明需求而无需考虑整个场所的均匀性。

7.5 应急备用照明

备用照明——在正常照明因电源失效而熄灭时，为确保正常活动继续进行而设的应急照明。设置备用照明可防止因正常照明熄灭后所引发的事故或损失。

7.5.1　备用照明应设置在以下场所

1. 断电后不进行及时的操作或处置可能造成爆炸、火灾及中毒等事故的场所，如制氢，油漆生产，化工、石油、塑料及其制品生产，炸药生产及溶剂生产的某些操作部位；

2. 断电后不进行及时操作或处置将造成生产流程混乱或加工处理的贵重部件损坏的场所，如化工、石油工业的某些流程，冶金、航空航天等工业的炼钢炉、金属熔化浇铸、热处理及精密加工车间的某些部位；

3. 照明熄灭时将造成较大政治经济损失的场所，如重要的通信中心、广播电台和电视台、发电厂与中心变电所、控制中心、国家和国际会议中心、重要旅馆、候机楼、交通枢纽、重要的动力供应站（供热、供气、供油）及供水设施等；

4. 照明熄灭将妨碍消防救援工作进行的场所，如消防控制室、消防泵房、应急发电机房、广播通信机房及配电室等；

5. 人员经常停留的无自然采光的场所，如建筑物内区的会议室、控制室等；

6. 因照明熄灭将无法工作和活动的场所，如地铁车站、地下医院、大中型地下商场、地下旅馆、地下餐厅、地下车库与地下娱乐场所等；

7. 正常照明失效可能诱发非法行为的场所。如人员拥挤的公共场所，大中型商场的贵重物品售货区、收款台及银行出纳台等。

7.5.2　备用照明的照度标准值应符合下列规定

1. 消防控制室、消防水泵房、自备发电机房、配电室、防烟排烟机房、供消防用电的蓄电池室、电话总机房以及发生火灾时仍需正常工作的房间不应低于正常照明的照度；

2. 医院手术室、急诊抢救室、重症监护室等应维持正常照明的照度；

3. 建筑高度超过100m的高层民用建筑的避难层及屋顶直升机停机坪等涉及人员避难逃生的场所应不低于正常照明照度标准值的50%；

4. 通信机房、大中型电子计算机房、BAS中央控制站、安全防范控制中心等重要技术用房应不低于正常照明照度标准值的50%；

5. 其他场所的备用照明照度标准值除另有规定外，应不低于该场所一般照明照度标准值的10%。

7.5.3　备用照明的设置应符合下列要求

1. 备用照明宜与正常照明统一布置；

2. 当满足要求时应利用正常照明灯具的部分或全部作为备用照明；

3. 独立设置备用照明灯具时，其照明方式宜与正常照明一致或相类似。

4. 当正常照明的负荷等级与备用照明负荷等级相等时可不另设备用照明。

7.6 应急照明灯具

应急照明灯具按照点燃状态分类，有平时不点燃的和减光点燃型疏散照明灯；按灯的构造分类，有普通型、防水型、防尘型、防爆型应急照明灯；按照电源设置方式分类，有内置电源型和电源别置型应急照明灯。

应急照明灯要求使用能迅速点燃的灯泡，如白炽灯、卤钨灯、荧光灯、LED 等，高强气体放电灯因启动时间较长不能作为应急照明光源。

应急疏散照明灯具的工作时间、亮度、光通量等均应满足国家规范《消防应急照明和疏散指示系统》GB 17945 的相关要求。

随着技术的发展，大量灯光型应急标志采用 LED 作为光源已成趋势，频闪型 LED 应急标志灯的推广使用也日益广泛。该种应急标志灯在正常时为恒定光，当灾害发生后，通过信号控制发出频率不低于 1Hz 的闪烁光，极大提高了应急标志的醒目程度。

7.7 应急照明供电

应急照明应按一级用电负荷供电条件供电，设置专用的备用电源或备用供电线路。由正常电源转换到应急电源的时间希望越短越好，国际照明委员会（CIE）规定安全照明的电源转换时间不大于 0.5s；疏散照明不大于 5s；备用照明不大于 5s，金融商业交易场所的备用照明不大于 1.5s。

内置电源型应急照明灯的蓄电池组供电时间不应小于 30 min，持续时间可分为 30、60、90、120、180min 几种。疏散照明应能持续到确保全部人员撤出到达安全地点。

别置电源型应急照明灯的电源常用的有应急供电蓄电池组（EPS）和柴油发电机，如持续时间要求较短的可采用应急供电蓄电池组（EPS），持续时间要求较长的应采用自备发电机供电，在取得有关部门允许时也可采用电网作为供电的第二电源。

当采用备用发电机作为应急照明备用电源，正常供电故障发生后由于机组起动时间较长，有可能不满足电源转换的时间要求。此时应设置其他过渡应急电源，如蓄电池组（EPS）或灯内自带电池的应急灯。

　　应急照明的维护管理十分重要，需要制定维护制度，否则当灾害发生时不能正常工作就会酿成大祸，造成重大损失。集中供电蓄电池组每月至少运行1h；自带电池应急灯每月应检查和操作1次，每年应运行2次，每次1h；蓄电池每隔3年应长时间放电1次；发电机组至少90天检验和测试1次。

　　　　　　（注：本文由北京市建筑设计研究院有限公司汪猛执笔 2013年）

8 关于照明控制系统的研究

8.1 照明控制的定义

照明控制（lighting control）对照明装置或照明系统的工作特性所进行的调节或操作。可实现点亮、熄灭、亮度和色调的控制等。

照明控制方式分为手动照明控制、半自动照明控制和自动照明控制。

手动照明控制——通过人直接操纵开关实现的照明控制。手动开关分为机械式和电子式。

半自动照明控制——电子式手动开关与自动控制功能相结合构成了半自动开关装置，如延时开关、遥控开关。

自动照明控制——指不用人为操作，光源的亮度和色调可根据人们事先约定的条件和光源周围环境亮度、音响、时间等物理量的变化而实现的自动调节，如感应式控制、定时控制等。

自动照明控制在引入数字技术后，发展成为智能化控制。智能照明控制也可称为模糊照明控制，是一种具有记忆、分析、判断及综合处理功能的高级自动照明控制系统。一般由光敏、音频、红外、微波等多种传感器、计算机及开关、调光、频闪、旋转、变色等多功能控制器组成。

新一代智能化照明控制系统具有以下特点：

1. 系统集成性。是集计算机技术、计算机网络通信技术、自动控制技术、微电子技术、数据库技术和系统集成技术于一体的现代控制系统。

2. 智能化。具有信息采集、传输、逻辑分析、智能分析推理及反馈控制等智能特征的控制系统。

3. 网络化。传统的照明控制系统大都是独立的、本地的、局部的系统，不需要利用专门的网络进行连接，而智能照明控制系统可以是大范围的控制系统，需要包括硬件技术和软件技术的计算机网络通信技术支持，以进行必要的控制信息交换和通信。

4. 使用方便。由于各种控制信息可以以图形化的形式显示，所以控制方便，显示直观，并可以利用编程的方法灵活改变照明效果。

8.2 照明控制的目的

8.2.1 降低不必要的能源消耗

通常固定安装在建筑场所内的人工照明装置均按照该场所的最大视觉需求进行设置，但在不同时段或不同的使用条件下，不需要开启全部照明装置即能满足视觉需求。如设有采光窗的办公室，人工照明是按照夜间使用条件进行设置的，但在白天由于天然光的作用使室内照度大幅提高，此时可以通过控制系统关闭部分或全部人工照明。又如酒店客房中设置的节能控制开关，当客人外出时带走门卡即可全部切断房间内全部照明灯的电源，这样可以避免由于客人忘记关灯而造成能源的浪费。

8.2.2 保护视觉健康、保证视觉功效

通过控制系统稳定光照度、降低光闪烁，可以有效缓解视觉疲劳和保证视觉工作效率。

8.2.3 营造光环境氛围

通过控制系统可以变化场所内的照明方式、光照度、光照均匀度乃至光色，因而营造出不同的光环境氛围，有助于情绪调节并满足舒适度的特殊需求。

8.2.4 提高系统管理水平

对于大空间场所和建筑物内的公共区域，通过集中控制可以有效减少运行管理人力；对于灾害状态下的安全疏散区域，通过联动控制可以及时启动疏散照明；对于室外区域，通过光传感控制可以定时启动相关照明等。

8.2.5 提高系统的可靠性

当一个场所内设置多个照明装置时，可以通过合理分组减少故障影响范围。

8.3 照明控制的应用方式

8.3.1 控制照明适应天然光的变化

白天透过采光窗进入室内的自然光较强，近窗区域的水平照度通常可

达到 1000lx 以上，关闭部分人工照明并不会影响正常视觉工作。因而将同一场所中天然采光充足或不充足的区域的灯具分别控制，是为了平衡场所内各区域的照度差别，同时也达到节约电能的目的。

8.3.2 控制照明满足场所使用功能的需求

大型生产场所往往容纳多个不同的车间和工序，按照不同的工作区域对灯具实行分组控制，不仅方便使用，当部分工段或工序停止生产作业时，可以整体关闭该区域的灯光，合理地实现照明节能；商业楼宇中存在大量大空间办公场所，以准备客户租用后根据其自身的办公需求灵活地进行空间分隔，因此在布置此类场所的照明时应考虑其各种分隔的可能性，以避免对照明线路进行大的改动，通常建议按照每个采光窗作为一个可能独立分隔的区域来考虑；电化教室、会议厅、多功能厅、报告厅等场所通常设置投影仪或大型显示屏等设备，为了提高视看效率和舒适性，应考虑可以单独控制讲台和邻近区域的灯光。上述 3 类场所照明灯具分组控制方式都是针对场所内可能出现的不同需求而给出的。当一个场所既不需要考虑特殊使用需求，又不存在日后分隔的可能性时，则建议控制灯列与侧窗平行，当天然采光满足靠近侧窗附近的区域的视觉需求时，可以分组关闭该区域的人工照明，实现节能的目的。

8.3.3 控制照明适应场所内不同的使用状态

某些时候在一个场所内可能会出现不同的照度需求，因此对一般照明采用分组开关方式或调光方式控制，不仅满足了实际使用需求，也可以更好的实现节电。比如在多数商业办公楼宇中都实行朝九晚五的上班制度，其门厅大堂、共享空间、电梯厅等公共区域在夜间除了值班人员之外都很少有人员活动；住宅、旅馆的楼梯间和走道人流量很低，特别是在下午或深夜几乎无人走过；地下车库更为典型，一般仅在人员停、取车的短暂时间内需要照明，因此对这些区域的一般照明施行分级控制，可以有效地降低照明能耗并延长光源的使用寿命。

8.3.4 控制照明与人的生物钟相协调

模拟自然光有利于人体昼夜节律稳定。通过照明控制达到对自然光的模拟，可以应用在水疗（SPA）场所、酒店、医院病房以及无窗场所，也可以在有窗场所控制人工照明的光色与自然光同步。还有就是模仿光对人体昼夜节律作用的方式，通过控制照明系统以特定的光谱及光照强度增强视敏度或提高人体警觉性，例如需要倒班的工作场所、办公室、学校以及控制室等。

8.4   照明控制的节能效果

近年来，随着 LED 的工程应用日趋广泛，通过控制手段实现照明节能的效果越来越明显。

8.4.1   对不同光源实施控制节能的初步分析

传统光源由于受到的发光方式、启动运行特性和单体功率等因素的影响，实现照明节能是受到很大限制的。以一个场所为例，当某些时段不需要额定亮度时，减少照明系统的光通量输出通常有两种手段，关闭部分照明灯或整体调整照明光源的光通量输出。下表列出了三类传统光源在这两种情况下效率和能耗的变化。

表 8-1   传统光源在这两种情况下效率和能耗的变化

光源类型	控制方式	调节范围	光通量降低50%的能耗比	光通量降低50%的光效比	其　　他
白炽灯	部分关闭	阶段式	50%	100%	均匀度下降影响光源寿命
	电压调节	0～100%	73%	67%	色温下降
荧光灯	部分关闭	阶段式	50%	100%	均匀度下降影响光源寿命
	频率调节相位调节	1～100%	75%	77%	电磁辐射高次谐波
高压气体放电光源	部分关闭	阶段式	50%	100%	均匀度下降再启动困难
	频率调节相位调节	30～100%（仅少数光源）	75%	77%	光输出不稳定高次谐波

可以看到，采用关闭其中一部分来控制光通量输出的方式不会降低光源发光效率，但对于传统光源来说频繁启动会导致光源寿命大幅下降；另外由于单体功率较大，直接关闭势必影响场所的照明均匀度。而采用调光方式，热辐射光源在调低光通量输出时发光效率明显下降，荧光灯和 HID 灯在调低光通量输出时发光效率也会下降，而且需要配备价格昂贵的调光镇流器，同时带来了可观的电磁污染。

而在这个方面，LED 却存在很大的优势：

1. LED 寿命足够长，而且反复点灭对其寿命的影响很小；

2. LED 光源足够小，关闭其中一部分可能不会对整个场所的照明均匀度产生影响；

3. LED 的驱动装置自身具备光输出调节特性，与各种类型的控制系统对接仅需要协调接口，而无须添加大量附加专用控制装置；

4. LED 的工作特性与传统光源有很大区别，小幅度调低工作电流会导致芯片温度下降，反而可能使发光效率提高，但较大的调节依然会降低 LED 的发光效率。

8.4.2 典型案例分析

北京地区某办公楼地下车库，总面积 10000m²，停车位 300 个，车道照明装设 320 套 2×36W 双管三基色荧光灯，车位照明装设 350 套 1×36W 单管三基色荧光灯。

1. 若未设置照明控制，灯具 24 小时处于点燃状态，日总用电量为：

320×80W（含镇流器功率）×24＋350×40W（含镇流器功率）×24＝950kWh；

2. 加装集中照明控制，设定为早 7：00 至晚 7：00 正常开启，晚 7：00 至早 7：00 保留半数车道照明，关闭车位照明，日总用电量为：

320×80W×12×1.5＋350×40W×12＝629kWh；

3. 改用 LED 照明产品仍采用集中控制方式，采用 2×20W 线形灯替换原车道灯，采用 1×20W 线形灯替换原车位灯，日总用电量为：

320×40W×12×1.5＋350×20W×12＝314kWh；

4. 对 LED 照明灯加装智能感应控制，设定为：

7：00～9：00、17：00～19：00 为上下班时段，车道 LED 照明灯处于额定亮度状态，电功耗约 40W，19：00～7：00 为夜间时段，关闭半数车道 LED 照明灯。其余时段，当没有车辆或人员进出时，车道 LED 照明灯处于低亮度状态，电功耗约 28W；有车辆或人员进出时，距离车道灯 5～8m 时灯具自动恢复为额定亮度状态，电功耗 40W，持续到车辆或人员离开并延时 30 秒后逐渐减低亮度至低亮度状态，据测算此过程平均持续约 90 秒并涉及 2/3 的车位灯，考虑使用需求最多有 40％车辆在白天非上下班时段进出一次和 10％车辆在夜间时段进出一次。

车位灯的控制不分时段。车辆或人员未进入车位时，车位 LED 照明灯处于休眠状态，电功耗约 1.5W；车辆进入车位时，车位 LED 照明灯自动恢复为额定亮度状态，电功耗 20W，当人员停车离开且车辆发动机冷却后，车位 LED 照明灯自动恢复为休眠状态，据测算此过程平均 38 分钟，而车辆驶离车位时车位 LED 照明灯持续点亮时间 2 分钟。考虑使用需求最多有 50％车辆每日进出一次、50％车辆每日进出两次。日总用电量为：

车道灯，320×40W×4＋（120＋30）×214×40W×0.025＋320×28W×

$8+160×28W×12=208.8kWh$ ；

　　车位灯，$350×20W×0.67+150×20W×0.67=6.7kWh$ ；

　　合计，$208.8+6.7=215.5kWh$ 。

5. 不同控制方式下的用电量对比见表 8-2：

表 8-2　不同控制方式亮度对比表

	日用电量（kWh）	节能效果
荧光灯，未设集中控制	950	—
荧光灯，分时段集中控制	629	65.8%
LED 灯，未设集中控制	475.2	—
LED 灯，分时段集中控制	314	66%
LED 灯，分时段智能化控制	215.5	45.3%

　　从计算结果可以看出，传统光源照明系统和 LED 照明系统都可以通过设置合理的控制手段来节省大约 1/3 的电能，当采用智能化控制手段时还可以将节能效果进一步提高到 50% 以上。另外一个比较明显的结果是 LED 灯在通过调光方式维持低光通量输出时仍需要较大比例的输入功率，而直接关闭光通量输出则仅需极少的待机功耗，因此应提倡 LED 灯内设置分级驱动。

8.4.3　目前市售 LED 灯调光方式的局限性

　　在本次标准编制过程中通过对国内 LED 产品市场的调研，发现目前 LED 灯调节光通量输出存在以下现象：

　　1. 目前 LED 照明产品相对于应用传统光源的照明产品仍呈现高价位，因此降低造价成为 LED 照明产品制造商首要关注的问题，乃至推出的实际工程应用产品比产品开发时的样品缩水了部分功能。

　　2. 大部分 LED 照明产品都是由多颗 LED 芯片组成，若能在内部设计成分组驱动，则完全可以满足对光输出实现分级控制的基本要求。但增加驱动分组无疑会增加造价，因此绝大多数都设计成单组串联驱动方式，因而导致产品只能接受整体调节的方式。

　　3. LED 有多种调节光通量输出的方式，其中脉宽调制（PWM）方式在保证发光效率、维持光色稳定、精确调节等方面均具备优势，而其他调光方式由于改变了芯片的工作电流，或多或少会导致 LED 光色漂移和发光效率下降。

8.5　智能照明控制

　　大型公共建筑面积大、功能复杂、人流量高，采用自动（智能）照明控制系统可以有效地对照明系统进行合理控制，加强系统对各类不同需求的适应能力，提升建筑物的整体形象，有效节约照明系统的能耗，大幅度降低照明系统的运行维护成本。为了保证能够较好地与各类光源灯具协调运行，并满足不同使用目的的灵活操作，智能照明控制系统宜具备下列功能：

1. 可以接入包括声、光、红外微波、位置等多种传感器进行现场信息采集；

2. 具备手控、电控、遥控、延时、调光、调色等多种控制方式；

3. 可根据不同使用需求预先设置并存储多个不同场景的控制模式；

4. 针对需要控制的不同照明装置，宜具备相适应的接口，以方便与应用于卤钨灯的可控硅电压调制器、应用于气体放电灯的脉冲宽度调制、脉冲频率调制、脉冲相位调制镇流器、应用于 LED 的脉冲宽度调制驱动器等协调运行；

5. 实时显示和记录所控照明系统的各种相关信息并可自动生成分析和统计报表，方便用户对整个照明系统的运行状态、设备完好率、能耗、故障原因等形成完整的掌控；

6. 具备良好的中文人机交互界面，便于满足不同文化程度的使用者进行操控；

7. 预留与其他系统的联动接口，可以作为智能建筑的一个子系统便捷的接入智能建筑管理平台（IBMS）。

（注：本文由北京市建筑设计研究院有限公司汪猛执笔 2013 年）

附表 照明设计常用产品标准汇总

标准编号	标 准 名 称
光源	
GB/T 10682	双端荧光灯 性能要求
GB 18774	双端荧光灯 安全要求
QB/T 4354	双端荧光灯（T4 系列）性能要求
QB/T 4355	自镇流双端荧光灯 性能要求
GB 19043	普通照明用双端荧光灯能效限定值及能效等级
GB 16843	单端荧光灯 安全要求
GB/T 17262	单端荧光灯 性能要求
GB 19415	单端荧光灯能效限定值及节能评价值
QB/T 2938	单端无极荧光灯
GB 29142	单端无极荧光灯能效限定值及能效等级
GB/T 21091	普通照明用自镇流无极荧光灯 性能要求
GB 21554	普通照明用自镇流无极荧光灯 安全要求
GB 29144	普通照明用自镇流无极荧光灯能效限定值及能效等级
GB/T 17263	普通照明用自镇流荧光灯 性能要求
GB 19044	普通照明用自镇流荧光灯能效限定值及能效等级
GB/T 26186	冷阴极荧光灯 性能要求
GB/T 22706	自镇流冷阴极荧光灯 性能要求
GB 19652	放电灯（荧光灯除外）安全要求
GB 16844	普通照明用自镇流灯的安全要求
GB/T 23126	低压钠灯 性能要求
GB/T 13259	高压钠灯
GB 19573	高压钠灯能效限定值及能效等级
QB/T 3580	高压钠灯光电参数的测量方法
GB/T 24333	金属卤化物灯（钠铊铟系列）性能要求
GB/T 18661	金属卤化物灯（钪钠系列）
GB/T 23145	短弧投光金属卤化物灯
GB/T 24457	金属卤化物灯（稀土系列）性能要求
GB/T 24458	陶瓷金属卤化物灯 性能要求
GB 20054	金属卤化物灯能效限定值及能效等级
电器附件	
GB 19510.1	灯的控制装置 第1部分：一般要求和安全要求
GB 19510.2	灯的控制装置 第2部分：启动装置 （辉光启动器除外）的特殊要求
GB 19510.3	灯的控制装置 第3部分：钨丝灯用直流/交流电子降压转换器的特殊要求

续附表

标准编号	标 准 名 称
GB 19510.4	灯的控制装置 第 4 部分：荧光灯用交流电子镇流器的特殊要求
GB 19510.5	灯的控制装置 第 5 部分：普通照明用直流电子镇流器的特殊要求
GB 19510.6	灯的控制装置 第 6 部分：公共交通运输工具照明用直流电子镇流器的特殊要求
GB 19510.7	灯的控制装置 第 7 部分：航空器照明用直流电子镇流器的特殊要求
GB 19510.8	灯的控制装置 第 8 部分：应急照明用直流电子镇流器的特殊要求
GB 19510.9	灯的控制装置 第 9 部分：荧光灯用镇流器的特殊要求
GB 19510.10	灯的控制装置 第 10 部分：放电灯（荧光灯除外）用镇流器的特殊要求
GB 19510.11	灯的控制装置 第 11 部分：高频冷启动管形放电灯（霓虹灯）用电子换流器和变频器的特殊要求
GB 19510.12	灯的控制装置 第 12 部分：与灯具联用的杂类电子线路的特殊要求
GB 19510.13	灯的控制装置 第 13 部分：放电灯（荧光灯除外）用直流或交流电子镇流器的特殊要求
GB 19510.14	灯的控制装置 第 14 部分：LED 模块用直流或交流电子控制装置的特殊要求
GB 16895.28	建筑物电气装置 第 7-714 部分：特殊装置或场所的要求 户外照明装置
GB 16895.30	建筑物电气装置 第 7-715 部分：特殊装置或场所的要求 特低电压照明装置
GB/T 25125	智能照明节电装置
GB/T 25959	照明节电装置及应用技术条件
GB/T 14044	管形荧光灯用镇流器 性能要求
GB/T 15144	管形荧光灯用交流电子镇流器 性能要求
GB/T 19656	管形荧光灯用直流电子镇流器 性能要求
GB/T 26692	管形荧光灯用无频闪电子镇流器 性能要求
GB 17896	管形荧光灯镇流器能效限定值及能效等级
GB 14536.4	家用和类似用途电自动控制器 管形荧光灯镇流器热保护器的特殊要求
GB 20550	荧光灯用辉光启动器
GB 18489	管形荧光灯和其他放电线路用电容器 一般要求和安全要求
GB/T 18504	管形荧光灯和其他放电灯线路用电容器 性能要求
GB 29143	单端无极荧光灯用交流电子镇流器能效限定值及能效等级
GB 19574	高压钠灯用镇流器能效限定值及节能评价值
灯具	
GB 7000.1	灯具 第 1 部分：一般要求与试验

续附表

标准编号	标准名称
GB 7000.2	灯具 第2-22部分：特殊要求 应急照明灯具
GB 7000.4	灯具 第2-10部分：特殊要求 儿童用可移式灯具
GB 7000.5	道路与街路照明灯具安全要求
GB 7000.6	灯具 第2-6部分：特殊要求 带内装式钨丝灯变压器或转换器的灯具
GB 7000.7	投光灯具安全要求
GB 7000.9	灯具 第2-20部分：特殊要求 灯串
GB 7000.201	灯具 第2-1部分：特殊要求 固定式通用灯具
GB 7000.202	灯具 第2-2部分：特殊要求 嵌入式灯具
GB 7000.204	灯具 第2-4部分：特殊要求 可移式通用灯具
GB 7000.207	灯具 第2-7部分：特殊要求 庭园用可移式灯具
GB 7000.208	灯具 第2-8部分：特殊要求 手提灯
GB 7000.211	灯具 第2-11部分：特殊要求 水族箱灯具
GB 7000.212	灯具 第2-12部分：特殊要求 电源插座安装的夜灯
GB 7000.213	灯具 第2-13部分：特殊要求 地面嵌入式灯具
GB 7000.217	灯具 第2-17部分：特殊要求 舞台灯光、电视、电影及摄影场所（室内外）用灯具
GB 7000.218	灯具 第2-18部分：特殊要求 游泳池和类似场所用灯具
GB 7000.219	灯具 第2-19部分：特殊要求 通风式灯具
GB 7000.225	灯具 第2-25部分：特殊要求 医院和康复大楼诊所用灯具
GB/T 22907	灯具的光度测试和分布光度学
GB/T 9468	灯具分布光度测量的一般要求
GB/T 23110	投光灯具光度测试
GB/T 7002	投光照明灯具光度测试
GB/T 24827	道路与街路照明灯具性能要求
GB 4208	外壳防护等级（IP代码）
防爆灯具	
GB 3836.1	爆炸性环境 第1部分：设备 通用要求
GB 3836.2	爆炸性环境 第2部分：由隔爆外壳"d"保护的设备
GB 3836.3	爆炸性环境 第3部分：由增安型"e"保护的设备
GB 3836.4	爆炸性环境 第4部分：由本质安全型"i"保护的设备
GB 3836.5	爆炸性气体环境用电气设备 第5部分：正压外壳型"p"
GB 3836.6	爆炸性气体环境用电气设备 第6部分：油浸型"o"
GB 3836.7	爆炸性气体环境用电气设备 第7部分：充砂型"q"

续附表

标准编号	标 准 名 称
GB 3836.8	爆炸性气体环境用电气设备 第 8 部分:"n"型电气设备
GB 3836.9	爆炸性气体环境用电气设备 第 9 部分:浇封型"m"
GB 3836.11	爆炸性环境 第 11 部分:由隔爆外壳"d"保护的设备 最大试验安全间隙测定方法
GB 3836.12	爆炸性环境 第 12 部分:气体或蒸气混合物按照其最大试验安全间隙和最小点燃电流的分级
GB 3836.13	爆炸性气体环境用电气设备 第 13 部分:爆炸性气体环境用电气设备的检修
GB 3836.14	爆炸性气体环境用电气设备 第 14 部分:危险场所分类
GB 3836.15	爆炸性气体环境用电气设备 第 15 部分:危险场所电气安装(煤矿除外)
GB 3836.16	爆炸性气体环境用电气设备 第 16 部分:电气装置的检查和维护(煤矿除外)
GB 3836.17	爆炸性气体环境用电气设备 第 17 部分:正压房间或建筑物的结构和使用
GB 3836.18	爆炸性环境 第 18 部分:本质安全系统
GB 3836.19	爆炸性环境 第 19 部分:现场总线本质安全概念(FISCO)
GB 3836.20	爆炸性环境 第 20 部分:设备保护级别(EPL)为 Ga 级的设备
GB 1444	防爆灯具专用螺口式灯座
GB 7957	矿灯安全性能通用要求
发光二极管	
GB/T 29293	LED 筒灯性能测量方法
GB/T 29294	LED 筒灯性能要求
GB 24906	普通照明用 50V 以上自镇流 LED 灯 安全要求
GB/T 24908	普通照明用自镇流 LED 灯 性能要求
GB/T 29295	反射型自镇流 LED 灯性能测试方法
GB/T 29296	反射型自镇流 LED 灯 性能要求
GB 24819	普通照明用 LED 模块 安全要求
GB/T 24823	普通照明用 LED 模块 性能要求
GB/T 24824	普通照明用 LED 模块测试方法
GB/T 24825	LED 模块用直流或交流电子控制装置 性能要求
GB/T 24826	普通照明用 LED 和 LED 模块术语和定义

续附表

标准编号	标 准 名 称
节能认证	
CQC3128	LED 筒灯节能认证技术规范
CQC3129	反射型自镇流 LED 灯节能认证技术规范
CQC3130	普通照明用非定向自镇流 LED 灯节能认证技术规范
CQC31 - 465315	LED 筒灯节能认证规则
CQC31 - 465137	反射型自镇流 LED 灯节能认证规则
CQC31 - 465138	普通照明用自镇流 LED 灯安全与电磁兼容认证规则